深远海工程装备与高技术丛书

海上 LNG 运输船与浮式装备系统技术

陈　杰　高志龙　闫　祎　编著

上海科学技术出版社

图书在版编目（CIP）数据

海上LNG运输船与浮式装备系统技术 / 陈杰，高志龙，闫祎编著. -- 上海 ：上海科学技术出版社，2020.11
（深远海工程装备与高技术丛书）
ISBN 978-7-5478-5106-7

Ⅰ. ①海… Ⅱ. ①陈… ②高… ③闫… Ⅲ. ①液化天然气－天然气运输－运输船－装备 Ⅳ. ①TE835

中国版本图书馆CIP数据核字(2020)第195765号

海上 LNG 运输船与浮式装备系统技术
陈　杰　高志龙　闫　祎　编著

上海世纪出版(集团)有限公司
上 海 科 学 技 术 出 版 社　出版、发行
(上海钦州南路 71 号　邮政编码 200235　www.sstp.cn)
上海雅昌艺术印刷有限公司印刷
开本 787×1092　1/16　印张 22.5
字数 500 千字
2020 年 11 月第 1 版　2020 年 11 月第 1 次印刷
ISBN 978 - 7 - 5478 - 5106 - 7/U·107
定价：190.00 元

内 容 提 要

　　本书共分 4 章,主要介绍了海上 LNG 运输船及其油气浮式装备系统的技术发展概况,LNG 运输船的基本技术特点、设计建造过程特点及新技术,浮式 LNG 储存再气化装置(LNG‑FSRU)的设计技术系统、各类船型设计及关键技术,LNG‑FPSO(FLNG)海洋装备设计制造技术,以及 LNG 转运装置的技术特征及其工程应用技术。

　　本书的读者对象主要为海上 LNG 设备系统开发人员、船厂系统设计工程技术人员、船舶维护人员。

学 术 顾 问

丛书编委会

主　　　　编　潘镜芙

常务副主编　高晓敏

副　主　编　周利生　焦　侬　夏春艳　嵇春艳　杨益新

编　　　委　（按姓氏笔画排序）

王俊雄　尤　熙　白　勇　吕　枫　吕俊军

任慧龙　刘　震　刘增武　李整林　杨兴林

杨建民　汪　洋　张立川　陈　杰　陈庆作

陈福正　林凤梅　姚竞争　袁舟龙　翁一武

高志龙　韩凤磊　鲍劲松　窦培林　潘　光

编委办公室　田立群　周海锋　施　璟　赵宝祥　蒋明迪

王娜娜　杨文英　方思敏

前　言

当今世界,能源是制约一个国家经济发展的重要因素。特别是液化天然气(LNG),作为一种清洁、高效、廉价的新能源,可以减少大气污染、满足经济日益发展的能源需求。近年来,我国对油气能源的需求猛增,相关部门对 LNG 资源及产业链布局等重大问题进行了部署。有关 LNG 的生产、储存、运输技术与装备是各个国家重点发展的领域,尤其是海上 LNG 相关技术与装备更是海洋工程领域的技术制高点。

欧美、日韩在该领域研究、发展了多年,已经处于国际领先地位。我国是世界上进口 LNG 最多的国家,很清楚 LNG 资源的重要性,更清楚追赶国际先进技术特别是发展海上 LNG 相关技术与装备的迫切性,这已成为企业转型升级、提高经济效益的目标领域。

我国在"十二五"之后,为了保障能源安全,一直在提高天然气的进口量。至今,我国对进口油气的依存度已经超过 65%,同时根据需求预测,到 2020 年有 60 多艘的新造 LNG 运输船订单,约 120 亿美元规模。根据国外权威机构发布的 LNG 信息,中国有最少 4 个具有 LNG 建造和设计经验的造船公司(包括沪东中华造船集团有限公司)能够承接上述项目任务。2017 年以来,我国对海上 LNG 运输船及浮式装备建造的能力逐步提高,成为我国实施能源战略的有力保障。

LNG 运输船是运输液化石油气和液化天然气的专用船舶,与其他常规船舶最大的不同是必须将液化气加压或冷却变成液体运输。本书涉及的海上 LNG 运输船与浮式装备系统技术的内容比较广泛,有些船型技术国内还没有实施,国外也对我国的技术发展设置了种种障碍,资料并不充裕。

LNG 运输船与浮式装备系统技术是融合船舶、海洋、材料、制造等多学科的高端技术的耦合系统,是当前行业内十分关注的技术领域,但是国内外对其的介绍并不多,因此为了给国内海洋工程领域工作者的工作提供有力的帮助,作者针对此类装备技术的特点和发展情况,尽可能博采众长,重点采集国内有关技术资料,其中还包括作者自己积累的成果,同时也参考了部分国外资料,偏重引用方法和成果,省略一些不必要的理论描述,向读者精炼地展示海上 LNG 运输船与浮式装备系统技术。

我国目前 LNG 运输船与浮式装备系统的研发能力与技术水平并不高,要缩小差距、提升能力,需要与国外具有相关技术的研究机构及厂商合作开发产品、共同开拓市场,同时也需要提升高端材料、机电设备的本土配套与服务能力,进行技术创新,特别是要加强自主知识产权技术的研发,只有整个产业体系协同创新、协调共进,才能使我国从制造大国转变为制造强国。

作者在本书编写的过程中得到了众多同仁的支持与帮助,他们提供了许多宝贵的信息和资料,充实了本书的内容,他们是:郭宇博士、汪洋博士后、冯军博士、林一博士、姜鹏硕士、田宇硕士等。特别感谢潘镜芙院士给予了本书极大的支持和帮助,同时也要感谢中船重工 704 所的田立群主任给予我们的多方面支持与帮助。

本书的不足之处,恳请读者批评指正。

作 者

2020 年 8 月

目　录

第 1 章 概 述

能源问题是我国国家安全和国民经济发展的重大战略问题,建立稳定、环保的能源产业链是我国建设绿色家园的重要基础之一。由于国内外经济与社会发展对液化天然气(LNG)的需求迅猛增长,使得 LNG 成为全球化石燃料贸易发展最快的一种产品,而我国的对外油气依存度超过 65%,并涉及大量运输与生产储存装备的需求问题,因此对 LNG 相关装备的需求是十分紧迫的。

海上 LNG 运输船及浮式装备系统是海洋工程的高端装备,其设计制造技术的难度在海洋工程装备中首屈一指,并且因受到国内外石油战略的影响,即使遭遇金融危机等情况,其市场需求也依然旺盛,而且在世界油气资源需求越来越大的趋势下,对装备的需求将持续旺盛。

1.1 LNG 运输船

世界上第一个商业 LNG 海运贸易在 1964 年开始,LNG 运输船来自阿尔及利亚、英国。此后的全球海运贸易数量呈逐年上升趋势,其运输装备产业链系统也逐渐成为人们关注的焦点。

LNG 的主要成分是甲烷。这是浓缩至 1/600、冷却至 −163℃ 以下而产生的液化状态的天然气,其具有三个特点:超低温(−163℃)、低比重(0.43~0.50)、易燃。这三个特点是 LNG 货运系统为了安全高效的运输而需要重点处理的问题。

1.1.1 建设 LNG 运输船的必要性与紧迫性

作为运输 LNG 的特种船舶,无论是从保障国家能源战略实施的角度,还是从海洋工程装备制造业自身做大做强的角度,LNG 运输船的研发意义都十分重大。

1.1.1.1 保障国家能源战略顺利实施

积极参与世界油气市场的开发和资源分享是我国的能源战略。从国外大量进口天然气,除管道外只能通过 LNG 运输船来运输,国家已经规划在广东、福建、上海等地建设 LNG 接收站。LNG 运输船作为天然气供应链中的关键一环和重大装备,将关系到我国能源规划的顺利实施,因此必须考虑建立一支我国自己的 LNG 运输船船队,这是保障国家能源运输安全和国民经济安全、避免受制于人的重要措施。另外,我国的中石油、中石化等最终用户也已经明确表示希望国内的企业能够尽快为他们开发新型 LNG 运输船,以满足他们业务快速发展的紧迫需求。

实施"国货国运,国轮国造"的政策将是我国 LNG 运输船发展的重要机遇,我国企业要抓住机遇以使得 LNG 运输船设计建造大发展。

1.1.1.2　海洋工程行业的战略需要

LNG 运输船技术最早都出自欧美,后来日本突破了技术壁垒,生产出了自己的 LNG 运输船,紧接着韩国也开始研发工作并获得了成功。当时,韩国的 LNG 运输船研发建造是在政府的大力支持下,并且其国有企业韩国天然气公社于 1989 年 8 月下了首个订单,因此如果没有国内市场打基础,是很难获得 LNG 运输船建造经验和技术积累的,韩国由此成为世界上第四个具备 LNG 运输船建造能力的国家,其经历值得我国思考。

我国必须认识到,开展 LNG 运输船工程研制、建设 LNG 运输船的建造基地、实现自主研发和批量建造 LNG 运输船,可以大大提高我国在强化国内市场的基础上逐步形成在国际高技术船舶市场的竞争力,进而促进我国出口产品结构的调整升级,这是走新型工业化道路,将海洋工程做大做强,实现"成为世界造船强国"战略目标的必由之路。

1.1.1.3　实现海洋装备行业跨越发展的途径

我国 LNG 运输船技术仍处于起步阶段,日本、韩国等对我国进行技术封锁。尽管我们与法国大西洋船厂成功进行了技术合作,但代价高昂,购买大西洋船厂图纸花费 2 200 万欧元,并且用该图纸建造的前 10 艘船中,每艘要收取船价 1% 的技术提成费,其他大量的设备和材料也是进口的,价格不菲。因此,提升我国船舶工业的国际竞争力,完成船舶工业的跨越发展,具有十分重要的意义。

韩国是世界上第一大 LNG 运输船建造国家,其采取的主要举措有:深化技术研发、打破技术封锁和垄断。他们大致从两个重要方面突破:提高 LNG 运输船的运输效能;摆脱外国企业的技术垄断,推出自己的货舱系统即韩国型的 LNG 运输船存储货舱。

韩国大宇造船海洋公司(简称"大宇")率先推出了再液化装置,2000 年初就为比利时和丹麦船东建造的 LNG 运输船配套安装该装置。该装置能将货舱中自然气化出的天然气通过制冷装置再液化返回存储货舱,并且大宇在自有的再液化技术基础上,研发推出了再液化系统(PRS),这个系统有两大功能:自然蒸发的天然气作为主机的一部分燃料;通过制冷装置再液化功能将货舱中自然气化出的天然气返回存储货舱。这一装置已经在日本、美国、中国和欧盟都登记注册了技术专利。

与此同时,韩国全面完善 LNG 运输船的配套能力,成为全世界 LNG 运输船配套能力最为完善的配套中心,韩国建造的 LNG 运输船配套本土化率高,这样可保障 LNG 运输船配套采购价格低廉、供货及时、施工保持连续性、缩短建造周期、降低生产成本,这就使得韩国的 LNG 运输船建造产业链具有更强的综合竞争力。

因此,为了尽快缩短与世界先进水平之间的差距、实现我国海洋工程行业的持续快速发展、满足国家能源战略实施的紧迫需求,学习韩国的发展经验与主要举措,开展 LNG 运输船的自主研制是十分必要的。

1.1.2　LNG 运输船的发展历程与市场情况

1.1.2.1　发展

1) 历程

早在 1959 年,芝加哥的 LNG 公司(Constock)将一艘干式货舱运输船改建为 LNG 试验性罐船并将其命名为"Methane Pioneer"号。

英国气体局(英国天然气公司的前身),租用"Methane Pioneer"号装载 2 000 t LNG,横跨大西洋,这是世界海运史的首例,揭开了 LNG 海上运输的新篇章,也标志着 LNG 进入了商业化国际贸易阶段。

1964 年,"Methane Progress"号和"Methane Pioneer"号在阿尔及利亚和英国之间运营,由此诞生了世界上第一次 LNG 海上贸易。随后,阿拉斯加和日本、文莱和日本之间都开始了 LNG 船运。此后,作为天然气海上运输的载体,随着 LNG 货物海运贸易的快速发展,LNG 运输船蓬勃发展起来。

LNG 必须在极低温度(−163℃)下运输,故 LNG 运输船的液货舱必须使用耐低温材料制成,因此建造技术复杂、造价昂贵,而天然气又易燃易爆,所以营运的风险性很大。正因为营运的高投资、高风险,致使 LNG 运输船的发展难以一帆风顺,其发展历经了三个阶段的变迁。

第一阶段为 20 世纪 60 年代末到 70 年代中期。由于资金和风险问题,独立船东难以拥有 LNG 运输船,LNG 卖方只能自己拥有船舶而别无选择,再者当时正逢流行建造超大型油船(VLCC),海运与造船两大产业都将注意力放在了 VLCC 上,无暇顾及其他船舶领域,所以导致当时 LNG 运输船发展缓慢。

第二阶段为 20 世纪 70 年代中期到 80 年代中期。由于 LNG 贸易出现了船上交货合同,于是形成了以独立船东拥有 LNG 运输船占多数的情况。

第三阶段为 20 世纪 80 年代后半期起,由于 LNG 货物买卖合同的延长,以至需要更新船舶或增加船舶数量时,卖主备船的趋势明显增加,极大地促进了 LNG 运输船的发展。

20 世纪 70 年代,世界上发生了两次石油危机,西方国家寻求替代能源,而日本寻求东南亚国家的天然气资源,这样便拉开了 LNG 应用走强的序幕,东亚成为了 LNG 最大的进口地区,同时也是最大的 LNG 运输船建造地区。随着 LNG 交易量逐年增高,全球的 LNG 运输船数量随之增加(表 1 - 1,表 1 - 2)。2016 年年底航运容器实际服役能力为 64 700 000 m^3,设计总能力为 69 300 000 m^3。

表 1 - 1　2010—2016 年 LNG 运输船数量　　　　　　　　　　　(艘)

类　别	2010 年	2011 年	2012 年	2013 年	2014 年	2015 年	2016 年
球罐型	109	104	108	109	112	111	115
薄膜型	245	245	255	268	289	314	337
其他型	6	10	15	16	20	24	26
数量合计	360	359	378	393	421	449	478

相比其他船型,LNG 运输船船队规模相对较小,但是随着 LNG 的广泛使用,其数量近年来增长迅猛。

表 1-2   2010—2016 年不同船舱容量 LNG 运输船数量   （艘）

容　　量	2010 年	2011 年	2012 年	2013 年	2014 年	2015 年	2016 年
>25 000 m³	8	13	21	24	24	24	24
25 000~50 000 m³	6	4	2	0	0	4	6
50 000~90 000 m³	17	17	14	13	11	9	9
90 000~170 000 m³	277	282	287	301	320	345	349
>170 000 m³	52	43	54	55	66	67	90
数量合计	360	359	378	393	421	449	478

目前,世界上最大的 LNG 运输船是停靠在卡塔尔拉斯拉凡港(Ras Laffan terminal)的 Q-Max 运输船(图 1-1),它可以顺利通过苏伊士运河,其主尺度为：长 345 m、宽 53.8 m、高 34.7 m,吃水深度 12 m,货舱舱容为 266 000 m³。

图 1-1   Q-Max 型 LNG 运输船

该型 LNG 运输船在甲板上装有再液化系统,船上配备了先进的消防系统,使用泡沫和水雾灭火。该船采用两台低速柴油机推动,可以达到 19.5 kn 的航行速度。

目前,全球共有 14 艘该型 LNG 运输船,所有该型 LNG 运输船都是由韩国三星重工和大宇造船厂为卡塔尔天然气运输公司建造。

Q-Flex 运输船与 Q-Max 运输船类似,也属于较大的 LNG 运输船,两者数量比较见表 1-3、表 1-4。中国建造的均为不属于 Q-Flex 和 Q-Max 的标准型。

表 1-3   大型 LNG 运输船生产数量   （艘）

公　　司	Q-Flex	Q-Max
Daewoo/大宇	16	4
Hyundai/现代	8	—
Samsung/三星	6	10
合　计	30	14

表 1 - 4　Q - Flex 和 Q - Max 的比较

项　目	Q - Flex	Q - Max
总长度(m)	297.50	345
船型宽(m)	45.75	53.8
船型高(m)	25.50	34.7
设计吃水深度(m)	10.95	12
LNG 储罐容量(m^3)	217 000	266 000
航速(kn)	19.5	19.5

　　近期大量 LNG 运输船的交付,是租船费率震荡背后的始作俑者,但 LNG 运输船需求增长的趋势与前景仍然很好。40 余年来,新造 LNG 运输船情况如图 1 - 2 所示。

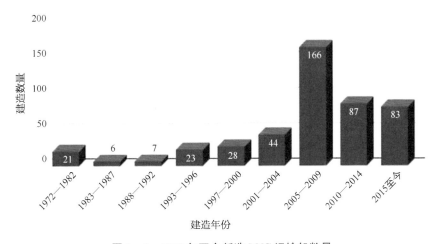

图 1 - 2　1972 年至今新造 LNG 运输船数量

　　目前在运营中的 LNG 运输船(40 000 m^3 以上)为 465 艘。近几年以来,LNG 运输船实际报废船龄均在 40 年左右,一般寿命也约为 40 年,以此标准来看,目前运营的 LNG 运输船报废还为时过早。近几年 LNG 旧船报废情况如图 1 - 3 所示。

　　2018 年,船龄超 40 年的有 9 艘,但这 9 艘船在 2018 年仅仅报废了 3 艘,而交付的新船数量大大高于报废数量,如图 1 - 4 所示,所以船舶报废的影响将会降到最低。

　　由图 1 - 4 可知,2018 年的新船交付量是近几年的最高点。2018 年新船交付后全球原先 466 艘船的船队规模又将扩大 14%。同时,中国政府推行的一系列环境保护政策,促使天然气消费大幅增长,进口量也随之上涨。根据中国官方和 IHS Markit 发布的数据,我国 2017 年进口量日均上涨 16 亿 ft^3(46%),12 月份进口量达到 78 亿 ft^3/天,已超过韩国成为世界第二大 LNG 进口国。

　　国际能源署预计,受经济和环境政策的双重驱动,中国的天然气消费将继续增长,进

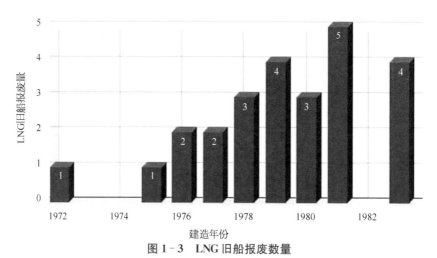

图 1‑3　LNG 旧船报废数量

（来源：数据来自 Clarksons Research，图表来自 James Catlin）

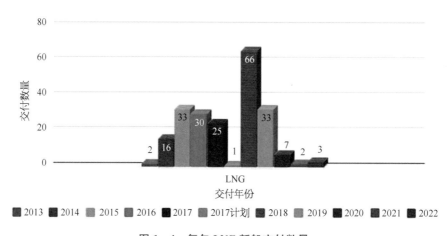

图 1‑4　每年 LNG 新船交付数量

口和增加国内生产将用于满足不断增长的需求，而这一趋势将会持续相当长的时间。到 2021 年，一旦现有终端的扩建和在建的新终端施工结束，中国的 LNG 进口能力预计将会达到 112 亿 ft³/天。

2）模式

LNG 运输船船队的发展是和 LNG 货物贸易完全同步的，所以 LNG 运输船船队的发展模式与其他型船队有所不同。一个卖方（LNG 货物供给方）与一个或多个买方达成长期的 LNG 货物买卖合同（SPA），这其中规定了运输的责任方，也规定了每年的合同量、价格及交货条款。贸易中所需的设施如液化设备、船和接收终端等是严格按照合同中的义务和要求来设计和制造的，并且还要经过蒙特卡罗模拟技术来优化这些设施，以在减少投资的同时保持 LNG 货物供应的可靠性。

由此可以看出，LNG 运输船船队的发展受 LNG 贸易的约束是很大的。造新船招标时，船东根据新的 LNG 贸易要求来选择合适的设计和船型，其供给与需求是一一对应的，是平衡的。因为 LNG 运输船的造价非常高,船东需要持有 LNG 贸易合同才会去订制一艘新船,这个特点与其他一些船是有所不同的,这使得 LNG 运输船的利用率普遍非常高。即使有因利润不高而利用率低的 LNG 运输船,也会被投放到由于 LNG 的实际产量比预期的高所催生的短期或即期 LNG 贸易中。

1.1.2.2　市场情况

2007 年之后,全球 LNG 项目出现大面积延期,LNG 运输船订制需求量明显减弱,市场步入低谷。同时,LNG 运输船船队运力规模增速过快致使 LNG 运费水平大幅下滑,船东订船热情大大减退,因此 2008 年 LNG 运输船新船成交量降至 5 艘。而在国际金融危机冲击下,2009 年仅有一艘新船成交,几乎完全陷入停滞状态。2010 年,随着经济回暖和航运市场复苏,LNG 运输船全年新船成交量达到 13 艘,市场得到恢复。在一系列利好因素的共同作用下,2011 年上半年,LNG 运输船新造船市场出现井喷,当年订单总量突破30 艘。

1) LNG 产量大幅增加

受我国乃至世界范围内 LNG 消费迅猛发展的影响,LNG 运输船的建造正在迎来新一轮大幅度增长。2018 年初,许多过去延期的 LNG 项目接连启动,多家船东有订制 LNG 运输船的计划,如:康菲公司领导的澳大利亚太平洋天然气项目估计新造 6～8 艘 LNG 运输船;BG 集团的昆士兰 Curtis 天然气项目打算订制 2 艘新的 LNG 运输船;俄罗斯天然气工业股份有限公司正计划在 2018 年先订制 4 艘,其后可能每年订制 6 艘左右,2020 年前订制 60 艘 LNG 运输船。

虽然我国起步较晚,但是近年来随着我国能源战略、环保与经济建设持续快速发展,对 LNG 的需求也快速地增长起来。据《LNG 船市场分析报告》预测,到 2020 年,我国天然气需求缺口将达到 800 亿 m³,需从国外进口填补,并且在未来 5～10 年中将以每年15% 左右的速度增长。据相关资料分析,我国通过海运进口 LNG 将呈现出快速增长的态势,2010 年达到 1 900 万 t,2015 年则上升到 3 300 万 t。作为 LNG 海上运输工具的 LNG 运输船,是保障我国能源战略安全实施的必不可少的重大装备,更是能源输送中连接发送站和接收站的海上主要输送渠道。按我国未来 10 年 LNG 的进口量和各地 LNG 接收工程的进展推算,需要建造几十艘,才能满足为缓解我国能源紧缺而所需的海运能力。

据报道,目前全球 17 个国家(地区)在建、已处工程设计阶段或拟建的 LNG 项目共有44 个,将形成年出口能力 2.61 亿 t。这些项目能力形成,需要配套新增运力,中长期 LNG 运输船市场需求可观。但目前市场上可供使用的标准船型相对不足,LNG 运输船也开始供不应求,并会持续一段时间,航运公司在短期内租到合适的标准船型并不容易。

2) 新船造价上扬,日租金呈现上涨

LNG 运输船建造难度大,"能否建造 LNG 运输船"已成为衡量一个国家海洋工程科技水平的重要标准。当前的船价走势更多地体现出市场竞争对其的影响,价格达到历史低点,船东此时可以有效地降低投资成本订制新船。

长时间稳定维持在 2 亿美元整数关口附近的 LNG 运输船新船价格,实际上也意味着该价格成为了船厂的心理底线,从中长期趋势来看,已经很难再行下调的空间,因此该价位可能还将维持较长的一段时间。

LNG 运输船租赁市场在 2009 年夏季还相当疲软,2010 年初 LNG 运输船市场运力日趋紧张,2010 年下半年市场航运费率逆势上扬,租金快速上涨,在船运市场一枝独秀。其中,当年 135 000~170 000 m³ 标准船型的日租金上升到 7.8 万美元,是前年最低点的 3 倍。5 月份日租金创出近 5 年来的新高,一度超过 8 万美元。目前处于大幅盈利状态,运费已远超收支平衡点。日航运费率的屡创新高,极大地带动了船东的投资热情。

3) 北极航道逐渐开通

2000 年后,北极航道商业的利用出现了规模化趋势。LNG 运输船于 2012 年首次从挪威经由北冰洋航线抵达日本。2013 年起至今,中国商船也多次通行北极东北航道。

北极航道由于气候和融冰海域面积的限制,所以只能夏季通航,根据俄罗斯的北极航运局规定,商船需由破冰船引领通过海域,需向俄方缴纳通行费及破冰服务费。

北极地区所蕴含的机会与资源,吸引着越来越多的国家。为开发北冰洋油气资源,日本新闻报道,中日韩三国正合作打造具有破冰功能的大型新型 LNG 运输船,如图 1-5所示。

图 1-5 具有破冰功能的新型 LNG 运输船

与传统航道相比,船只沿北极西北航道从上海到纽约最多可节约 1/4 的时间,沿东北航道从上海到鹿特丹可节约 1/3 的时间,中国极地研究中心负责人表示北极航道可以分担中国贸易最繁忙的几条集装箱航线的压力。我国首部北极政策白皮书鼓励企业在北极沿岸投资基础设施,进行商业性试航,打造"冰上丝绸之路"。

1.1.3 LNG 运输船市场主要特点

目前 LNG 运输船市场主要呈现三大特点。

（1）韩国船舶企业在 LNG 运输船建造市场中依旧处于垄断地位。

韩国在 LNG 运输船建造领域市场份额优势明显,在过去的 10 多年里,韩国船厂一直垄断了 LNG 运输船市场。在良好的市场形势下,韩国将市场竞争推向白热化,韩进重工、STX 造船等船厂先后参与进来,开始在 LNG 运输船建造领域"分蛋糕"。

虽然早在 20 世纪 80 年代日本就开始了 LNG 运输船的建造,但日本船厂交付周期长、船价昂贵等一系列明显劣势的影响,后来几乎退出了 LNG 运输船市场。直到 2009 年,日本船厂又重整旗鼓,进行了新一轮的 LNG 运输船开发。三菱重工开发了有顶篷的新型 LNG 运输船,将 LNG 运输船的 4 个球状液货舱改装为 1 个,这一改进不仅可以节约 30% 的燃料消耗和减轻 10% 的重量,而且增加了 LNG 运输船的船体强度。

在韩国与日本飞速发展 LNG 运输船产业的时候,中国船厂也在逐步向 LNG 运输船市场进军。中国大型造船企业如江苏新世纪造船有限公司和沪东中华造船集团,正向 LNG 运输船建造市场积极推进。早在 1997 年,沪东中华造船(集团)有限公司就先行开始了 LNG 运输船的研发,2008 年 4 月正式交付运营中国首艘 LNG 运输船"大鹏昊"号,标志着中国进入全球少数能自主研发和设计 LNG 运输船的行列。2012 年 12 月首次接获来自商船三井的 4 艘 170 000 m³ LNG 运输船订单,并于 2015—2016 年间交付,更标志着中国正式进入了处于世界造船业最高端的 LNG 运输船市场。

（2）市场需求的主体还将是 130 000～170 000 m³ 舱容的 LNG 运输船。

运输船舶大型化是发展过程中一个突出的趋势。在 LNG 运输船问世后的 10 年间,其单船的舱容由不足 30 000 m³ 迅速增长至 1975 年的 120 000 m³,此后 130 000～140 000 m³ 基本成为 LNG 运输船的最大舱容。2006—2010 年,卡塔尔订制、由韩国大宇和三星重工建造的 210 000 m³ 的 Q - Flex 和 260 000 m³ 的 Q - Max 超大型 LNG 运输船,使得 LNG 运输船船队运力增幅高达 90%。大型化可以降低运输成本,但是由于受到码头装卸能力、港口吃水深度和 LNG 运输船装卸速度等限制,LNG 运输船也并非越大越好。上述超大型 LNG 运输船是专门为美国航线设计的,并不适用于其他的国家和地区。从目前在建和规划的 LNG 项目基本条件及中长期发展趋势来看,所需 LNG 运输船的舱容基本集中在 130 000～170 000 m³,这类舱容的 LNG 运输船还将是市场需求的主体。

（3）蒸汽轮机在 LNG 运输船推进系统中的地位逐渐衰落。

LNG 运输船的最引人注目变化除了舱容,还有推进方式的发展。传统的 LNG 运输船推进主机几乎全是蒸汽轮机,存在了 40 年之久,其最大优势是在航行中可以方便地使用 LNG 货舱内蒸发的天然气作为燃料,且它的可靠性也较高。而传统的蒸汽透平的热效率仅为 25%～30%,双燃料发动机的热效率可以达到 40%～43%,如此对比蒸汽轮机明显推进效率较低。另外由于蒸汽轮机操纵性较差等因素,使得一些新型推进装置已经得到实船应用,或即将被装上在建船舶,越来越多的船东倾向于不使用蒸汽轮机作为 LNG 运输船的推进装置。双燃料柴油电力推进装置、燃气轮机等也逐步用于一些设计中,其中双燃料低速柴油机已广泛使用于 LNG 运输船上。

1.1.4　小型 LNG 运输船

通常舱容小于 100 000 m³ 的 LNG 运输船称为小型 LNG 运输船。利用小型 LNG 运输船，可以将 LNG 从国内沿海大型 LNG 接收站或邻近的 LNG 生产国运送到小型的 LNG 接收站，然后经 LNG 槽罐车运送到消费地。利用小型 LNG 运输船还可以进行国外小批量的进口 LNG 贸易，或者作为国内大型 LNG 接收站与分销接收站之间的调剂。

小型 LNG 运输船的运营模式如图 1-6 所示。

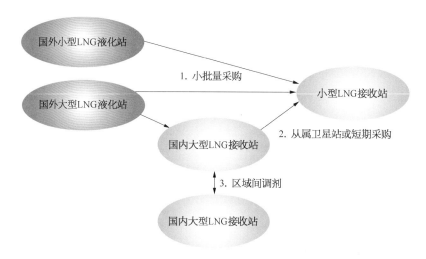

图 1-6　小型 LNG 船运营模式

1.1.4.1　概况
1）世界小型 LNG 运输船概况

世界上的小型 LNG 运输船保有量较少，共有 20 艘（表 1-5）。

表 1-5　世界小型 LNG 运输船营运概况

No.	船　名	建造时间	舱容（m³）	建造船厂	船　东	营运航线
1	Cinderella	1965	25 500	At. Ch. La Seine	Taiwan Maritime Transport	Libya-Spain
2	LNG Palmaria	1969	41 000	Italcantieri	SnamProgetti	Algeria-Italy
3	Laieta	1970	40 000	Astano S. A.	Auxiliar Maritima	Algeria/Libya-Spain
4	LNG Elba	1970	41 000	Italcantieri	SnamProgetti	Algeria/Libya-Spain
5	Hassi R'Mel	1971	40 850	C. N. I. M	Sonatrach	Algeria-Spain
6	Descartes	1971	50 000	De I Atlantique	Messigaz	Algeria-France/Italy

（续表）

No.	船 名	建造时间	舱容（m³）	建造船厂	船 东	营运航线
7	Tellier	1973	40 081	Ch. De La Ciotat	Messigaz	Algeria-France
8	Century	1974	29 588	Moss Rosenberg	BW Gas	Algeria-Greece
9	Isabella	1975	35 500	C. N. I. M	Chemikalien Seetrans	Algeria-Spain
10	Annabella	1975	35 500	C. N. I. M	Chemikalien Seetrans	Libya-Spain
11	Kayoh Maru	1988	1 517	IHI	Daiichi Tanker	Japan domestic
12	Aman Bintulu	1993	18 928	NKK	MISC	Malaysia-Japan
13	Surya Aki	1996	19 474	Kawasaki H. I.	P. T. Humpuss Trans	Indonesia-Japan
14	Aman Sendai	1997	18 928	NKK	MISC	Malaysia-Japan
15	Aman Hakata	1998	18 800	NKK	MISC	Malaysia-Japan
16	Surya Satsuma	2000	23 096	NKK	Mitsui OSK Line	Indonesia-Japan
17	Shinju Maru	2003	2 538	Kawasaki H. I.	Shinwa Chemical Company	Japan domestic
18	Pioneer Knutsen	2004	1 100	Scheepsweerf Bijlsma	Knutsen OAS Shipping	Norway domestic
19	North Pioneer	2005	2 500	Kawasaki H. I.	Japan Railway	Japan domestic
20	N/B Kawasaki-MOL	2007	19 100	Kawasaki H. I.	Maple LNG Transportation	Japan domestic

小型 LNG 运输船的舱容范围集中在三个区间：

① 1 000～2 500 m³：微型 LNG 运输船，从事挪威和日本的国内短途 LNG 运输。

② 18 000～25 000 m³：小型 LNG 运输船，从事日本国内的 LNG 运输及日本与马来西亚、印度尼西亚之间的 LNG 运输。

③ 25 000～50 000 m³：LNG 贸易初期建造的 LNG 运输船，用于利比亚和阿尔及利亚向欧洲国家运输，目前已不再建造。

2）2000—2010 年小型船建造交付情况（表 1－6）

表 1－6　2000—2010 年小型船建造交付情况

交付时间	货舱容积（m³）	建造厂	船 东
2000. 10	22 000	Nippon Kokan KK	Mitsui O. S. K. Lines
2003. 8	2 500	Higaki Zosen	Shinwa Chemical
2003. 10	1 100	Knutsen O. A. S.	SHIPYD. BIJLSMA
2005. 12	2 500	Kawasaki H. I	Japan Liquid Gas
2007. 9	19 000	Kawasaki H. I	Maple LNG Trans.
2008. 3	19 000	Kawasaki H. I	Tokyo LNG Tanker
2008. 10	7 500	Remontow	Anthony Veder

（续表）

交付时间	货舱容积（m³）	建造厂	船东
2008.11	1 950	Higaki Zosen	Unknown
2008.12	10 000	Taizhou Zhejiang	Norgas
2009.5	10 000	Taizhou Zhejiang	Norgas
2009.8	10 000	Taizhou Zhejiang	Norgas
2009.9	12 000	Dingheng Jiangsu	Norgas
2009.11	10 000	Taizhou Zhejiang	Norgas
2009.12	12 000	Dingheng Jiangsu	Norgas
2010.7	10 000	Taizhou Zhejiang	Norgas
2010.9	10 000	Taizhou Zhejiang	Norgas

3）小型 LNG 运输船建造厂概况

（1）日本小型 LNG 运输船建造厂概况。

日本钢管（NKK）：20 世纪 90 年代承建了一批小型 LNG 运输船，舱容均在 20 000 m³ 左右，共 4 艘，已交付船舶从事马来西亚/印度尼西亚—日本的 LNG 运输，由 MISC 和 MOL 拥有和管理，目前尚无新订单。

川崎重工（KHI）：已承建小型船舶 4 艘，舱容为 2 500 m³ 和 19 000 m³ 两种，共拥有 LNG 船台 3 座，旗下坂出船厂为 LNG 运输船主要承建厂，已交付船舶从事印度尼西亚—日本和日本国内 LNG 运输，目前尚无在建订单。

川崎重工小型 LNG 运输船规格：

微型 LNG 运输船——舱容 2 500 m³、内压式货舱、长 89 m、宽 15 m、吃水深度 4.2 m、航速 13.3 kn。

小型 LNG 运输船——舱容 19 000 m³、薄膜型或球罐型货舱、长 150 m、宽 28 m、吃水深度 7.6 m、航速 15 kn。外形如图 1-7 所示。

图 1-7 小型 LNG 运输船

　　日本第一艘沿海运输用的小型 LNG 运输船(图 1-8)由川崎重工建造,2003 年 7 月投入使用,内压式货舱的设计可以保持货舱不释放 BOG(LNG 挥发气),主机可以利用常规燃油驱动。操纵和作业方式与小型液化石油气(LPG)船相当。

图 1-8　沿海运输用的小型 LNG 运输船

　　(2) 欧洲小型 LNG 运输船建造厂概况。

　　荷兰船厂建造的小型 LNG 运输船——舱容 1 100 m^3、半压式货舱、长 70 m、宽 12 m、吃水深度 5.5 m、航速 14 kn(图 1-9)。

图 1-9　荷兰建造的小型 LNG 运输船

　　波兰船厂建造的小型 LNG 运输船——舱容 7 500 m^3、长 117.8 m、宽 18.6 m、吃水深度 6.8 m(图 1-10)。

　　(3) 中国小型 LNG 运输船建造厂概况(图 1-11)。

　　台州五洲船厂建造的小型 LNG 运输船——舱容 9 700 m^3、长 109.5 m、宽 21 m、吃水深度 6 m、航速 13.5 kn。

　　江苏鼎衡船业建造的小型 LNG 运输船——舱容 12 000 m^3、长 152.3 m、航速 17 kn。

图 1-10　波兰建造的小型 LNG 运输船

图 1-11　中国建造的小型 LNG 运输船

1.1.4.2　机遇与挑战

1) 中国小型 LNG 运输船的发展机遇

小型 LNG 接收站投资较低,沿海众多 LPG 接收站可以改造成为小型 LNG 接收站,这与长距离的陆上输送相比在运输成本上具有优势,并且现有 LPG 接收站设施和城市管网兼容度较高,改造方便。

2) 中国发展小型 LNG 运输船面对的挑战

对于改造 LPG 接收站,需要研究和论证与现有 LPG 接收站的兼容性和改造技术,这其中还会面对一系列的困难:国内现行法规的限制和不确定性、小型 LNG 运输船获取较为困难(现有小型 LNG 运输船租期普遍至 2015 年后,新造小型 LNG 运输船的船型少、造价较高)、小型接收站经营许可的唯一性及现行市场和商务机制的协调和重组的影响、大型接收站不具备输出设施等。

小型 LNG 运输船具有许多的优势,其 LNG 供应符合中国国情的需要,前景广阔。但是在资源紧张、价格高涨的情况下,小型 LNG 船运输的经济性与可行性有待研究与论证。

1.1.5　LNG 产业的发展变化

美国海事管理局(US Maritime Administration)2018 年 6 月 24 日指出,中国对 LNG

的进口量需求正加速增长,已成为全世界最大天然气进口国。随着中国 LNG 需求的迅猛增加,外加欧洲表态不会断绝从俄罗斯购买天然气,这一系列事件都表明,世界 LNG 格局将会发生重大的变化。

1.1.5.1　世界 LNG 格局的调整和变化

全球的 LNG 生产国主要分布在中东和大西洋盆地、亚太地区。亚太地区的 LNG 生产国包括印度尼西亚、马来西亚、文莱、澳大利亚、俄罗斯及美国。大西洋盆地的 LNG 生产国包括尼日利亚、埃及、特立尼达和多巴哥、赤道几内亚、阿尔及利亚、利比亚及挪威。2015 年,全球 LNG 的出口主要集中在马来西亚、印度尼西亚、卡塔尔、澳大利亚等国。2016 年,全球前 12 大 LNG 进口国和地区依次是日本、韩国、西班牙、中国、印度、中国台湾、法国、新加坡、墨西哥、阿根廷、英国、巴西。中国目前已经是全球最大的 LNG 进口国。

1) 世界上 LNG 格局变化的 4 个地区

全球增长最快的 LNG 市场逐渐变为中国。进口 LNG 已成为中国天然气资源的重要来源,并保持着高速增长,未来 20 年中国还将增加 1 200 亿 m³ LNG 进口量。

俄罗斯作为 LNG 出口大国的地位趋稳。俄罗斯北极海域发现大型油气田超过 40 个,整个北极大陆架共近 60 个,石油天然气资源蕴藏量极其丰富。

美国未来将在 LNG 市场上发挥重要作用。在未来全球市场中,美国将承担重要角色,美国 LNG 出口能力已从 1 350 万 t/年增加近 4 倍至 2019 年的 6 600 万 t/年。

应高度重视非洲供应 LNG 的能力。非洲从一开始就是 LNG 贸易的中心,阿尔及利亚在 20 世纪 80 年代初就已经是世界上最大的 LNG 生产国。

2) 目前稳定的 4 条 LNG 海上运输航线

目前海上 LNG 运输的两个封闭区域分别为大西洋区域和太平洋区域。太平洋区域 LNG 的主要生产国是中东部分国家、澳大利亚和东南亚部分国家,韩国、日本和中国是主要买方。南美洲和非洲在大西洋区域是 LNG 主要生产国和卖方,LNG 买方主要为美国和欧洲。

巴拿马运河是航运要道,亚洲与美国之间通过这条运河的贸易货运量达 23%。巴拿马运河面对 LNG 贸易形势的变化,也开始向能源运输特别是 LNG 运输转型。

经北冰洋到达北美和欧洲的北向通道即目前的"冰上丝绸之路"为处于试验性阶段的航线。扩大利用"冰上丝绸之路",将使目前 LNG 船运 10 万美元/天的运费大大降低。这一亚洲到欧洲的转口贸易航线将会发挥平衡市场和增加供应来源的作用。

全球天然气运输格局将发生重组。美国作为 LNG 出口大国,进一步加快了向欧洲市场出口的步伐。而欧洲进口天然气在现实的价格面前难以与美国进行 LNG 贸易,只有当管道气不能满足需求时,市场才会选择 LNG 作为供气来源,但是如果因为中俄亚马尔 LNG 项目的实施,中俄两国的 LNG 运输量增加,同时中国对美国 LNG 加征关税,中美两国的 LNG 贸易量降低,如此一来,作为连接中俄两国最近的航线,"冰上丝绸之路"的前景可期。

1.1.5.2　中国 LNG 及其运输船的发展

中国对于进口 LNG 不断增长的需求,将影响全球 LNG 基本面和价格,并在未来多年内改变市场格局。据标普全球普氏分析,在 2023 年中国的年 LNG 进口量预计将达 6 800 万 t,并将在 2030 年前跃居全球第一大 LNG 消费国。

中国工业复苏、GDP 增长和电力行业"煤改气"政策的推进,正使得国家燃气消费量升至历史最高点。但由于管道进口和本土产量的不足,为了弥补供需差距,特别是在远离天然气田和进口管道的中国东部沿海人口密集地区,对 LNG 的需求愈发迫切。中国已签订的合同滞后于未来五年的预计 LNG 进口量增长需求。预计至 2023 年,有超过四分之一尚未通过签订进口合同而落实的 LNG 需求,因此现货需求将可能被推升。

在 2017 年,我国国家能源局提出了"到 2030 年,力争将天然气在一次能源消费中的占比提高到 15% 左右"的规划,力求将天然气变成我国现代清洁能源体系的主体能源。大幅增长的 LNG 需求,给中国 LNG 运输装备项目开发带来了难得的机遇。

新型 LNG 运输船市场是一块巨大的蛋糕,但是其准入门槛很高,船东必然看好有建造经验的船厂。中、日、韩的船厂都有丰富的经验,这三国的船厂建造了全球绝大部分的 LNG 运输船。近年来,韩国在 LNG 运输船建造领域的霸主地位不断受到冲击,特别是来自中国的冲击,中国 2008 年才建造第一艘 LNG 运输船,但是市场份额在 2013 年已经飙升至 23%,韩国反而快速降至 68%。由此可见,中国可能打破原有的全球 LNG 运输船市场格局,成为 LNG 运输船订单潮的最大赢家。

1.2　LNG‐FSRU

在美国"9·11 事件"后,反恐成为了世界各国关注的重点,人们越来越担心潜在的恐怖袭击,这使得人口密集区对有关可燃与可爆的工业设施持不欢迎的态度。为了减少 LNG 陆上终端,许多公司、科研机构正在研究可将天然气运抵购买方的 LNG 运输船,以及可向岸上供应天然气的海上终端,即浮式 LNG 储存和再气化装置(LNG‐FSRU)。

一般天然气常见组分及其占比见表 1‐7。

天然气按蕴藏方式和开采难度可分为常规天然气和非常规天然气。

① 常规天然气:以构造和地层形式单个分布,目前可以进行工业开采,主要指伴生气(油藏气、油田气)和气藏气(气层气、气田气)。

② 非常规天然气:指用常规技术不能实现经济开发的天然气资源。非常规气藏一般是以扩散方式聚集,运移而不是以浮力作为运移动力。这种气藏特点一般不依赖于构造和地层圈闭,包括天然气水合物、页岩气、致密砂岩气、煤层气等。

天然气按运输和存储方式可分为管道天然气、压缩天然气(CNG)和 LNG。

表 1-7 天然气常见组分及其占比

组分名称	分子式	分子量	密 度	体积占比
甲 烷	CH_4	16.043	0.677 3	93.609%
乙 烷	C_2H_6	30.070	1.269 3	4.115%
丙 烷	C_3H_8	44.097	1.861 4	1.197%
丁 烷	C_4H_{10}	58.124	2.453 5	
异丁烷	C_4H_{10}	58.124	2.453 5	
戊 烷	C_5H_{12}	72.151	3.045 4	
异戊烷	C_5H_{12}	72.151	3.045 4	
新戊烷	C_5H_{12}	72.151	3.045 4	
己 烷	C_6H_{14}	86.178	3.631 4	
庚 烷	C_7H_{16}	100.205	4.229 9	1.079%
环戊烷	C_5H_{10}	70.135	2.960 4	
环己烷	C_6H_{12}	84.162	3.552 6	
苯	C_6H_6	78.114	3.297 4	
甲 苯	C_7H_8	92.141	3.889 1	
二氧化碳	CO_2	44.010	1.857 7	
硫化氢	H_2S	34.076	1.438 0	
氮	N_2	28.013	1.182 2	

注：表中体积占比以中原油气田为例。

① 管道天然气：天然气以气态形式通过管道进行运输。

② CNG：把天然气加压并以气态储存在容器中，与管道天然气组分相同，可作为车辆燃料使用。

③ LNG：天然气经过杂质预处理后，常压下深冷至 $-163℃$，使其转变为液态，其体积约为同质量气态天然气的 1/600。

天然气与我们的日常生活密不可分，其作为一种重要的清洁能源在经济发展中的地位越来越重要。当今世界发展主题已是低碳、环保、经济，合理利用天然气资源，充分发挥天然气绿色、环保、低碳、高效的特点，是达到此目标的重要途径，因而天然气市场成为了发展的重点。

国内 LNG 接收站目前基本上采用陆上接收处理终端，但为了在大型 LNG 接收站建设阶段过渡，天津 LNG 接收站已经采用了陆上设施与靠岸浮式接收终端配套使用的方式。

近年来，海上浮式 LNG 接收终端技术逐渐成熟，很快从概念设计进入了实际开发阶段，并在过去几年中获得了相当好的成果。首个海上浮式 LNG 接收终端自 2005 年在美国建成投入使用以来，已经陆续有 6 个海上浮式 LNG 接收终端在美洲和欧洲建成并投入使用。

目前海上浮式 LNG 接收终端主要包括穿梭气化船(SRV)、浮式储存和再气化装置(FSRU)、浮式气化装置(FRU)、重力基础结构接收终端(GBS)、人工岛接收终端及平台式接收终端等 6 大类。

在世界范围内 FSRU、SRV 及 GBS 已经得到实际的工程应用。其中,FSRU 以缺点少、造价低廉、功能齐全等优势,成为当下海上浮式 LNG 接收终端建造的主要形式。

近几年在长三角、渤海湾、粤港澳大湾区等经济发达地区,天然气需求的增长速度非常快,但是无论是采取管道还是进口 LNG 供应,建设基础设施的时间都较长,而且这些地区选址工作难度越来越大,岸线资源紧张,土地成本越来越高。因此,不占土地面积、建设周期短的海上浮式 LNG 接收终端非常适合于海域面积广大但土地资源紧张的沿海地区。

1.3   LNG - FPSO

介绍 LNG 运输船技术,必然要涉及浮式 LNG 生产储卸装置(LNG - FPSO),又称为 FLNG。FLNG 是海上 LNG 集储存、生产和装卸为一体的新型浮式生产储存装置,具有开发风险小、建造周期短、投资成本低、安全性高和便于迁移等特点。但由于技术等限制,FLNG 不如一般浮式生产储卸装置(FPSO)那样得到广泛应用。

FLNG 的技术难度显然比 LNG 运输船更胜一筹,涉及的问题更多、更难,例如上部模块的处理系统、系泊系统、环保问题、双燃料问题、主要机电系统的集成配置、卸货时与 LNG 运输船的船体结构耦合运动及其响应问题、结构的疲劳问题等都是极为棘手的技术难题。

FLNG 的核心技术对天然气液化工艺建造运行稳定性、整个系统的安全性和运行费用影响巨大。在满足生产需求、市场需求及成本控制的前提下减小投资风险、增强制造的可行性至关重要。

目前,陆上的天然气液化技术已经比较成熟,而由于海上作业的特殊性使得天然气液化工艺的设计标准不同于陆上,其工艺系统的模块化设计、占地面积、不同气田的适应性、简洁性、紧凑性和海上环境适应性、安全性等显得更为重要。

以下是部分 FLNG 项目的简介。

(1) 壳牌公司在澳大利亚 Prelude 的开发项目(图 1 - 12)。

该项目船长 488 m,宽 74 m,重 256 000 t,排水量达约 60 万 t,设计能承受五级飓风。

2018 年 12 月 26 日这艘造价超 120 亿美元(约 856 亿人民币)的 FLNG 于西澳大利亚布鲁姆东北偏北 475 km 处提前投产,预计将停泊 25 年。

图 1 - 12　Prelude FLNG 项目

Prelude FLNG 项目设计可使其在恶劣的天气情况下运营。该船的性能已经被测试了两次,其能够保持最佳航向,因其拥有三个艉部推进器,便于操作和货物运输,便于减少在运营时的设计限制。它是通过 16 根锚桩系泊在海床上,经由转塔通过柔性立管直接连接至进入储层的天然气气井(图 1 - 13)。

图 1 - 13　FLNG 运行模式示意图

（2）马来西亚 Kanowit 油田运营的巴西国家石油公司(Petrobras)FLNG 设施。该项目在韩国大宇制造基地建造、安装与工程化(图 1 - 14)。

图 1 - 14　马来西亚 Kanowit 油田运营的项目

第 2 章　LNG 运输船的基本技术、特点及其发展

LNG 运输船是海上运输 LNG 的主要装备,发展 LNG 运输船是海洋装备产业结构调整升级、做大做强的战略突破口。为了解决 LNG 运输的紧迫需求及保障能源供应,我国需要自主研制和批量建造 LNG 运输船,特别是大型 LNG 运输船,这是落实国家规划的重要举措。

我国高度重视 LNG 运输船的发展,自主研发和建造 LNG 运输船将促进我国海洋工程产品结构的转型升级、保障国家能源安全,是培育高新技术船舶产品品牌,提升我国海洋工程装备设计、制造、管理技术水平的重要途径,并且还将大大提高我国船企在国际高技术船舶市场的竞争能力,改善海洋工程装备出口产品结构。因此,开展 LNG 运输船的研究开发是十分必要的。

由于 LNG 必须在 −163℃ 极低温下生产、储存、运输与装卸,因此 LNG 系列装备是技术最复杂、设计建造难度最高的装备之一,LNG 运输船也是获国际公认的高技术、高难度、高附加值的"三高"船舶,目前仅有中、日、韩及欧洲的少数几个国家有能力建造。作为国家能源战略实施的重大工程装备,LNG 系列装备在天然气能源领域中扮演着关键的角色。

据统计,截至 2017 年,全球共有 LNG 运输船 465 艘,包含 23 艘浮式装置(FSRU)及 29 艘容量不超过 40 000 m^3 的 LNG 运输船,总计约 4 646 万总吨。

2017 年 LNG 运输装备资料的统计情况如下:

① 船舶围护系统技术是法国大西洋造船厂和挪威苔罗森伯格公司首先突破。

② 韩国是世界上建造交付 LNG 运输船最多的国家,韩国的三星和大宇是建造交付 LNG 运输船最多的造船公司。

③ 当今 LNG 运输船的围护系统以薄膜型为主,其在 2016 年时已经占据维护系统总数的 70.5%。

在航行与装卸过程中如何保持天然气的液化状态是 LNG 运输船的技术关键。在 LNG 运输船的设计中,应主要考虑的问题是能适应低温的介质材料、绝缘材料,对运输、储存及装卸过程中蒸发、易挥发或易燃物等难题的处理,以及 LNG 运输船尺寸受到港口码头和接收站条件的限制。

根据液货舱系统的不同形式,LNG 运输船主要分为薄膜型和球罐型两种船型。MK Ⅲ、NO.96 及 CS1 型是常用的 LNG 薄膜型液货舱,目前以 NO.96 和 MK Ⅲ 为主,法国 GTT 公司拥有此三种液货舱系统的技术专利;球型储罐有 A 型、B 型、C 型三种,A 型、B 型为球型,C 型是双体球型。

为保证我国能源战略的顺利实施,推动我国企业的转型升级,实现中国成为世界造船强国的战略目标,研发自主知识产权的 LNG 装备技术,加快形成我国在 LNG 装备上的自主研发和批量建造能力是一个重要的举措。

2.1 LNG 运输船的分类和技术特点

LNG 是由天然气液化而成的,在常压下天然气的液化温度为$-163℃$左右,其物理特性见表 2-1。

表 2-1 LNG 的物理特性表

物理性质	详 情
成分	甲烷为主,有少量的乙烷和丙烷
常压沸点	$-161.5℃$
临界温度	$-84℃$
临界压力	4.1 MPa
密度	$430\sim470 \text{ kg/m}^3$(因组分不同会略有差异)
燃点	$650℃$
热值	52 MMBtu(1 MMBtu$=2.52\times10^8$ cal)
爆炸极限体积	$5\%\sim15\%$(空气中)

整个天然气的开发利用是一个不可分割的产业链,如图 2-1 所示。

气田　　LNG厂　　LNG储罐　　　LNG运输船　　　LNG储罐　　蒸发器　　用户管系

图 2-1 天然气产业链

2.1.1 分类

2.1.1.1 薄膜型 LNG 运输船

薄膜型 LNG 运输船如图 2-2 所示,设计要素见表 2-2。

薄膜型 LNG 运输船,就是其液货舱直接安装于船体的 LNG 运输船。常见的薄膜型 LNG 运输船有三种,以 NO.96 和 MK Ⅲ 为主。

NO.96 LNG 运输船如图 2-3 所示。

表 2‑2　LNG 运输船设计表

货舱形式	设计概念	最大设计压力	部分装载	次屏壁	备　注
薄膜型	与船体做成一个整体	<0.25 bar(g)，最大 0.7 bar(g)	困难	全部	MARK Ⅲ、NO.96、MARK Ⅲ Flex 等
独立货舱					
IGC CODE A 型	菱形	<0.7 bar(g)	能	全部	A 型罐
IGC CODE B 型	菱形	<0.7 bar(g)	能	部分	SPB
IGC CODE B 型	球型(其他)	按设计要求	能	部分	Moss
IGC CODE C 型	压力容器	>2.0 bar(g)	能	不需要	C 型罐

注：1 bar＝100 kPa。

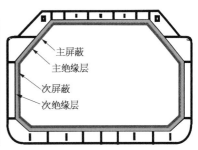

主屏蔽
主绝缘层
次屏蔽
次绝缘层

图 2‑2　薄膜型 LNG 运输船及其液货舱

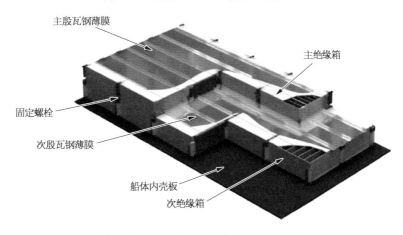

主殷瓦钢薄膜
主绝缘箱
固定螺栓
次殷瓦钢薄膜
船体内壳板
次绝缘箱

图 2‑3　NO.96 LNG 运输船液货舱示意图

MARK Ⅲ LNG 运输船如图 2‐4 所示。

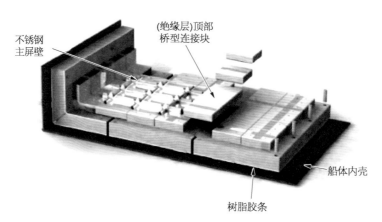

图 2‐4 MARK Ⅲ LNG 运输船液货舱示意图

CX‐1 LNG 运输船如图 2‐5 所示。

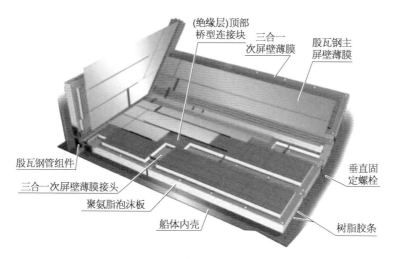

图 2‐5 CX‐1 LNG 运输船液货舱示意图

2.1.1.2 球罐型 LNG 运输船

液货舱为球型储罐的 LNG 运输船为球罐型 LNG 船型,球型储罐系统外形为一球体,球体为铝合金制造,球体外敷设两层增强聚氨酯泡沫的绝缘材料以保证其绝热保温性能和安全运输。

A 型舱如图 2‐6 所示。

A 型舱的罐体外部有一层绝缘,船体内板还有一层绝缘,以防船体钢板发生冷脆。但这也是 A 型舱存在问题的地方,万一漏了,罐体外面的绝缘封不住就会漏到两层绝缘之间,起不到次屏壁的保护作用。

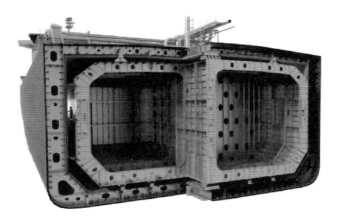

图 2-6　A 型舱

B-SPB 型舱如图 2-7 所示。

图 2-7　B-SPB 型舱及装船示意图

B-Moss 型舱如图 2-8 所示。

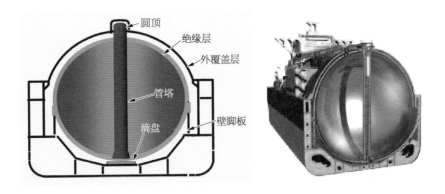

图 2-8 B-Moss 型舱及装船示意图

C 型舱如图 2-9 所示。

C 型舱的材料是由 9% 镍钢、5% 镍钢、低碳不锈钢、高强度不锈钢及 304L 与 316L 不锈钢组成,货舱形状分为圆柱形、双叶形和棱柱形。

2.1.1.3 其他形式分类情况

1) 按 LNG 运输船舱容分类

按舱容可分为 Q-Max、Q-Flex、标准型和小型四种,见表 2-3。其中,Q-Flex 与 Q-Max 的比较见表 2-4。

图 2-9　C 型舱及装船示意图

表 2-3　运输船舱容分类表

形　式	舱容(m³)
Q-Max	250 000~300 000
Q-Flex	200 000~250 000
标准型	100 000~200 000
小　型	<100 000

表 2-4　Q-Flex 和 Q-Max 比较表

名　称	Q-Flex	Q-Max
总长(m)	297.5	345
型宽(m)	50	53.8
型深(m)	25.5	34.7
设计吃水深度(m)	12	12
载重(t)	约 106 000	约 122 000
LNG 储罐容量(m³)	210 000~216 000	266 000
航速(kn)	19.0	19.0

2) 按 LNG 运输船动力系统分类

(1) 蒸汽推进系统。

系统整体运转图示及局部组件如图 2-10~图 2-16 所示。

(2) 双燃料柴油机。

系统整体运转图示及局部组件如图 2-17 所示。

(3) 双燃料电力推进(DFDE)。

系统整体运转图示及局部组件如图 2-18 所示。

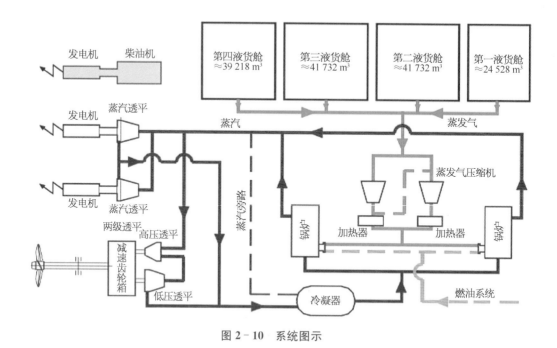

图 2-10 系统图示

图 2-11 高低压蒸汽透平及轴带发电机组

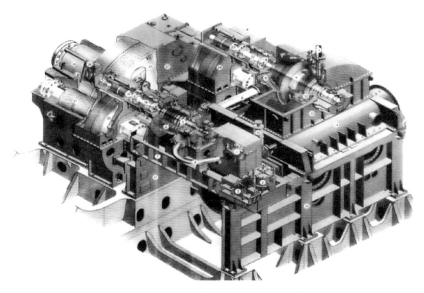

图 2 - 12　高低压蒸汽透平级减速齿轮箱

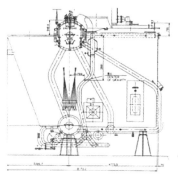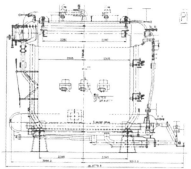

图 2 - 13　锅炉

图 2 - 14　锅炉水腔　　　　　　　图 2 - 15　锅炉汽腔

图 2‒16　锅炉强力风机

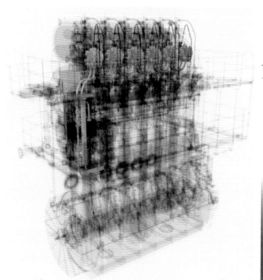

图 2‒17　双燃料柴油机

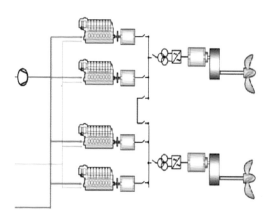

图 2‒18　双燃料电力推进

（4）燃气轮机。

燃气轮机如图 2 - 19 所示。

图 2 - 19　燃气轮机

LNG 运输船建造国家情况见表 2 - 5。

表 2 - 5　建造 LNG 运输船的国家　　　　　　　　　　　　　　（艘）

排　名	国　家	交付数	在　建	排　名	国　家	交付数	在　建
1	韩　国	259	64	8	挪　威	3	无
2	日　本	100	15	9	德　国	2	无
3	中　国	7	14	10	意大利	2	无
4	法　国	25	无	11	瑞　典	2	无
5	美　国	13	无	12	比利时	1	无
6	西班牙	4	无	13	英　国	2	无
7	芬　兰	4	无	总计	—	424	93

根据 VesselsValue 的数据，全球 LNG 运输船运能达 75 600 000 m³，能力价值达到 505 亿美元。

2.1.2　技术特点

LNG 运输船是专门运输 LNG 的特种船舶，具有常规船舶没有的许多特点：

① 必须满足高可靠性的要求，其船体结构要求能满足 40 年疲劳寿命的要求。

② 由特殊的货物围护系统保障常温下运输 −163℃ 的 LNG。

③ 具有特殊的主推进系统。

为了满足 LNG 运输船的特殊要求，在设计时需考虑下列技术：

① 全双壳结构设计——需满足《国际散装运输液化气体船舶构造和设备规则》(《IGC 规则》)和美国海岸警卫队(USCG)规范的特殊要求,以保证 LNG 运输船的安全性。

② 低温钢在船体结构上的大量应用。

③ 液货舱围护系统的双层绝缘要求——保证在主绝缘泄漏后仍能保证船舶的安全运行。

④ 先进有限元分析理论的应用——保证 LNG 运输船船体结构强度及应力疲劳、温度疲劳与腐蚀疲劳寿命的问题。

⑤ 采用基于非线性、时域理论的水动力分析技术进行液货舱晃荡载荷分析,保证极端状态下的液货舱围护系统绝缘安全;并进行泵塔等构件的水动力分析,满足强度要求。

⑥ 主机系统能保证燃烧燃油和蒸发气,或者燃烧燃油同时再液化 LNG 蒸发气。

⑦ 确保装卸时并排和串联装卸系统的动态协调及传输 LNG 时的可靠性与安全性。

⑧ 高度集成的监测和报警系统,密布全船的高、低温温度等传感器,数量高达 4 000 多个。

⑨ 气体探测技术和紧急切断技术等,保障储存与运输时气体发生泄漏状况下的安全。

⑩ 要确保在各类环境条件下,LNG 运输船的各个方面如船体、各个设备与系统及人员的实时安全保障。

⑪ 在信息技术高度发展的当今,要运用大数据、云计算、物联网、数字化与智能化技术,使 LNG 运输船在价值工程的理念下更为可靠、安全、智能。

2.2　LNG 运输船的技术发展简况

世界上 LNG 运输船设计与建造的绝大部分关键技术始于美国与欧洲,如液货舱系统技术、维护系统技术、船型与设计技术等。

日本和韩国最初的 LNG 运输船技术均来源于欧洲。日本在引进欧洲技术后用了 10 年时间完成了最佳船型形式的制定;韩国用了 14 年时间分别实现了 LNG 运输船的国内建造和建立较为完善的 LNG 运输船的配套系统设备,在此基础上,两个国家分别经过 5 年和 7 年时间的攻关,掌握了 LNG 运输船总体设计技术,推出了具有自主知识产权的船型,在船型总体技术上处于世界领先地位,并经过几年的发展,垄断了世界 LNG 运输船市场。

但目前,两个国家还是采用挪威 Moss Maritime 公司和法国 GTT 公司的货物围护系统。在此期间，日本花巨资开发了 SPB 液货舱，但还没有完全实现商业化的推广应用，而韩国计划用 5～10 年时间开发出新型液货舱，目前研制工作已经启动，是否成功还有待出来后市场检验。

目前涉及 LNG 运输船设计和建造的船型设计、液货舱围护系统、低温液货专用系统和设备等各个核心领域的技术基本为国外专利技术，其中约 50 项技术在美国、日本等国家申请了专利。

为了抢占更大的市场份额，各个 LNG 运输船主要制造国家一直在依据国家发展战略并与客户需求/市场对接，进行深化的 LNG 运输船技术研究。在时下业务洽谈，客户需求中，经常会要求较大的 LNG 货运能力、更强的防冰冻系统、绿色环保与节约能源的主要发动机系统、新型材料的应用及与互联网相关联的 LNG 运输船安全保障系统等技术。一些新技术与新功能的研发、推出与扩大应用将使得 LNG 运输船拥有更绿色环保、更安全可靠和更强大的运行能力。

1）LNG 运输船大型化

由于 LNG 运输市场的需要，越来越多的 LNG 运输船趋向于大型化，船龄 5 年以内的新船中超过 8 万总吨的占到总数的 81.5% 以上，在 2005 年年底全球新船订单中只有 3 艘船的舱容小于 145 000 m^3，最大的 LNG 运输船的舱容已经达到 260 000 m^3。

LNG 运输船舱容以往是以 150 000 m^3 为主，但是由于市场需要，并满足船东对船体主尺度、容量、重量、速度等要求，发展出了更大容量的船型，目前主流船型舱容为 177 000 m^3，其主尺度见表 2-6。

表 2-6　177 000 m^3 船型主尺度

项　目	数　据	项　目	数　据
全长(m)	300.0	最大持续功率(kW)	29 900
垂线间长(m)	287.0	燃料消耗率(t/d)	157.3
型宽(m)	51.9	舱容(m^3)	177 000
型深(m)	28.0	液货舱数(个)	4
航速(kn)	19.5		

现在全球的发展趋势是船体大型化。韩国正在建造容量超过 200 000 m^3 的船型，如 Q-Flex 和 Q-Max 薄膜型 LNG 运输船，但容量超过 180 000 m^3 的薄膜型 LNG 运输船必须配置五个液货舱，以避免液货晃荡载荷的增加。对于球罐型 LNG 运输船，只要增大液货舱容量即可以扩大 LNG 运输容量。三菱重工为进一步增加容量研发了搭载 FLEX 球罐的 LNG 运输船(FST 型)，如图 2-20 所示。

FST 型 LNG 运输船是具有良好的使用功能和高存储容量的球罐型 LNG 运输船。该船型已经获得日本船级社的批准及日本船级社和劳氏船级社的注册。200 000 m^3 的四罐 FST 还有可能将货舱容量增加到 230 000 m^3。但当容量改变时，也要注意随之而来的

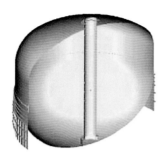

图 2 - 20   FLEX 球罐

问题,如货舱重量和建造成本的增加、建造材料的性能限制、配套设备和货物的限制等。

2) LNG 运输船的抗冰寒能力

2012 年,LNG 运输船从挪威经由北冰洋航线首次抵达日本,2013 年起中国船舶也多次通行北极东北航道,严寒环境下的 LNG 运输项目已经引起众多关注。船级社规范中的抗冰要求清楚地描述了船体建造、主发动机的输出功率、牵引装置、方向舵、舵机、螺旋桨和轴的形状。规范中明确了最低规格的抗冰结构以确保船舶能安全通过海面上的冰覆盖水域表面。各船级社正在研究相关规范以适用于航行服务在北极和南极等寒冷地区的 LNG 运输船。事实上,一些规范要求太过严格,不甚合理。部分客户和制造公司也在研究如何设计和构建能够得到船级社和监管机构批准的更合理的规范和高经济的 LNG 运输船。

3) LNG 运输船动力装置

一直以来,LNG 运输船的推进主机均采用蒸汽轮机。进入 21 世纪后,随着船用推进技术的发展,LNG 运输船运营商大幅加快了对推进装置的技术改进,出现了多种推进系统并存的格局。在过去的几年里,相继推出了低速柴油机推进系统、联合推进系统、电力推进系统等技术方案,LNG 运输船的推进主机逐渐进入了柴油机时代。与蒸汽轮机相比,双燃料柴油机、普通低速柴油机的热效率均超过 40%,比蒸汽轮机 30% 左右的热效率值有较大提高。

4) 薄膜型的液货舱成为主流选择

由于 LNG 运输船的运输计划需要巨大的初期投资,需在生产方与消费方的长期合作基础上来进行,因此必须根据运输计划选择最合适的 LNG 运输船船型、航速等基本要素。但 LNG 同其他海上运输货物不一样,很多与 $-163℃$ 低温相关的设备与材料问题将是影响选择 LNG 运输船的关键因素。

目前 LNG 运输船主要的货物围护系统有法国 GTT 公司的薄膜型和挪威 Moss Maritime 公司的 Moss 球罐型。至 2004 年年底,全球 LNG 运输船船队中,采用 Moss 球罐型的 LNG 运输船有 82 艘,薄膜型有 83 艘;2004 年年底的 104 艘 LNG 运输船手持订单中,围护系统采用薄膜型的有 79 艘,采用 Moss 球罐型的有 23 艘,其他型的 2 艘。

这些情况说明,未来选择薄膜型液货舱的 LNG 运输船可能成为主流。

2.3　LNG 运输船的设计建造技术

2.3.1　总体设计技术

2.3.1.1　船型论证

LNG 运输船总体船型平台的建立是项目设计研制流程的起点。其对综合技术指标、功能实现、系统要素的合理定位,是 LNG 运输船研制设计成功的先决条件。

总体船型平台主要由船型论证、综合性能论证、风险评估理论和相关规范规则的研究和应用等领域构成。其中,船型论证主要包括主尺度和总布置的优化研究、货物围护系统选用分析、推进方式选用,以及船型经济性论证;综合性能论证主要指先进计算流体力学(CFD)技术在快速性预报、型线优化、考虑晃荡影响的 LNG 运输船运动性能预报等领域的应用研究和试验验证;此外,风险评估理论在 LNG 运输船设计中应用、LNG 运输船的相关标准和规则规范的研究分析也是总体船型平台的重要研究内容。

通过以上平台的研制,可合理定位和优化 LNG 运输船的船型总体技术方案,在价值工程理论的指导下,确保船型综合性能的先进性和对目标市场的适应性。

价值工程理论告诉我们,一艘船舶的好坏,不仅仅是功能和质量问题,也不仅仅是成本问题,而是在满足用户基本要求这一前提下,辩证处理好功能和成本两者的关系,实现全寿命周期的最低成本,为市场提供具有足够功能的船舶。这样才能够提高产品的经济效益和社会效益,增强竞争力,才能真正称得上是一艘好船。基于价值工程的现代设计技术的目标就是把船舶设计成为一艘以最低的全寿命周期成本,实现用户所必需的、必要的功能和质量的新型船舶。价值工程设计流程如图 2 - 21 所示。

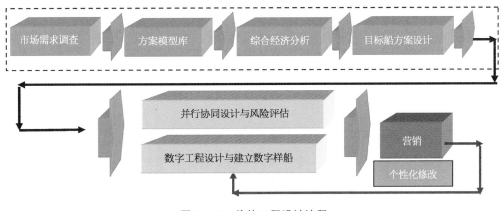

图 2 - 21　价值工程设计流程

图 2 - 21 中虚线框内的"市场需求调查""方案模型库""综合经济分析""目标船方案设计"四项主要根据市场和价值工程理论来进行。"并行协同设计与风险评估"和"数字工程设计"是并行开展的研发设计工作,其最终成果是建立数字样船及其二维、三维数字模型,并能对船东及用户进行仿真演示。

数字样船及其二维、三维数字模型还能根据船东和制造厂的个性化需求进行适当的修改,最终交给制造厂的是生产设计二维、三维数字模型,使制造厂可以直接进行生产制造。交给船东的是数字样船及仿真系统,使船东在船厂进行生产制造前就可以看到自己所要的是一个什么样的产品。

1) LNG 船型论证

LNG 运输船船型的定位直接决定了 LNG 运输船的经济性、技术可行性和船型对目标船东及市场的适应性。

首先,重点进行 LNG 运输船的经济性分析。以整个 LNG 运输链为背景,就服务航线和海区、接收港和输出港的设施状况、岸站的接收能力、营运模式和费用,以及船型的主尺度选择、货舱舱容、系统配置、服务航速等关键要素进行综合论证。

其次,就动力系统的选用进行研究论证。目前可供选择的动力系统方案主要有:蒸汽透平推进装置、燃气透平装置、柴油机(采用低速二冲程柴油机作主机,同时设再液化装置;使用双燃料低速柴油机;采用多台双燃料中速柴油机驱动的电站作为主推进系统和全船其他系统的动力源)。因此,需对 LNG 运输船的各种典型动力装置的形式和设备配置进行综合比较分析论证,选择符合当今世界 LNG 运输船发展趋势的动力装置。

最后,也是最重要的,是对液货舱及围护系统的选用进行论证。就现有主流围护系统技术可靠性、制造和安装工艺等进行综合分析,研究不同围护系统对于 LNG 运输船研制成本的影响和相关技术风险。

2) 主尺度和总布置

合理的主尺度和优化的总布置是保证 LNG 船型先进性的必要条件,重点要求包括完整稳性、破舱稳性、压载水置换、系统和设备操作功能的实现等。主要实施的内容包括货舱舱容/主尺度的匹配、主尺度/空船重量/航速/主机功率的匹配、航速与续航力/燃油舱的匹配、压载舱布置对总体布置/压载水管理的影响。

拟通过多方案的比较分析和论证,获得最优化的主尺度和总体布置方案。

3) 快速性预报和线型优化

低阻、高效的线型和优良的快速性是衡量 LNG 运输船船型经济性最重要的一项指标。

先进造船国家如英国、德国、荷兰、瑞典、比利时及日本、韩国,在线型优化和水动力性能预报方面普遍应用了先进的 CFD 技术,在快速性数值预报方面取得了较大的进展,研究的热点领域包括计及自由液面的流体动力性能预报及船体/附件/桨的相互干扰等,在船模-实船相关性分析、伴流预报、线型改进、附体性能优化等方面取得了许多实用成果。这些先进 CFD 技术的应用,极大提高了其快速响应能力、研发水平和产品的竞争力。

4) 基于液货晃荡的 LNG 运输船运动性能预报

目前船舶在波浪中航行的运动性能预报已经向实用化方向发展,并且已经有较为成熟的商用软件问世。由于晃荡对船舶在波浪中的运动有重要影响,因此对于 LNG 运输船运动性能的预报必须要考虑到液货晃荡的影响。考虑了液货晃荡的 LNG 运输船运动性能数值预报难度很大,有关研究液货舱晃荡与船舶运动相互影响的模型试验方面的报道也很少,主要是液货舱流体运动模拟的相似性实现难度较大,因此当前的主要技术手段是进行模型试验分析和验证。

国内一直在跟踪和参与该领域的技术发展,有着良好的研究基础,但仅限于探索和试用阶段,距实际应用尚存在较大的差距。

另外,将三维线性频域波浪载荷计算方法加以扩展,在考虑 LNG 运输船液货舱晃荡对船体运动产生的影响下,对船体运动响应进行计算,分析液货舱内的流体运动,以所得液货舱运动作为激励,并对舱壁处流体压力进行预报,可以获得 LNG 运输船运动及波浪载荷预报的计算方法。

2.3.1.2　船体结构研究设计

船体结构设计主要包含 3 个领域的内容:载荷、全船结构和特殊结构。

① 载荷:主要包括环境载荷预报、非线性砰击载荷预报、晃荡载荷预报和试验验证等方面的研究。

② 全船结构:主要包括结构规范设计与布置、基于三维水动力分析的全船结构分析、考虑容器内液体晃荡的液货舱结构局部强度分析、船体温度场和温度应力分布研究、结构对温度场的应力响应及低温钢的应用研究、疲劳强度评估与节点优化、超大型分段的高精度建造等内容。

③ 特殊结构:主要涉及泵塔的结构与其他特殊结构的设计及强度评估。

通过以上 LNG 运输船开发设计所必需的先进计算分析手段,对结构进行分析论证是船体结构设计的主要内容,包括基于三维非线性水动力理论的载荷和运动分析、复杂温度场计算等,着重解决液体晃荡载荷、结构温度场分布和应力响应特性的理论分析难题,建立相关试验验证平台,并就总强度、局部强度、疲劳、振动、噪声等方面进行全面评估和优化,同时研究 LNG 运输船的高精度建造等关键建造技术,实现 LNG 运输船船体结构的高可靠性、高安全性、高效率的设计和建造。

1) 大型 LNG 运输船波浪载荷预报

大型 LNG 运输船结构评估的关键是确定合理的载荷。

为满足结构直接计算法对外载荷精度的要求,国外船级社陆续在其各自的船舶设计衡准程序系统中,推出了基于三维势流理论的船体波浪载荷预报程序,有的程序还考虑了非线性影响。由于浮体运动与波浪载荷三维计算方法的理论基础更为完善,可以获得更为精确的船舶波浪载荷和运动预报值,应用范围也更广。

这部分需要重点研究确定的有:

① 三维势流理论的计算方法——三维源汇分布法。

② 非线性波浪理论及应用,主要考虑流体压力表达式中的速度平方项、物面非线性和自由面的非线性。

③ 求解控制的阻尼和非线性参数确定。

④ 三维质量模型、湿表面模型的建立。

⑤ 载荷、船体水动压力和运动响应预报。

这些分析可以在现有二维切片理论载荷运动预报程序系统基础上,基于三维时域非线性船舶运动和波浪载荷计算方法,提出一套合理的船体总载荷的计算方法,或引进国外三维非线性势流理论面元方法程序系统软件,应用于 LNG 运输船波浪载荷分析。

2) 大型 LNG 运输船非线性砰击载荷预报

由于大型 LNG 运输船具有相对平坦宽阔的艉部甲板面,而为了保证航速,水下的艉部线型一般比较瘦削,外飘严重,在中高海况下将产生严重的艉部砰击,同时螺旋桨的激振力直接作用于该处,其对结构疲劳的损伤作用应该在设计时引起足够的关注。使用船级社规定的规范值进行传统的艉部结构设计,从工程精度和安全性方面都不能适应大型 LNG 运输船设计的高要求。因此,对于大型 LNG 运输船艉部砰击强度的分析研究也是结构设计的重点内容之一。

这部分需要研究分析内容包括:砰击载荷分析。

分析砰击载荷较适宜的是依据切片理论的非线性模拟方法。该方法结合水弹性理论,分别计算冲量砰击、动量砰击,然后同稳态响应结合导出响应谱密度;或可加入非线性浮力项、非线性流体动量项及阻尼项,在时域中求解耦合运动方程,获得砰击载荷下的非线性合成弯矩响应。其关键技术是冲量砰击和动量砰击的正确计算,以及流固耦合的水弹性船舶运动方程的时域分析技术。

在砰击载荷作用下的大型 LNG 运输船艉部结构响应,可以结合船舶运动预报的外部砰击压力及湿表面水动压力结果,建立艉部结构三维有限元计算模型,对艉部砰击强度进行直接计算。

3) 大型 LNG 运输船晃荡载荷预报

当船体运动频率与液货舱内液体的固有振动周期接近时,由于载液货船有不完全装载的工况,便会产生舱内液体剧烈运动并产生晃荡。此时液货舱内的液体会对结构产生严重的冲击,很可能造成液货舱的结构失效破坏。因此,晃荡载荷预报及结构强度评估是非常重要的。

液货舱晃荡研究方法可分为数值方法、试验方法及数值与试验相结合的分析研究方法。数值方法即为有限元法等各类计算方法;试验方法一般是通过冲击试验和多自由度晃荡装置模拟进行压力数据采集和处理;理论分析与试验两者相结合的方法更能够克服两者的局限,从而得到较为可靠的结论。

各国船级社以大量的试验和数值计算为基础,开发了相应的液货舱晃荡载荷的分析方法和计算软件。其中英国劳氏船级社(LR)采用二维有限差分法,分三个水平预报晃荡载荷及强度校核;挪威船级社(DNV)及美国船级社(ABS)各自开发的晃荡分析软件都是以压力为基础的两步分析方法,即首先在 LNG 运输船工作海域内经过三维长短期分析搜索出最大晃荡压力发生的工况及晃荡压力发生的位置及幅值,然后进行结构强度分析,这种方法以结构为刚性体预报晃荡压力,没有考虑流固耦合效应,计算结果可能较为保守。

目前国际上尤其是日、韩船厂都采用三维流固耦合分析方法进行液货舱的压力计算及强度评估,而我国在此领域的研究工作还比较少,在 LNG 运输船设计领域的实用性分析应用并不多见。

LNG 运输船与其他载液货船的特别之处在于液货舱围护系统有变形,在一定程度上可释放应力,此时必须考虑流体与结构的相互作用来准确地预报压力。另外由于 LNG 运输船的围护系统材料的工作环境温度是−163℃左右,其材料特性相比常温状态下会发生改变,因此围护系统复合材料特性参数也需要研究确定。

对 LNG 运输船晃荡载荷分析及结构强度的评估需要采用流固耦合分析与试验研究相结合的方法来开展。

通常可以以大型通用瞬态分析软件作为平台,开发与分析方法相对应的处理晃荡压力及强度评估的接口程序,形成一套解决 LNG 液货舱晃荡问题的行之有效的方法流程,为 LNG 运输船设计提供技术保障。这是在研发设计 LNG 运输船时的关键技术之一。

另外还可以建立四自由度晃荡实验装置,验证理论分析结果,分析晃荡载荷及船舶运动、液货舱形状、载液深度对晃荡的影响,分析晃荡形成机理及运动特性,用于指导设计,同时应用试验结果验证和发展理论计算方法。

LNG 运输船液货舱晃荡的数值分析(图 2－22)方法还在不断发展,通过分析能够给出舱壁结构上的压力和应力等响应及舱内液体在晃荡过程中的各种液面运动现象,得到可参考的定性或定量参数,用于指导模型试验方案设计和提高模型试验技术。

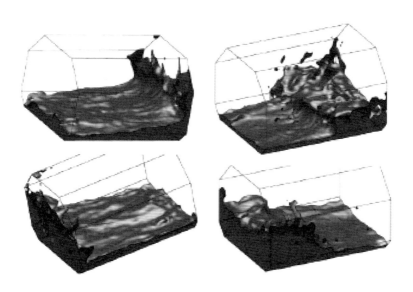

图 2－22　典型的晃荡数值分析

通过 LNG 棱柱形液货舱的典型三维晃荡模型的试验,可以获得在各种运动模式下,液货舱内流体砰击舱壁而形成的冲击载荷特性,能够较为合理地预报大型 LNG 运输船液货舱晃荡载荷特征。

4）船体温度场分布

薄膜型围护系统的主次屏壁均为密闭结构,次屏壁的重要功能之一是防止主屏壁发生渗漏后 LNG 的低温直接影响船体结构件。为了确保安全,必须遵循"泄漏不可导致破坏"的设计理念,保证主屏壁渗漏后船体结构仍能承受低温的影响。因此,LNG 运输船的结构设计必须先期进行主屏壁渗漏后船体结构的温度场分析,然后根据不同运输要求下的船体构件温度分布,确定低温钢的应用范围以及钢级选择。

LNG 运输船船体温度场是一个非常复杂的系统,理论分析的难度非常大:

① 温度场热传递的方式是多样化的,储罐内的绝缘箱、低温液体、主屏壁、次屏壁、船体内外壳之间的船体结构、海水及空气等构成的一个温度传递系统,涉及三种热传递方式——传导、对流、辐射。

② LNG 运输船的液货属于非定常多相混合流,温度传递系统是一个复杂的瞬态温度场,在将 LNG 输送到船上的装货作业过程中,舱内的 LNG 蒸气会连续不断地产生,这些蒸气必须被引回码头;而卸货作业时,为了填补 LNG 被抽走后留下的真空,必须不断地向储罐内补充 LNG 蒸气。

另外,还需要考虑绝缘材料、输送管系等复杂材料的热传导问题,在计算模型模拟、材料参数选择、热传导边界条件确定等方面有许多关键技术难点。

目前,国内对船舶结构热应力及温度场研究较少,需要研究分析的内容包括:

① 航行状态,以及装卸作业时船体的稳态和瞬态温度场。

② 主屏壁渗漏时,船体的瞬态温度场。

③ LNG 蒸发、气体回收、液化和再充液过程在液货舱和管系内的瞬态温度场。

④ 船体结构材料达到极限温度时的加热过程热传导分析。

可以采用瞬态和稳态热传导三维有限元法对 LNG 运输船液货舱结构的温度分布进行分析。通过分析研究 LNG 运输船在运行、装卸、LNG 蒸发回收再液化等过程的热传导机理,研究非线性热传导理论和方法,并与国外现有分析方法进行比较,确定 LNG 运输船不同状态温度场的预报方法。

为得到船体的温度场分布,对此进行热传导分析,根据温度值来设计结构尺寸和材料级别,其主要以 220 000 m³ 薄膜型 LNG 运输船(主尺度见表 2-7)为例开展的研究工作结果如图 2-23 所示。

表 2-7　主尺度　　　　　　　　　　　　　　　　　　　　(m)

项　　目	参　　数
总　　长	315
垂线间长	302
型　　宽	49.8
型　　深	27
结构吃水深度	13.15

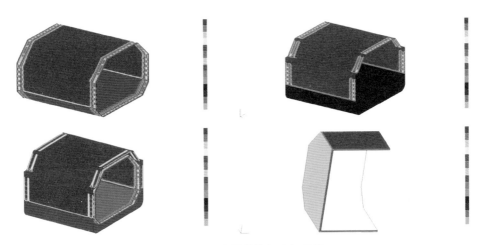

图 2 - 23　边界构件温度场云图

5) 船体液货舱结构温度场应力响应

在正常营运过程中,由于存在主屏壁和次屏壁双层绝缘保护,船体结构不会受到低温的影响,但当主屏壁已经发生渗漏而次屏壁依然完好时,必须考虑低温对船体结构的影响。

基于热传导分析的结果及不同的运输要求(按 IGC 规定,计算状态通常取空气温度为 5℃、海水温度为 0℃;按 USCG 规定,除阿拉斯加海域外,空气温度为 −18℃、海水温度为 0℃,阿拉斯加海域的空气温度为 −29℃、海水温度为 −2℃的),对船体结构低温钢的应用范围和钢级选择进行研究。

由温度变化引起的结构收缩与拉伸应力主要取决于构件内部温差的梯度变化及外部环境温度,不同构件的导热率也是热应力分析的约束条件之一。因此,还需要对如下内容进行分析研究:

① 船体结构低温钢的应用范围和钢级。

② LNG 运输船船体液货舱结构的温度场应力响应。

③ 强度评估准则。

对大型 LNG 运输船的屈服、屈曲强度进行分析评估,进行主要构件尺寸强度验证,针对船体结构液货舱热应力实例分析如图 2 - 24 所示,对 IGC 规则中所规定的大气、海水的温度进行的分析如图 2 - 25 所示。

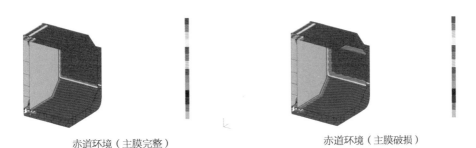

赤道环境(主膜完整)　　　　　赤道环境(主膜破损)

图 2 - 24　液货舱温度场云图

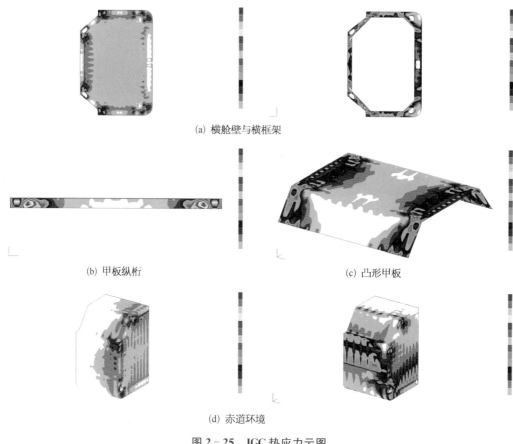

(a) 横舱壁与横框架

(b) 甲板纵桁

(c) 凸形甲板

(d) 赤道环境

图 2 - 25　IGC 热应力云图

6) 基于三维水动力分析的全船结构分析和优化

大型 LNG 运输船在复杂海况条件下航行时,船体承受较大的波浪诱导弯矩和剪力、外部砰击压力和湿表面水动压力。同时,由于 LNG 运输船的大型化发展趋势,液货舱尺寸的增加使货物在舱内相对运动时产生的动载荷被明显放大,而船体在波浪中运动产生的动载荷将会影响液货晃荡载荷的计算,因此有必要开展基于三维水动力分析的大型 LNG 运输船全船三维有限元结构分析技术研究,准确预报船体结构的应力和变形。重点通过大型 LNG 运输船的波浪载荷长短期预报、全船结构有限元分析技术(图 2 - 26)、动载荷作用下的结构响应分析、强度评估准则等方面的研究,全面掌握大型 LNG 运输船有限元建模分析技术及包括晃荡载荷等在内的三维非线性载荷直接预报技术。研究获得的运动参数可作为液货围护系统晃荡载荷模型试验的输入条件。

采用动态载荷分析法进行 LNG 运输船结构强度的评估研究工作,首先要建立三维水动力模型,根据船舶营运海域海况资料选择波浪散布图,进行船体运动长期预报,确立等效设计波,求得船体承受的各载荷分量;其次建立全船三维有限元粗网格模型,动载荷通过程序直接施加到结构模型上,得到结构变形值;然后建立局部结构细网格模型,以变形值为边界条件,得到结构应力的准确值;最后根据结构失效原则对强度进行评估。

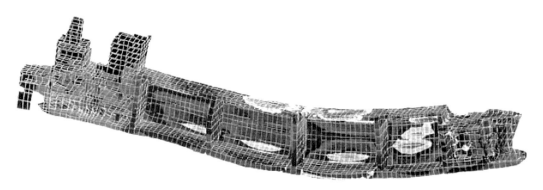

图 2‑26　全船应力分布图

通过这一分析研究工作,可以全面掌握大型 LNG 运输船全船有限元建模技术及波浪载荷三维非线性直接预报技术,同时这一部分的运动参数也可以作为液货围护系统晃荡载荷模型试验的输入条件。

7) 基于液货晃荡的液货舱结构局部强度分析和优化

大型 LNG 运输船液货舱结构设计的关键点在于能承受外部波浪载荷与液货晃荡载荷耦合力的货舱围护系统和相应的船体结构设计,特别是为了保证营运和装卸货物的灵活方便,经常会存在部分装载工况。因此,不同装载率下的液货晃荡载荷分析研究对于大型 LNG 运输船的设计至关重要。

根据以往对船体冲击载荷的研究,作用在弹性体上的液货晃荡压力无论从冲击载荷的幅值上还是结构的响应上都与作用在刚体上不同,这种差异主要是由流体在拍击周期内交互作用的不同而引起的。LNG 运输船的液货维护系统由合金薄膜和聚酯泡沫组成的绝缘层及支撑它们的船体结构构成,除了船体结构外,其余都是弹性体。因此,对于大型 LNG 运输船的液货晃荡载荷的研究,必须综合考虑刚性体拍击载荷的数值计算结果和基于实尺模型的弹性体拍击强度试验结果。

同时,由于船舶在波浪上航行,船体六自由度方向上的运动对货舱内液货的晃荡压力值也会产生明显的影响。因此,研究液货舱结构(包括绝缘层和支撑船体结构)的拍击强度问题时,还必须研究其在外部波浪载荷与货舱内的液货晃荡载荷耦合作用下的结构响应。

综上,需要重点分析研究:

① 大型 LNG 运输船液货舱结构晃荡载荷分析。

② 大型 LNG 运输船液货舱结构在外部波浪载荷与货舱内液货晃荡载荷耦合作用下的结构响应。

③ 强度评估准则。

目前,以美国船级社为代表的国外研究机构已经开发出针对 LNG 运输船的液货晃荡载荷计算程序,其核心技术基于船舶运动的长期预报与晃荡历程时域仿真的三维水弹性理论。在 LNG 运输船研制设计中,可以对这一计算方法进行研究,从而掌握大型 LNG

运输船晃荡载荷直接计算的方法,并通过对 LNG 液货舱主尺度对晃荡载荷影响因素的分析研究,确定大型 LNG 运输船液货舱形状与尺寸的规律方法。

8)泵塔的结构强度评估及设计

泵塔是大型 LNG 运输船货舱中重要组成部分,是液货和人员进出货舱的通道。泵塔的一般高度在 25～30 m 之间,三角棱形式,几乎全部由不锈钢管制作而成。

泵塔在工作过程中会遭受到低温 LNG 货品引起的附加温度应力、由于船体运动产生的惯性力及货舱内液货的晃荡冲击载荷。其中,液货的晃荡冲击载荷可以使用与液货围护系统同样的计算软件加以分析,其表现为由流体加速度引起的流体内部压力及由流速引起的黏滞应力。

在传统的 LNG 运输船结构设计中并未考虑更为恶劣的晃荡载荷和附加温度应力情况,没有真实反映常见的泵塔结构强度,因此,需要深化分析研究:

① 泵塔结构温度场分布、晃荡冲击载荷。

② 泵塔结构强度评估。

③ 泵塔结构设计。

通常对这类分析研究可以采用三维有限元方法对泵塔的大型管状结构及其连接结构进行屈服、屈曲和剪切强度校核。

对于大型 LNG 运输船的泵塔,通过这些分析研究后,应相应增加其管径与壁厚,以及加强其与船体结构的连接,由此设计出更为合理和安全的新型泵塔结构。泵塔的结构、设计分析、应力曲线、云图如图 2-27～图 2-32 所示。

9)疲劳强度评估和节点优化设计

大型 LNG 运输船除了遭受交变的波浪载荷作用外,其液货围护系统还受到液体晃荡冲击载荷作用。同时,由于 LNG 的超低温,还应考虑由于温度急剧变化引起的热疲劳强度。

疲劳强度计算通常运用线性累积损伤理论结合 S-N 曲线,运用热点应力法计算结构的疲劳累积损伤和对疲劳寿命进行估算,这是工程上常用的方法。根据相应的各种波

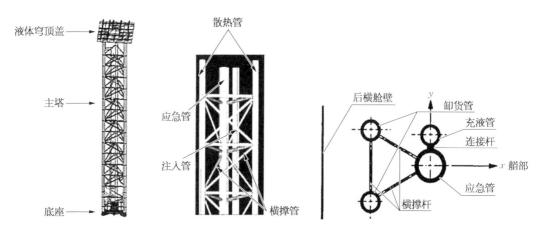

图 2-27 泵塔结构与泵塔结构主要构件

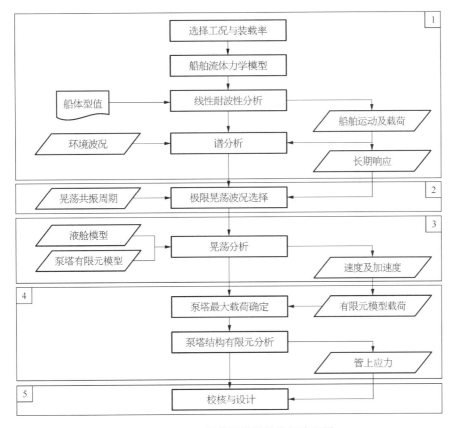

图 2 - 28   ABS 规范泵塔结构分析流程图

图 2 - 29   整体泵塔有限元模型与底部及顶部放大图

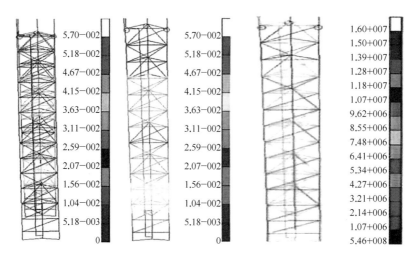

图 2‐30   在温度载荷和重力作用下泵塔的变形云图与轴向应力图示意图

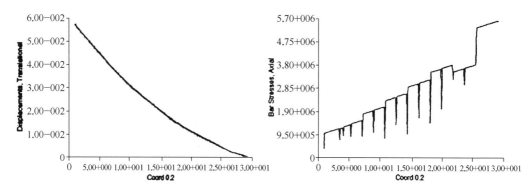

图 2‐31   卸货管在竖直方向的变形曲线与应急管在竖直方向的节点轴向应力曲线示意图

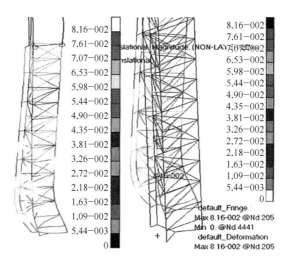

图 2‐32   泵塔在各种载荷作用下的变形云图

浪谱或海况参数选用适当的波谱,由 Morison 公式计算波浪载荷谱,通过结构动力响应分析得到应力传递函数,得到构件的长期应力范围分布。由于在这种方法中,决定构件疲劳寿命的载荷工况是根据波浪的概率分布情况搜索得到的,因此可以称之为疲劳分析的全概率分析方法。在 LNG 运输船的设计研究中可以采用这一方法进行疲劳强度研究。

大型 LNG 运输船疲劳强度研究的技术难点在于疲劳热点区域部位众多、受载复杂、极易产生疲劳裂缝。一般来说疲劳热点区域主要有：内底板和纵桁与横舱壁的连接处、舷侧纵骨与横舱壁或强框架的典型连接节点、底边舱折角处、箱形甲板的角隅,以及液货围护系统、泵塔与船体的连接处及船体相应的加强结构。

因此,对这些结构节点进行优化设计,以及对耐低温材料各种典型的、重要的节点形式在各种温度条件下进行的疲劳分析和相关试验研究,对提高大型 LNG 运输船船舶结构疲劳寿命具有十分重要的意义。通常需要对以下内容进行分析研究：

① 波浪载荷、晃荡冲击载荷的预报。

② 船体液货舱结构的疲劳热点区域。

③ 大型 LNG 运输船的全概率方法疲劳强度。

④ 疲劳寿命评估。

⑤ 典型节点优化设计。

⑥ 在船舶结构中带有突出与普遍意义的节点。

进行以上分析研究的一般步骤是：选定典型的热点结构→根据波浪的概率分布情况搜索载荷工况→确定构件疲劳寿命的载荷工况→进行基于精细有限元模型的详细应力分析→运用线性累积损伤理论和实验的 S－N 曲线,由热点应力的幅值分布和次数计算结构的疲劳损伤和寿命。

通过对大型 LNG 运输船典型节点连接方式的研究,可以建立符合国内主要骨干造船企业建造工艺要求的大型 LNG 运输船节点设计标准。NO.96 LNG 运输船主要参数见表 2－8。

表 2－8　NO.96 LNG 运输船主要参数

项　　目	数　　值
总　　长	279.0 m
型　　宽	43.2 m
型　　深	26.0 m
服务航速	20.0 kn

研究内容包括：

① 强度校核。对船体梁弯曲强度、剪切强度和稳定性校核;对货物围护系统支撑构件的校核;液货舱段区域船体结构直接分析与评估。

② 计算。建立 3 个整舱段有限元计算模型,其中载荷工况为目标弯矩与剪力工况,规定施加的总纵载荷和局部载荷,分析中间货舱,以确定强度标准并检验强度条件。

③ 载荷。包括波浪引起的水平弯矩与垂向弯矩、液货舱内部的压力、海水外部压力、晃荡载荷、冲击载荷、疲劳载荷等多种载荷。

ABS 规范对 NO. 96 LNG 运输船的疲劳校核流程为：

① 首先对各个装载工况求解载荷响应,包括外部海水动压力载荷、内部货物压力载荷、波浪诱导弯矩,求解的依据是规范载荷计算公式。

② 根据载荷计算总体应力分量(波浪诱导水平弯曲应力范围和垂向弯矩应力范围)、局部应力分量(货物内部压力和海水压力引起的应力)。

③ 将各部分应力分量合成总体应力分量和局部应力分量,并合成总应力范围。

④ 确定 Weibull 曲线的尺度参数,进而求出该工况的疲劳损伤。

⑤ 通过累积工况的疲劳损伤,得到疲劳寿命和总疲劳累积损伤度。

先通过谱分析疲劳方法进行评估(图 2-33),目标 LNG 运输船纵剖面如图 2-34 所示;然后建立三舱段有限元模型(图 2-35),重点分析中间舱段;接下来根据疲劳分析方法

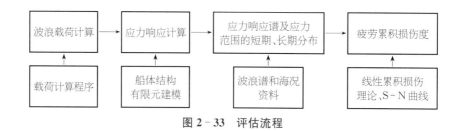

图 2-33 评估流程

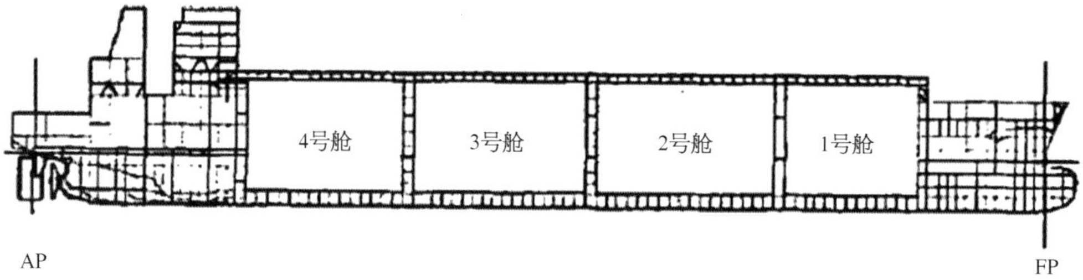

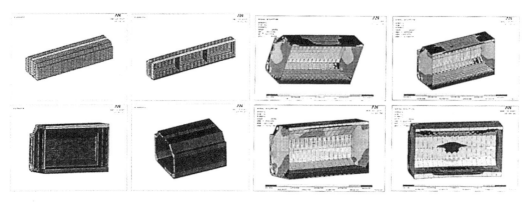

图 2-34 LNG 运输船纵剖面

图 2-35 三舱段有限元模型与应力图

输入数据,完成 LNG 运输船疲劳强度分析;最后利用外插法得到热点应力(图 2 - 36),求得应力范围后代入疲劳评估公式,即可得到各个装载状况下的累积损伤。

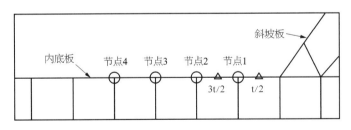

图 2 - 36 插值点示意图

10) 全船振动分析和噪声预报

目前,造船界对民船振动和噪声控制水平的要求越来越高,船舶有害振动和噪声不仅会影响船上工作人员居住的舒适度,还会对船体结构和机器的正常工作带来不利的影响。

大型 LNG 运输船除了常规的由螺旋桨激振力和波动压力产生的艉部及上层建筑局部振动外,未装满液货舱产生的晃荡载荷对货舱围护系统和泵塔结构也会产生低频激振,当其与货舱围护系统和泵塔结构自身频率相近时会产生共振。一方面共振会使振动加剧,另一方面也会放大晃荡载荷,对船舶稳性有不利的影响。因此,对于大型 LNG 运输船必须建立全船计算模型进行整船振动模态和响应分析。

根据大型 LNG 运输船机电设备所产生的振动噪声激励源和舱室选用的隔声降噪材料,建立主要舱室的振动噪声结构模型和声学模型,采用专业声学软件进行振动噪声预报分析。对大型 LNG 运输船的振动和噪声需要进行的研究分析如下:

① 全船结构总振动预报分析。

② 艉部及上层建筑局部振动。

③ 泵塔结构振动分析。

④ 主要舱室的噪声预报分析。

研究主要分析确定影响船舶整体和局部振动响应的各种因素、收集船舶设备激励源参数、建立船舶整体和局部的有限元模型、对不同设计方案使用有限元法进行船舶振动的响应预报和分析比较、研究机电设备选取和船体结构及设备基础设施的加强、减振材料和装置的应用等,从而对避免有害振动和减低振动响应提出合理措施,实现船舶振动特性优化设计,保证船舶振动响应满足相应规范要求。

研究主要使用的方法:建立船舶典型舱室的结构振动和声学模型后,用数值仿真方法进行在中低频激励下复杂结构的振动与声学的计算和外声场研究计算,用统计能量分析法(SEA)或能量有限元分析法(EFEA)进行中高频下模态密集结构振动与声学的计算。

11) 艉部结构砰击强度分析研究

由于大型 LNG 运输船具有相对平坦宽阔的艉部甲板面,而为了保证航速,水下的艉部线型一般比较瘦削,同时螺旋桨的激振力直接作用于该处,造成外飘严重。因此,对于大型 LNG 运输船艉部砰击强度的研究是结构设计的重点内容。传统的艉部结构设计常使用船级社规定的规范值,从工程精度和安全性方面都不能适应大型船舶的设计要求。所以在对大型 LNG 运输船设计研究时应关注:

① 砰击载荷分析。

② 在砰击载荷下的 LNG 运输船艉部结构响应。

③ 强度评估准则。

可以采用结合船舶运动预报的外部砰击压力及湿表面水动压力结果,建立艉部结构三维有限元计算模型,对艉部砰击强度进行直接计算。其基本流程:首先输入艉部几何形状、艉部重量、装载工况、航速等基本参数;然后根据船舶航行的海域环境条件进行运动长期预报,可以得到船舶垂向运动的相对幅值及垂向运动的加速度;接下来结合不同的装载工况可以得到艉部砰击载荷的概率分布值;最后得到设计砰击载荷,可直接加载到结构有限元模型,求解结构响应。

12)船体结构的试验研究

在船体结构设计中具有许多的不确定性和未知问题,为了更加深入研究这些问题,船体结构试验是必不可少的。

试验分实验室试验与实船试验,前者是在设计建造时进行的,是对该船的设计工作更为重要的实际指导,是设计工作正确性的重要保证;后者是整船建造完工后的海上实船试验,是验证设计建造工作正确性的依据,它是判定船舶设计建造成功与否的关键。

通常的实验室结构试验有结构环境与载荷试验预报、特殊结构物与部件的强度试验、结构动力试验及其他各种试验。这里简要介绍对 LNG 运输船结构非常重要的液体晃荡载荷试验。

液体晃荡载荷试验研究的主要目的是验证理论分析的结果。对易遭遇较大晃荡冲击的液货舱顶部等典型结构节点,在通过试验研究得到最大晃荡冲击载荷后,进行节点冲击载荷试验,以验证设计节点的抗冲击和疲劳性能,随后优化节点设计,并为进一步采用数值计算提供验证手段。液体晃荡载荷试验研究的主要内容包括:

① 建立几何缩尺比为 30~50,可模拟船体纵摇、横摇、升沉和横荡运动的四自由度液货舱模型晃荡实验装置。测量液货舱承载的总力和总弯矩、舱壁及其内部结构的晃荡冲击压力,采用压力传感器测量冲击速度,采用浪高仪和摄像分析晃荡波形。

② 分析液货舱各向运动及其耦合运动对晃荡的影响、载液深度对晃荡的影响,以及液货舱形状对晃荡的影响。通过对实验数据的回归分析,提出可供设计参考的经验公式。

③ 考虑流固耦合的水弹性晃荡试验,采用模拟液货舱结构和围护结构的比例模型进行典型节点冲击试验,确定整体结构抗晃荡冲击性能。

2.3.1.3　船体建造技术

LNG 运输船是国际公认的高技术、高可靠性、高附加值的"三高"特殊船舶,需要长期的技术、商务、管理上的准备,对设计、建造工艺、质量、进度、安全、环境等要求非常严格。

1)LNG 运输船设计制造流程

LNG 运输船研制总体工艺流程如图 2-37 所示。

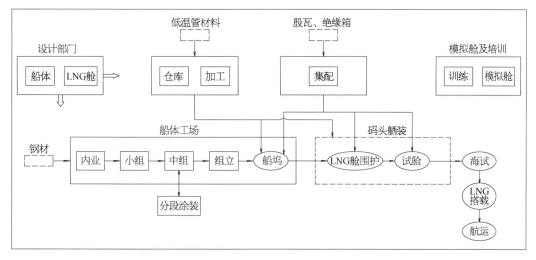

图 2 - 37　LNG 运输船研制总体工艺流程图

其总体工艺流程的主要特点是：

① 十分重视设计、研究、培训三个方面。设计中钢质船体与液货舱属特殊衔接，因此十分重视对技术的研究与对人员的培训。

② 生产部门(包括生产设施)要区分钢质船体与液货舱围护两条作业线，液货舱围护的专用设施和工装设备相对集中。

③ LNG 运输船的建造特点是码头舾装周期长，主要原因是液货舱围护的工程耗时长，以及各种试验增加了耗时。

LNG 运输船在建造时，开发设计手段和绝缘箱制作工场、殷瓦钢预制件工场、泵塔组装工场、低温管制作工场等建造设施是研制 LNG 运输船的必备条件。生产 LNG 运输船的过程对建造精度、焊接水平、工艺要求及基础平台设施都有很高的要求。

2) 建造 LNG 运输船的主要技术

(1) 超大型分段高精度建造技术。

LNG 运输船货舱区域分段的划分比常规船舶要大得多，并且其对液货舱区分段精度和内壁平整度有特殊要求，因此如何确保超大分段的精度是分段建造的关键。这部分的主要研究内容包括：船级社及造船公司对大型 LNG 运输船的分段高精度要求、大型 LNG 运输船精度测量技术、大型 LNG 运输船的高精度控制措施。

通过全程造船精度控制和分段片状化制造技术研究，可以实现造船周期缩短、提高精度、降低生产成本、保证产品质量。

(2) 总组和船坞总装技术。

LNG 运输船液货舱分段总组的特点是超重、超大，且形状复杂。制定合理的建造方案和总组方案，对提高该船的建造质量、缩短建造周期具有十分重要的意义，因此确保在总组和船坞总装过程中的精度、快速安全搭载是建造中的关键。这部分的主要研究内容包括：大型总组分段的吊装研究、总组和总装搭载工装研究、快速松钩研究、总组和搭载时现场的安全可控性研究。

（3）LNG 运输船的虚拟制造。

LNG 运输船的建造所涉及的结构、系统复杂，设计和建造的难度很大，是一项复杂的系统工程。虚拟制造技术（虚拟仿真）的应用对提高 LNG 运输船的研制水平和质量、缩短建造周期、降低建造风险具有重要意义，如图 2-38 所示。

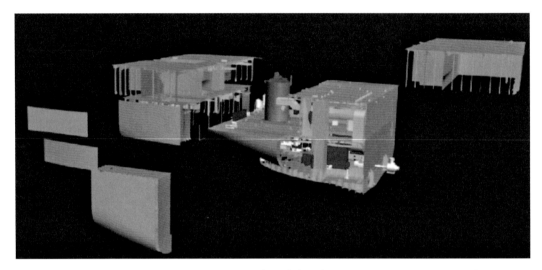

图 2-38 虚拟仿真示意图

虚拟制造技术在国外造船领域已经应用到产品设计、加工装配、物流、生产计划、过程管理与控制等多个方面，发展较快，特别是在新船型开发领域有相当程度的应用。我国造船领域的虚拟制造技术研究处于起步阶段，基于三维综合布置的虚拟现实技术主要用于漫游、干涉检查、虚拟装配演示等方面，应用尚未普及，对于造船工艺流程等方面的虚拟仿真基本还是空白。

这部分的研究内容包括：LNG 运输船数据库和数字化样船模型——建立包括设计、制造、管理等信息在内的 LNG 运输船数据库，以三维建模技术为核心，建立符合 LNG 运输船制造生产设计模式的、数据自上而下可完整传递的 LNG 运输船数字模型，以实现 LNG 运输船的虚拟建造和仿真检验；面向设计的虚拟仿真——设立设计验证领域和原则，对数字化产品模型进行仿真与分析，提出对设计的评估和性能的预测结果，并根据结果提出优化建议；面向建造的虚拟仿真——描述 LNG 运输船的船体结构、围护系统、液货系统等的动态装配过程，以判断 LNG 运输船生产装配流程设计的合理性及精度控制等是否符合要求，对 LNG 运输船关键的建造工艺流程、信息流和物流进行模拟仿真，以提供精确的生产信息，为优化生产计划与调度提供合理化决策依据。

2.3.1.4 动力系统研究设计

LNG 运输船的另一关键是动力系统的设计制造，动力系统主要由推进装置、轴系和螺旋桨、动力管系及相关辅助系统构成，其中推进装置是动力系统的核心装置。在设计研究时要关注：LNG 运输船的机舱布置与管系；LNG 运输船的多种推进装置的比较、分析与动力装置的合理配置选择；LNG 运输船所用锅炉的结构与功能。

目前可供选择的推进装置有：蒸汽透平推进装置；燃气透平装置；内燃机推进装置。

传统的蒸汽透平推进装置综合效率较低，目前已经逐步退出市场；燃气透平装置由于部分载荷情况下效率低、较难适应高温环境、对维护和保养的要求高等因素，在民用营运船舶上的应用并不广泛。而最近出现的双燃料内燃机推进装置则代表了目前的技术发展趋势。对于大型 LNG 运输船，内燃机推进装置的选择主要有：加设再液化装置的低速二冲程柴油机；双燃料中速发动机-电力推进系统；双燃料低速发动机。

1）动力系统的选择论证

动力系统包括主机及其辅助系统。

混合型系统由传统的带对转螺旋桨（CRP）的主柴油机和带双燃料锅炉的透平推进装置组成，蒸汽透平驱动对转螺旋桨的前螺旋桨，而后螺旋桨由主柴油机驱动。由常规蒸汽透平装置和 CRP 系统组成的带 CRP 常规蒸汽透平，其可靠性和经济性需要深入研究，但是由于其有 CRP 系统，因而较为节能。

提高 LNG 运输船总操作效率的最佳解决方案之一是 BOG 再液化系统和传统柴油机相结合的方案。目前这一技术系统的热循环系统和部件都是依据在陆地应用再液化系统的经验，其可靠性、操作性和维护性将在船用中认证和体现。

不同推进装置的对比见表 2－9A 与表 2－9B。

表 2－9A　LNG 运输船推进装置的比较表

项　目	蒸 汽 透 平	双燃料柴油机	柴油机＋再液化装置	气体混合循环
装置的组成				
优点	● 可靠性高 ● 正常航行时可燃用 100% 的 BOG	● 低油耗 ● BOG 可被柴油机燃用	● 低油耗 ● 机舱和货舱完全独立	● 燃气透平的油耗低于蒸汽透平
缺点	● 油耗高	● 双燃料柴油机不能单独燃用 BOG（必须提供点火用的燃油） ● 在低负荷的状态下不能燃用 BOG	● 油耗高 ● 再液化装置须消耗电能	● 需燃用高品质的燃油 ● 燃气透平不能同时燃用 BOG 和燃油
成本 初投资	100	105	105	104
燃油消耗率	100(BOG＋HFO)	67(BOG＋HFO)	65(HFO)	79(BOG 或 GAS OIL)

(续表)

项　目	蒸汽透平	双燃料柴油机	柴油机+再液化装置	气体混合循环
CO_2	100(87)	66	77	73
NO_2	4(3)	100	99	10
SO_x	67(0)	43	100	0

表 2-9B　LNG 运输船推进装置的比较表

项　目	低速双燃料柴油机(DFD)	中速双燃料柴油机(DFD)	柴油机+再液化装置	蒸汽透平+CRP
燃用 BOG	是	是	不	是
BOG 再液化回货舱	不	不	是	不
目前进展的程度	40 MW 陆用机组	陆用和石油平台用发电机组	再液化装置：仅限于陆用技术	仅限于柴油机的 CRP 技术
仍在调查的项目	1. 船用的可靠性 2. 船用高压气体压缩机 3. 高压天然气供给管路系统的可靠性	1. 空气-天然气混合物的安全性(低压燃气的供给) 2. 高压气体压缩机和高压燃气供给管路 3. 机器可靠性的提高	1. 船用再液化装置可靠性、经济性发展 2. BOG 再液化成货物的成本	应用于蒸汽透平的 CRP 的可靠性开发

随着人类对环境保护意识的提高，人们越来越注重气候环境的保护。以 135 000 m^3 LNG 运输船为例，其各种推进装置方案的比较见表 2-10 与表 2-11。

表 2-10　各种推进装置方案

方案	主　机	动力输出值	推进功率	辅　机
基本	蒸汽透平、带有减速齿轮箱、定距桨，2 台锅炉，BOG 与燃油的混合物所产生的蒸汽推动透平	无	26 200 kW	2 台 2 900 kW 蒸汽透平发电机，1 台 2 000 kW 燃用轻柴油的柴油机
1	1 台两冲程 9K80MC-C-GL 双燃料柴油机，燃用天然气和重油，直接与定距桨相连	2 400 kW	32 490 kW	3 台 2 750 kW 燃用轻柴油的柴油机
2a	2 台两冲程的 7S60MC-C-GL 双燃料的柴油机，燃用天然气和重油，直接与 2 个变距桨相连	2×1 200 kW	31 570 kW	3 台 2 750 kW 燃用轻柴油的柴油机
2b	2 台两冲程的 7S60MC-C-GL 双燃料的柴油机，燃用天然气和重油，每台主机直接与 1 个变距桨相连	无	31 570 kW	3 台 2 750 kW 燃用重柴油的柴油机

（续表）

方案	主 机	动力输出值	推进功率	辅 机
3a	电力推进装置,4 台双燃料的柴油机(4×8 775 kW),燃用天然气和重油混合物,所产生的电力供给船上电站,包括 2 台分别通过减速齿轮箱与定距桨相连的推进电机	无	35 100 kW	
3b	电力推进装置,4 台双燃料的柴油机(2×8 775 kW+2×5 400 kW),燃用低压天然气或柴油,所产生的电力供给船上电站,包括 2 台分别通过减速齿轮箱与定距桨相连的推进电机	无	35 100 kW	

表 2‐11　表 2‐10 方案的经济性比较　　　　　　　　　　（％）

项　　目	费用条目	基本方案	1	2a	2b	3a	3b
初投资	机器设备	65.6	48.9	45.3	43.4	68.2	78.4
	安装+启动费用	34.4	22.9	34.4	34.4	45.9	45.9
	总费用	100	71.8	79.7	77.8	114.1	124.3
燃料耗费	占初投资比例	11.4	5.2	5.2	5.1	5.7	9.6
	相对耗费	100	45.8	45.3	44.6	50.3	84.6
维护保养费	占初投资比例	0.3	1.0	1.3	1.6	3.0	3.0
	相对耗费	100	307	395	490	913	895
滑油费用	占初投资比例	0.1	1.3	1.5	1.5	0.9	0.8
	相对耗费	100	1 054	1 206	1 176	685	672
总运作成本	占初投资比例	11.9	7.6	7.9	8.2	9.6	13.4
	相对耗费	100	63.8	66.9	69	82.1	113.5
总寿命期基本成本	占初投资比例	306	203	216	220	285	356
	相对耗费	100	66	71	72	93	116

从表 2‐10 和表 2‐11 中可以看到：最经济的是 3 种直接传动式且燃用天然气的柴油机方案,它们之间的差异非常小,在初投资方面也是如此,最终选择要考虑安装的可靠性、推进的裕度等。时至今日,虽然出现了几类新型推进方案,但在实际应用中 LNG 运输船还是采用蒸汽透平作为主推进装置。

考虑到安装安全性,使用高压气体的系统存在较大风险,但是目前的技术水平已经确保这些设备具有足够的成熟度,所以已经不具有很高的风险。

从推进的裕度来看,考虑在港口卸货时机器的维修保养,以及装置在严重失效情况下船舶能够继续航行的能力,对于常规方案装置,其失效后船舶完全丧失操作能力是明显的不足,但因其透平装置和 2 个锅炉具有较大可靠性,也可接受。

2)双燃料推进装置系统研究设计

(1)双燃料燃烧技术分析和优化。

压力波动、天然气成分、缸内工作过程等规律是双燃料发动机的主要技术难点,因此对不同油气混合比下发动机的性能需要运用计算机辅助工程(CAE)等计算机仿真分析软件进行计算、分析、研究并取得双燃料发动机缸内工作过程的规律。

(2)双燃料发动机性能、排放测试技术及设备。

需要运用计算机辅助分析技术,利用 CAE 仿真分析软件开展双燃料发动机整机性能匹配技术、增压器配机和工作过程计算等技术研究,制定双燃料发动机排放测试规范,完成性能、排放测试系统的研究与设计。

(3)主机控制模块集成合作研制。

双燃料发动机主机控制技术是一个全新的技术,需要通过对双燃料发动机控制系统构架、双燃料发动机功率、转速动态平衡和响应、天然气密封系统的监测和控制技术的研究,以及在运行状态下进行天然气气体消耗控制、分析计算技术的研究,掌握发动机运行模式和状态控制技术及不同状态下燃油和天然气的分配控制技术,完成主机控制模块的设计研制。

(4)安全控制模块集成研究设计。

设计安全控制模块的集成系统,使双燃料发动机安全运行,需要对下列七个方面进行研究:

① 复杂运行工况和特殊机舱环境下的双燃料发动机运行可靠性。

② 双燃料发动机油气不完全燃烧情况下的防爆安全监控技术。

③ 供气循环系统状态的监测技术。

④ 机舱辅助设备控制对双燃料发动机安全运行的影响。

⑤ 喷气阀功能失效状态和双壁管断裂状态的监测技术。

⑥ 密封油系统失效状态的监测技术。

⑦ 发动机点火失败状态的监测技术。

(5)试车专用设施研制。

试车专用设施是验证样机达到设计技术指标的必要条件。研制试车专用设施,需要完成对集控台、安全监测报警系统、控制油/伺服油/密封油系统、防火/消防系统、压缩空气系统、通风系统、惰性气体系统、天然气循环供应系统等关键系统的研究设计,并对燃料储运、增压技术进行研究,设计出燃气管路系统及试车设备系统。

3)双燃料推进装置系统研制

(1)燃烧系统及关键零部件。

燃烧系统关键零部件包括气缸盖、缸套、活塞等,由于燃烧介质的不同和突变,系统主要部件的结构、材料和其所受热负荷等工作环境将与常规柴油机有很大差异。通过对双燃料模式动态运行模拟研究,以及对缸套润滑方式和油品适应性的研究,研制出发动机速度控制单元、燃烧监测系统及气缸盖、喷油器、排气管等零部件。

（2）天然气系统及关键零部件。

对天然气系统及关键零部件的主要研究内容有：天然气控制及高压压缩技术；通风模块、惰性气体模块、天然气密封模块；天然气泄漏监测系统；双层壁惰性气管系、双层壁天然气管系；天然气主控阀、缸盖喷气阀、输送阀，安全控制单元等。

（3）双燃料发动机。

对大型关键零部件的铸造、锻造、焊接、机械加工工艺进行研究，同时设计出合理的部件安装及整机安装工艺，对重点难点进行攻关，最终可制造出达到预期技术指标的双燃料发动机。

4）蒸汽轮机装置

蒸汽轮机装置包括主锅炉、汽轮机、蒸汽机、减速箱与轴系四大件。

（1）主锅炉。

自然循环锅炉——锅炉水与气水混合物沿着一定的方向流动（图 2 - 39）。

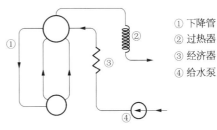

① 下降管
② 过热器
③ 经济器
④ 给水泵

D 型锅炉——主要特点是存在直立对流。锅炉有 2 个鼓筒，锅炉名称因水鼓和汽鼓位于同一直立平面似英文字母 D 而得名，附加设备可以增减，使其广泛用作蒸汽动力装置的主锅炉（图 2 - 40）。

图 2 - 39　自然循环锅炉简图

强制循环锅炉——当压力超过 18.5 MPa 时，工质已不能形成自然循环，需凭借外界动力建立强迫流动（图 2 - 41）。

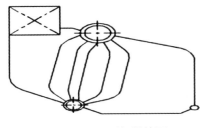

图 2 - 40　D 型锅炉简图

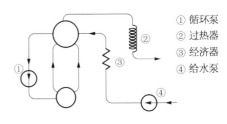

① 循环泵
② 过热器
③ 经济器
④ 给水泵

图 2 - 41　强制循环锅炉简图

强制循环锅炉有 2 类：多次强制循环锅炉与直流锅炉。直流锅炉的特点是没有锅筒，在一次流动中就能连续完成蒸发和过热、给水加热过程；多次强制循环锅炉即通过强制循环泵迫使工质流动。

目前，蒸汽动力装置中的锅炉大多是 D 型锅炉，随着技术发展，其效率越来越高，结构越来越紧凑。

（2）汽轮机。

简单的冲动式汽轮机结构如图 2 - 42 所示。

部分蒸汽透平如图 2 - 43 和图 2 - 44 所示。

汽轮机动力装置热线图如图 2 - 45 所示。

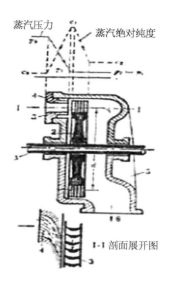

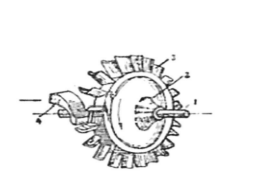

图 2-42　冲动式汽轮机结构

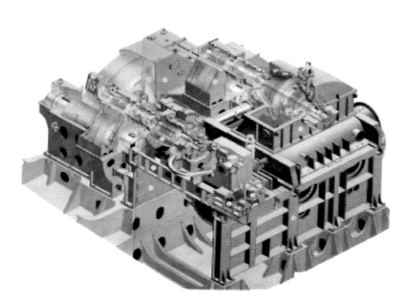

图 2-43　KAWASAKI UA400 型蒸汽透平

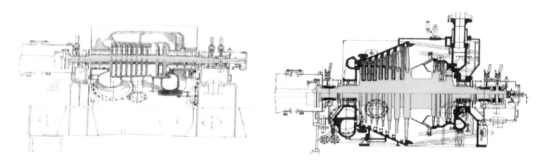

图 2-44　高压透平与低压透平示意图

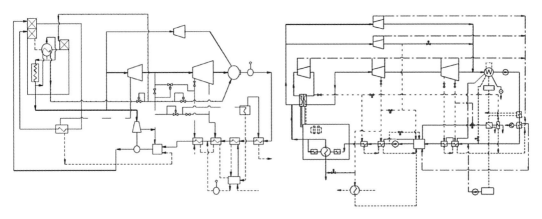

图 2 - 45　船舶汽轮机动力装置典型热线图与 VAP 型系列船舶汽轮机
动力装置典型热线图

　　蒸汽动力装置热线图(图 2 - 46)就是用线图来表示热循环中的机械、设备和管子间热力联系,指明工质的流动方向和顺序,标注各处工质的参数和数量等,便于分析研究。

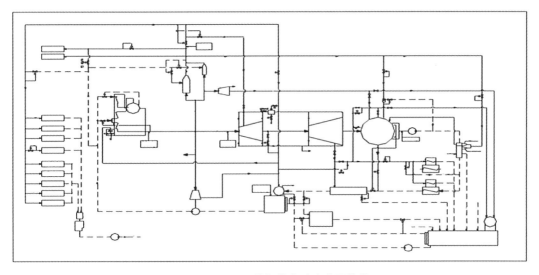

图 2 - 46　LNG 运输船蒸汽动力装置热线图

　　5) 电力推进的 LNG 运输船

　　随着 LNG 贸易量与需求的快速增加,促使 LNG 运输船的订单大量出现,不断增加的订单又产生了对 LNG 运输船的更高要求。

　　随着技术的进步,一直作为主力推进装置的蒸汽轮机的不足之处愈发凸显,主要有:热效率低于 30%,燃料消耗大,燃油消耗率比低速柴油机高。随着 LNG 运输船设计和货舱隔热技术的进步,大大降低了液货的蒸发率,单纯依靠自然蒸发已无法满足推进系统的需要,同时又由于对环保的重视,催生出了新型推进装置——电力推进装置。

　　电力推进凭借其较高的总效率(约 42%),相比蒸汽轮机能够大幅提高推进效率、降低操作成本和增大舱容,另外因其可靠性,成为替代蒸汽轮机的首选。

在装卸方面,电力推进装置与货物装卸可以共用同一发电机,这意味着可以降低电力推进系统的总装机功率。

在运营成本方面,传统蒸汽轮机推进装置包括燃料费用、维修保养费用、员工成本(包含培训费)及建造时的材料成本等,电力推进大大节省燃料消耗、提高了效率,进而节省了运营费用。

如图 2-47 所示,将蒸汽轮机推进、电力推进与二冲程发动机推进比较,可明显看出电力推进的优势。

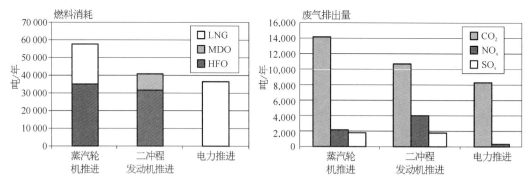

图 2-47　燃料消耗情况比较与废气排出量比较

6)机舱布置

与其他运输船舶比较,LNG 运输船机舱的布置比较简单,船上除了锅炉、透平和相应的蒸汽管路外,油的管路较少,相应的设备也少很多,因此机舱显得干净和宽敞。

机舱底部主要是透平机组,包括高压透平、低压透平、齿轮箱和主冷凝器及主海水管系;机舱内第三层甲板主要布置了主锅炉 2 台、柴油发电机组 1 台和透平发电机组 2 台,在锅炉边也布置了为锅炉提供给水的透平给水泵(图 2-48)。

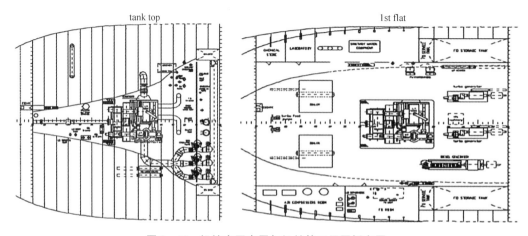

图 2-48　机舱底层布置与机舱第三层甲板布置

机舱剖面图(图 2-49)可清晰看到整个机舱的概貌,包括整个轴系、透平机组、主锅炉、发电机组等的相对位置的布置情况。其中,透平发电机组乏汽排至主冷凝器的管路布置应尽可能短和直,以使背压降低,排气通畅,从而保证透平发电机的工作状态。

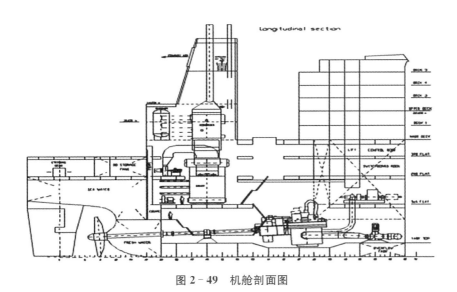

图 2-49　机舱剖面图

2.3.1.5　电力系统设计

电力系统由电站和输配电网络组成。构建电站系统的内容主要包括电站机组选型、主电站容量确定和配置等;输配电网络主要涉及大型电网协调保护、中性点接地系统和大型电网计算等方面。

1) 电力系统形式论证和构成优化

LNG 运输船在航行及装卸货过程中,由于失电引起的货物损失或灾难性后果是难以想象的,因此安全性和可靠性是大型 LNG 运输船电力系统设计及设备选型时的首要考虑因素,同时还要兼顾经济性。

由于系统容量的不断增大,新建的 LNG 运输船的电力系统容量往往要达到或超过 10 MW,低压系统设备已经无法承受发生故障时的短路电流,因此运用较少,中压电制系统已经成为主流。

(1) 蒸汽推进的电力系统。

图 2-50 为典型的 LNG 运输船蒸汽推进的电力系统结构,总装机容量为 10~12 MW。

大部分 LNG 运输船的中压配电板分为四段,所有的低压负荷由降压变压器供电。

(2) 两冲程柴油机推进的电力系统。

目前,两冲程柴油机推进系统方案较适合于大型的 LNG 运输船(载货量>200 000 m³),

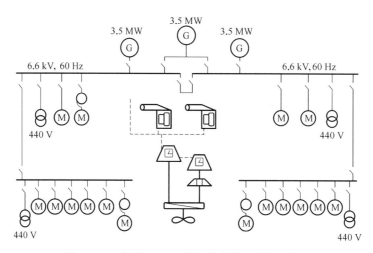

图 2 - 50　典型 LNG 运输船蒸汽推进电力系统结构

其推进系统由 2 个两冲程柴油机分别直接连接至 2 个推进螺旋桨的推进轴承上,其典型电力系统结构如图 2 - 51 所示。

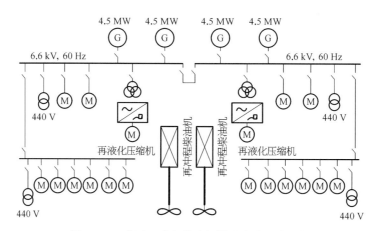

图 2 - 51　典型两冲程柴油机推进电力系统结构

由于 LNG 在运输过程中会不可避免地部分气化,而该系统中又没有能有效利用被气化的 LNG 的装置,因而需要配置一个相对较大容量的气体再液化装置,容量约为 5～6 MW。尽管两冲程柴油机的推进效率很高,但再液化装置要消耗 5～6 MW 功率,因此总体上其效率还是低于双燃料电力推进方案,其再液化装置和液货泵、压载泵、压缩机等负荷系统总的装机容量达到 15～20 MW。

(3) 双燃料推进的电力系统。

双燃料推进的电力系统特点是其总效率可达到 40%,可以有效降低运行成本,减少废气的排放,而且能够显著减少总装船设备数量。图 2 - 52 与图 2 - 53 为典型的 LNG 运输船双燃料推进的电力系统布置原理与结构。

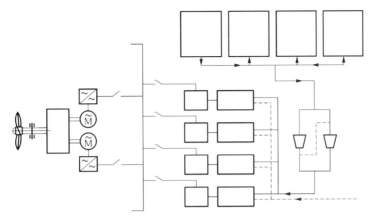

图 2‑52 典型双燃料推进的电力系统布置原理示意图

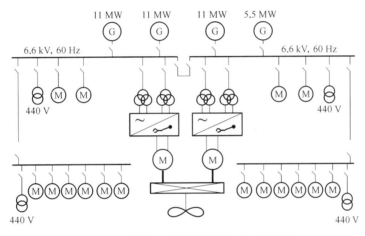

图 2‑53 典型双燃料推进的电力系统结构

　　该系统与蒸汽推进的电力系统网络结构基本相同,仅增加了电力推进部分。6.6 kV 的中压系统此时仍然可使用,如果要使用≥11 kV 的高压系统,并且要安装更大容量的发电机和供配电设备,其运输能力可超过 200 000 m³,但成本将更高。综合各种因素,选择双燃料推进的电力系统,其运输能力应不大于 200 000 m³。

　　(4) 燃气轮机电力推进的电力系统。

　　近期出现的燃气轮机电力推进系统方案,解决了双燃料柴油机在单机容量上的局限性并保留了电力推进系统各种的优势,其应用势必会受到越来越多的关注。该系统采用 11 kV 高压供电系统,包含 1 台汽轮发电机组(11 MW)和 1 台备用的柴油发动机组(7 MW),载货量超过 200 000 m³。其电力推进系统与双燃料电力推进系统基本相同,只是采用了双桨推进(双桨推进在载货>200 000 m³ 情况下得到广泛使用),每桨功率约为 15~17 MW。燃气轮机电力推进的电力系统结构如图 2‑54 所示。

　　各种电力系统的效率比较见表 2‑12。

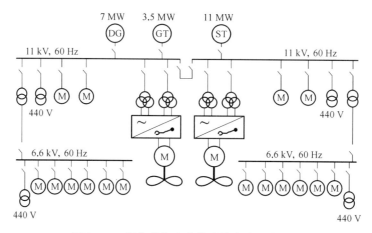

图 2-54 燃气轮机电力推进的电力系统结构

表 2-12 不同推进方式下电力系统使用效率比较

项　　目		蒸汽推进	双燃料电力推进	两冲程柴油机推进	燃气轮机电力推进
载货量($\times 10^4 m^3$)		14	15	22	—
总效率(%)		29	42	40	45
电力系统容量(MW)		10~15	30~40	15~20	45~55
最小电压等级(kV)		3.3	6.6	6.6	11
利用率 (%)	航行工况	15~20	80	35~45	70~80
	卸载工况	70~80	25	50~80	25
总装机容量 (动力+辅机)(MW)		45	38	56	50

目前的 LNG 运输船电力系统一般都采用中高压电制,区别在于不同推进方式系统的总容量要根据不同的负载确定。当采用电力推进时,系统容量主要与推进负载相关;当采用其他推进方式时,主要由系统中的辅机决定。

2) 大容量电站系统设计

大容量电站系统是 LNG 电力系统的关键系统与设备,在设计时要重点研究电站机组选型、主电站容量和配置及配电系统设计,可以通过引进先进的仿真分析专业软件,对整个电站进行模拟分析研究,最终设计确定电站容量、系统配置及各级保护开关。

(1) 大容量电站功能设计。

在大容量电站设计研制时要充分考虑电站机组选型设计和仿真及优化。

电站机组选型设计时要考虑:LNG 运输船基本情况与条件对电站方案的影响、电站的形式、电站方案的经济性、电站方案的可靠性与安全性、电站的辅助系统。

仿真与优化的内容主要为:电站运行的各种工况、LNG 运输船电力负荷种类及工作情况、电站备用容量的考虑。

（2）大容量输配电网络系统设计。

大型 LNG 运输船电气领域需要设置大容量的输配电网络，随之而来就是需要解决设置大容量电网带来的新问题：电网的设计、设备系统的配置、运行的可靠性和安全性等关键技术。另外，还必须对大型 LNG 运输船的发电机、电压等级、电力变压器参数的选择和电网分区供电的方式进行分析研究。因此，需要在如下几个方面开展重点设计研究与分析：

① 大型电网的相关计算分析。准确估算大型 LNG 运输船上大容量输配电网络的各种负荷，对各种负荷的供电状况作出最佳的分配，并以此为基础进行短路电流和潮流的估算分析。

② 中性点接地系统的研究分析。输配电网络的两大类是中性点接地系统和中性点绝缘系统，这些系统各有利弊，有必要在保证安全的基础上，开展中性点接地系统的研究，给出评估，从而确定最经济的方案。

③ 大型电网的协调保护研究。考虑到 LNG 运输船的输配电系统对安全可靠性和连续供电的严格要求，要研究断路器的设置及上、下级断路器之间的协调保护，特别需要研究危险区域内电气设备的漏电保护，研制一个安全可靠的大型电网。

（3）大容量电站负载试验。

LNG 运输船电站功率普遍较大，中压系统虽然具有尺寸小、性能可靠、电缆数量相对较少、可有效减少传输中的压降等特点，非常适合 LNG 运输船特别是 200 000 m³ 级 LNG 运输船。但是，中压系统的负载试验技术是个重要的难题，必须解决。

对该难题，主要需要进行：研究负载试验的关键技术；引进相关负载试验相关设备。

（4）电站的管理。

电站管理是 LNG 运输船管理运营的关键技术之一，是现代 LNG 船运行必备的系统管理技术。电站管理可以使全船设备工作更安全、更高效、更稳定及更可靠。

2.3.2　液货舱设计建造技术

2.3.2.1　液货舱系统介绍

1）围护系统形式论证

目前国际上常用的液货舱系统可分为薄膜型和球罐型 2 大类。

现有的液货舱系统技术相当先进，制造过程工艺要求特殊而且复杂，质量的过程控制非常严格，专利价格昂贵，因此液货舱系统的采用对于成本和技术风险有着决定性的影响。需要着重研究的液货舱系统内容有：

① 系统的安全和可靠性。液货舱系统的安全性和可靠性非常关键，系统构成的合理性、应用的成熟度是决定性的第一要素。

② 系统的生产技术要求。由于液货舱系统处于 −163℃ 低温环境中，其选用的核心绝热材料非常重要，并且由于绝缘材料的生产还具有高精度、多规格、大批量生产的特点，因此其生产技术要求是关键。

③ 系统的施工技术要求。系统的安装建造是难度最大、工作量最大的工作。数以万

计构件的准确定位、安装和拼接,对施工工艺、环境条件等方面的控制要求,也是衡量系统适用性的基本标准。

④ LNG 运输船液货舱系统应用。由于 LNG 低温、易燃和易爆的特性,使得其运输具有很大的危险性。在运输过程中一旦液货舱发生事故或受到破坏,造成液体外泄,特别是当其与周围海水相遇所产生的激烈的物理反应加上遇到明火后燃烧和爆炸所产生的灾难性后果是难以想象的,所以安全可靠的围护系统应用是 LNG 运输船的设计关键。

目前,法国 GTT 公司开发的液货舱系统已经得到广泛的应用并形成了专利,占据了绝大多数的 LNG 运输船市场份额。这些系统技术先进,施工工艺、质量控制严格,同时价格也相当昂贵。鉴于这类系统的采用和制造过程工艺要求特殊而且复杂,应对其涉及的各个方面进行详尽的研究。

2) 围护系统材料研究

液货舱材料必须具有优良的低温性能,才能在 −163℃的温度下运输 LNG,并且要最大限度地减少运输过程中 LNG 的蒸发,同时还要解决热伸缩变形问题。

LNG 运输船液货舱具有热绝缘层,用于保护船体结构,使 LNG 不与船体结构直接接触,其使用的关键绝热材料包括膨胀珍珠岩、增强聚氨酯等。针对这些材料的使用要求和特点,主要开展以下内容的研究:

① 膨胀珍珠岩关键技术研究。通过对在超低温要求下的容重、憎水率、物理特性、化学特性的研究,从而确定合适的制造工艺,制造出合格的超低温保护材料。

② 增强聚氨酯材料研究。研究内容包括:液货舱深冷绝热材料结构形式设计;液货舱深冷绝热芯材和屏蔽层材料的研究;芯材和屏蔽层复合技术研究;专用黏结材料研究;深冷绝热施工工艺研究。

3) 殷瓦钢的预制件制造技术

殷瓦钢材料的热膨胀系数接近于零,LNG 运输船液货舱及系统中有大量的殷瓦钢的预制件,包括管、三面体等复杂形状的部件。在 −163℃的工作环境下,殷瓦钢材料的加工精度要求和焊接质量要求是生产过程的难点。其中需要研究的主要内容有:成型精度控制;防焊接应力变形;防焊接区域氧化。

4) 殷瓦钢的焊接技术规范研究

典型的如 200 000 m³ 级 LNG 运输船液货舱系统内的焊缝总长度约为 200 km,包括手工焊和自动焊,涉及厚度为 0.5 mm、0.7 mm、1.0 mm、1.5 mm、3.0 mm、8.0 mm 的殷瓦钢,焊接位置包括平焊、立焊、仰焊等全方位的焊接。由于焊缝长度很长且不允许有任何缺陷,因此在焊接工作开始之前,必须进行大量的焊接试验和焊接工人培训,使工人的焊接技术成熟,从而提供可靠的焊接质量。其中需要研究的主要内容有:LNG 运输船殷瓦钢焊接技术特点;LNG 运输船殷瓦钢焊接工艺规程编制;LNG 运输船殷瓦钢焊接施工工艺规范编制。

5) 殷瓦钢安装技术

殷瓦钢部件的安装也是液货舱内的主要工作之一,包括殷瓦钢列板、殷瓦钢卡舌、端部列板、殷瓦钢管及三面体的安装。由于殷瓦钢的部件安装工时占 LNG 运输船建造总工时的四分之一,因此殷瓦钢部件安装的好坏将直接影响 LNG 运输船的建造进度,并最终影响 LNG 运输船建造的好坏与成败。其中需要研究的主要内容有：编制不同的殷瓦钢部件安装的工艺文件；设计制造相配套的模板和工具。

6）绝缘箱制造技术与大规模生产

绝缘箱是液货舱系统的重要组成部分，在液货舱系统中起着承重和绝热的作用。以典型 200 000 m³ LNG 运输船为例，其需要的绝缘箱达到 70 000 多个、1 100 多种，而且绝缘箱制造精度要求误差控制在 ±0.2 mm，所以绝缘箱制造具有高精度、多规格、大批量生产的特点。其中需要研究的主要内容有：绝缘箱板材部件加工；绝缘箱组装工艺规程和制造标准技术。

7）绝缘箱安装技术规范

液货舱内绝缘箱的安装是 LNG 运输船围护系统的核心技术之一，包括绝缘箱和其周围绝缘材料及胶合板材的安装。在薄膜型 LNG 运输船的液货舱围护系统中，绝缘箱的安装包括普通平面区域、横向环区域及纵向二面角区域等各个位置的安装。根据设计的要求，两个相邻绝缘箱之间的层差和平整度，普通区域为 0.7 mm/m 和 1.5 mm/m，特殊和角落区域为 0.5 mm/m 和 1.25 mm/m。除此之外，设计还对绝缘箱之间的间隙及绝缘材料和胶合板等附件的安装有十分严格的要求。其中需要研究的主要内容有：货舱内所有位置绝缘箱的安装工艺；相应的安装模板、工具等的开发设计。

8）密性试验技术

液货舱系统在次屏壁和主屏壁工作结束后，都要进行密性试验，其原理是通过对绝缘层密封空间抽真空和充氦气的方式，检测屏壁安装的强度和密封性，以暴露出绝缘箱安装和殷瓦钢焊缝的缺陷，并进行缺陷消除，保证强度和绝对密性。密性试验主要包括强度试验、承载试验、机械试验、氦气试验、真空箱试验和整体试验。其中需要研究的主要内容有：密性试验工艺文件编制和工艺流程。

9）专用工作平台设计制造及装拆技术

液货舱系统安装专用平台（图 2-55）是 LNG 运输船货舱内的工作平台，要求自重轻、承载大、精度高、局部可以灵活伸缩且易于拆装。特别是在制造中，每个结构件的制造精度误差必须控制在 ±1 mm 内。每个模块组装时也必须严格控制整体精度，然后按预先划定的位置进舱进行精确定位。其中需要研究的主要内容有：液货舱系统安装专用平台搭设技术。

10）殷瓦钢专用焊接装备研制

就 LNG 运输船船体建造的焊接而言，大致可分为两部分：船舶壳体焊接和货舱围护系统焊接。

船舶壳体焊接可利用现有建造大型船舶的焊接工艺技术和装备，如垂直自动气电焊、双丝 MAG 焊、自动平角焊、水平横焊等进行焊接施工。而对于货舱围护系统，根据其特点和要求，需要研究的工艺及需要研制的装备包括：殷瓦钢板条自动钨极惰性气体电弧焊工艺及装备；长双面自动钨极惰性气体保护电弧焊工艺及装备；殷瓦钢板缝焊工艺及装备；倾斜端列板自动钨极惰性气体保护焊（TIG）焊接装备及工艺。

11）液货舱系统生产保障技术

由于 LNG 运输船液货舱内绝缘箱和殷瓦钢薄膜的特性，使液货舱系统在安装时的防

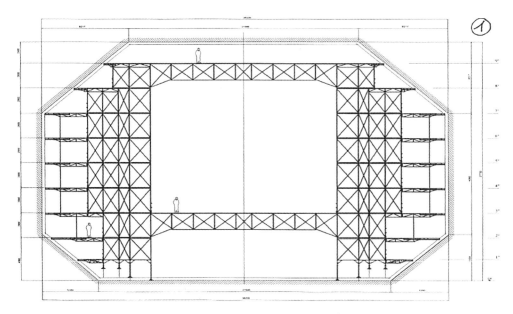

图 2‑55　液货舱专用安装平台示意图

火、防水、温度和湿度各方面都有非常严格的要求,必须进行严格的 24 小时监控、记录和报警。

　　研究液货舱系统生产保障技术的主要目的是对液货舱内的动能(包括电源、气源等动力)、消防、照明、空调及内部工作环境监测等系统进行研究,制定适用的布置方案,保障液货舱施工的顺利进行。其中需要研究的主要内容有:LNG 运输船液货舱系统的空调系统配置和建造功能;LNG 运输船液货舱系统建造中的监控系统开发。

　　2.3.2.2　薄膜型液货舱

　　1)基本布置与形状

　　薄膜型液货舱的基本布置与基本形状如图 2‑56 和图 2‑57 所示。

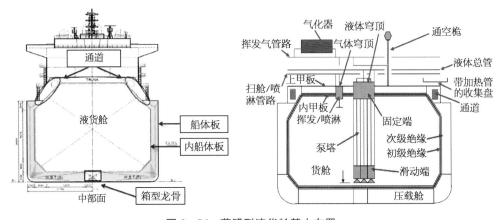

图 2‑56　薄膜型液货舱基本布置

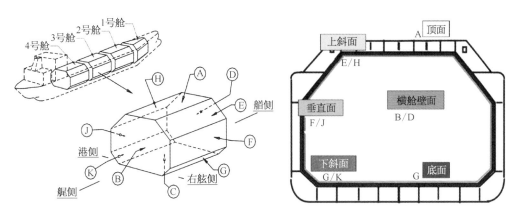

图 2-57　液货舱基本形状与 10 个货舱面

2）围护区域划分

薄膜型液货舱的围护区域分为常规区域和特殊区域。

常规区域包括：平面区域——10 个面（2 个横舱壁面，8 个纵向面），如图 2-58 所示；2 个横向环——8 条纵向二面角，16 个三面角，如图 2-59 和图 2-60 所示。

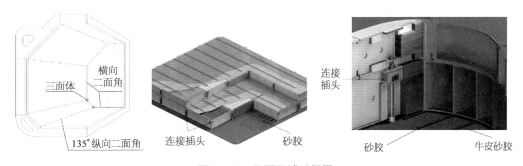

图 2-58　平面区域透视图

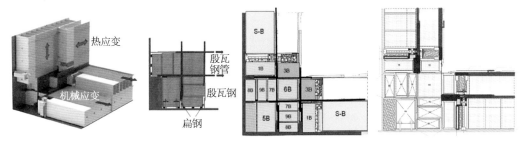

图 2-59　横向两面角

特殊区域包括：液体穹顶、气体穹顶、排气通道区域、舷侧开口、泵塔基座、污水井区域。如图 2-61 所示。

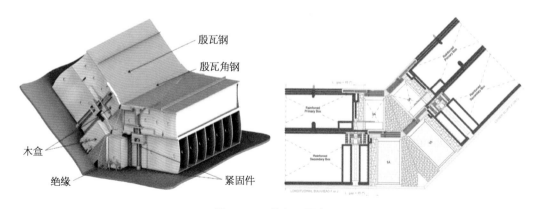

图 2-60 纵向两面角

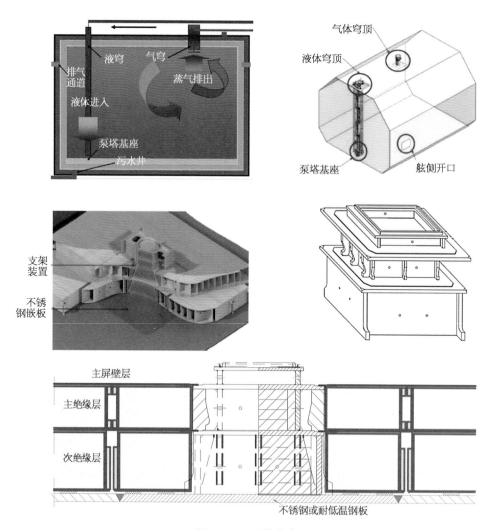

图 2-61 泵塔基座

3）建造

薄膜型技术，首先由法国于 1965 年推出，它先后为瑞典，韩国等国家所采用。目前较为常见的有 NO 系列薄膜型液货舱和 MARK 系列薄膜型液货舱，以及在这两个系列的基础上设计出的 CS1 型液货舱。这 3 种液货舱的建造方法、连接方法及建造材料有很大的不同。

（1）GazTranspot NO.96（GT 型）。

GT 型液货舱（图 2 - 62）的两层隔膜材料均为殷瓦钢，此材料热膨胀系数低。在工作温度下，该材料产生很少的收缩，因此因收缩而产生的压力可以忽略不计。殷瓦钢价格昂贵，可以弥补这一不足的是其重量上的优势，由于船壳本身是不平坦的，储罐与船体必须完整地粘贴在一起。

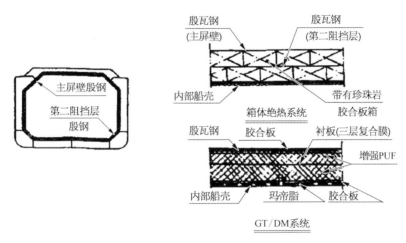

图 2 - 62　GT 型液货舱结构

NO.96 液货舱的建造方法是将殷瓦钢覆盖在绝缘材料表面上。这种方法建造的储罐容积比较大，但也存在局限性，主要是这种结构的储罐内液面将有非常明显的晃荡，使得罐壁结构承受的载荷过大，容易引起储罐的疲劳。

（2）Technigaz MARK Ⅲ（TGZ 型）。

TGZ 型液货舱（图 2 - 63）采用 304L 不锈钢作为 LNG 运输船储罐隔膜，其价格便宜而且容易获得。因为不锈钢的热膨胀系数较高，当储罐温度降到 -163℃ 时其产生的收缩现象非常明显。

建造 TZG 型液货舱的方法是将不锈钢薄片通过自动 TIG 焊接在一起，薄片规格为 1.2 mm×3 000 mm×1 000 mm。

（3）CS1 型。

CS1 型液货舱是结合了 NO.96 和 MK Ⅲ 2 种液货舱优点的基础上发展起来的新型液货舱，实际应用的时间并不长。

建造 CS1 型液货舱储罐的主隔膜材料为殷瓦钢，绝缘层和二次隔膜则采用 TGZ 系统的聚氨酯泡沫板和 Triplex 建造方法。改型液货舱的优点有：焊接所用工时少，降低了建

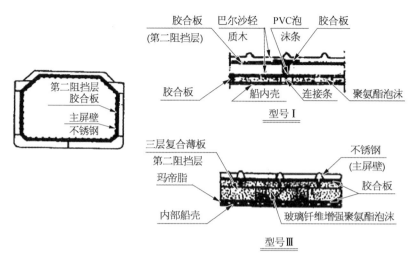

图 2-63　TGZ 型液货舱结构

造成本;绝热层更薄,增加了舱容。

以上三种液货舱都具有可以防止全部货物泄漏的完整二级防漏隔层,是法国 GTT 公司专利。

4) NO 系列液货舱与 MARK 系列液货舱的比较

(1) 发展情况。

在发展的过程中,NO 系列薄膜型液货舱的型号先后有 NO.82、NO.85、NO.88、NO.96 等,由沪东中华造船厂建造的基本都是 NO.96 液货舱的 LNG 运输船,后期沪东船厂对液货舱围护系统经进行了改进,将自然蒸发率由 0.15% 降低至约 0.1%,相继推出了 NO.96-L03 和 NO.96-L03+等型号。图 2-64 是 NO.96 液货舱内部。

图 2-64　NO.96 液货舱内部情况

MARK 系列薄膜型液货舱同样经历了 MARK Ⅰ、MARK Ⅱ、MARK Ⅲ 到目前最新型的 MARK Ⅴ 的多代发展。图 2 - 65 是 MARK Ⅲ 液货舱内部。

图 2 - 65　MARK Ⅲ 液货舱内部

（2）NO.96 液货舱。

目前的 LNG 运输船薄膜型液货舱的基础就是内船壳，下面简要列出 NO.96 液货舱建造的基本步骤：

① 在内船壳上打点划线，在内船壳上焊接连接件的基座。

② 在绝缘箱的底部涂上树脂，树脂主要是用来调节船体与绝缘箱之间的间隙，以保证围护系统的平整度。

③ 固定好连接件，绝缘箱中间的空隙用层压板填满，将绝缘箱铺在内船壳上。

④ 接下来绝缘箱上部将卡舌装入，然后铺上殷瓦钢进行焊接。

⑤ 针对次层殷瓦钢膜进行强度试验、承载试验、氦气泄漏试验、密性试验及全舱密性试验等。

⑥ 针对主层绝缘箱进行主层殷瓦钢膜的密性试验和主层殷瓦钢的安装。

至此，一个 NO.96 液货舱建造完毕。下面是 NO.96 液货舱的一些相关数据：建造一艘 LNG 运输船大约需要 56 000 个绝缘箱；全船的殷瓦钢焊接中有约 10 km 需要手动焊接，焊接长度一共约为 130 km；绝缘层的厚度约为 530 mm（主层 230 mm，次层 300 mm）；绝缘层的重量约为 138 kg/m^2；填充到绝缘箱内绝缘层的材料为层压板和珍珠岩。

（3）MARK Ⅲ 液货舱。

液货舱的建造过程和 NO.96 液货舱的建造过程类似。图 2 - 66 为 MARK Ⅲ 液货舱主绝缘层及主屏壁。

与 NO.96 类似，船舶的内船壳同样是其基底，焊接连接件、打点划线等步骤都是一样的。9 mm 厚的层压板铺在内船壳上，170 mm 厚的聚氨酯泡沫作为次绝缘用在层压板上。

图 2-66　MARK Ⅲ 液货舱主绝缘层及主屏壁

次屏壁是由两层玻璃丝布中间夹铝箔层所构成的三层结构构成的,约 0.6 mm 厚。次屏壁上面再铺上一层 100 mm 厚的聚氨酯泡沫作为主绝缘层。主绝缘层上面铺一层 12 mm 厚的层压板。

最后将主屏壁焊接到固定带上,MARK Ⅲ 的主屏壁材料是 1.2 mm 厚的 304L 不锈钢。

(4) MARK Ⅲ 与 NO.96 的比较(表 2-13)。

表 2-13　NO.96 液货舱与 MARK Ⅲ 液货舱的比较

项　　目	NO.96	MARK Ⅲ
约 0.15% 蒸发率时绝缘层厚度	530 mm	270 mm
绝缘层重量	138 kg/m²	73 kg/m²
绝缘层使用的材料	层压板与珍珠岩	强化聚氨酯泡沫
次屏壁使用的材料	0.7 mm 殷瓦钢	0.6 mm 玻璃丝夹铝箔
主屏壁使用的材料	0.7 mm 殷瓦钢	1.2 mm 304L 不锈钢
次绝缘层空间体积	约 6 000 m³	约 650 m³
主绝缘层空间体积	约 4 000 m³	约 450 m³
次绝缘层空间氮气压力设定	0.2~0.4 kPa(g)	主+0.2 kPa(g)与主+0.7 kPa(g)之间
主绝缘层空间氮气压力设定	0.4~0.6 kPa(g)	0.5~1 kPa(g)
次绝缘层安全阀开启压力设定	1.0 kPa	3.5 kPa(g)
主绝缘层安全阀开启压力设定	1.0 kPa	3 kPa(g)

(5) 两种液货舱的绝缘层氮气供给与控制的区别。

NO.96 液货舱是由两根氮气主管分别给主绝缘层和次绝缘层供给氮气,通常进气控制阀设置在压缩机间内,而在同样的供气管路上设置有排气控制阀,通常设置在上甲板 2 号液货舱附近,进排气控制阀的设定压力不同,通常排气控制阀的设定压力比进气控制阀的设定压力大 0.2 kPa。这种设计的缺陷是当船舶在大风浪时摇晃剧烈,会造成大量氮气涌向船头,使排气控制阀超过设定压力从而开启,而此时进气控制阀处压力会低于设定值,造成进气控制阀也开启,不断往管路内补充氮气,氮气实际上没有进入绝缘层而是直接从前部的排气控制阀排出了,造成氮气发生器的产量不足以补充氮气储罐的消耗,最后可能造成氮气低压保护,低载压缩机等应急停机。遇到此类情况时,应将氮气进/排气阀调整为手动控制,进而控制绝缘层氮气压力。

而 MARK Ⅲ 液货舱的氮气供给是单舱控制,即每个液货舱都设有氮气进出控制阀,所以相对而言出现上述 NO.96 液货舱情况的可能性不大。

(6) 两种液货舱绝缘层抽真空设备的区别。

NO.96 液货舱绝缘层空间较大,为避免绝缘层压力过大造成主/次屏壁殷瓦钢损坏,通常在压缩机间会布置 2 台大流量真空泵,用于在进厂修船时将绝缘层抽真空。

而 MARK Ⅲ 液货舱的绝缘层空间较小,需要时使用移动式真空泵进行抽真空操作即可,一般不设固定式真空泵。

(7) 两种液货舱在甲板上的区别。

这两种液货舱在甲板上可在液体穹顶处看到明显的区别,MARK Ⅲ 液货舱的液体穹顶有一个明显的方形凸起,在装卸货期间要对这个凸起的空间灌水以防液货泄漏,而 NO.96 液货舱的液体穹顶是没有该凸起的,在装卸货期间应在附近备好消防皮龙以防止液货的泄漏。如图 2-67 所示。

图 2-67　MARK Ⅲ(左)与 NO.96(右)在甲板上的区别

2.3.2.3　Moss 球罐(球罐型液货舱)

球罐型液货舱的外形如图 2-68 所示。

1) Moss 球罐特点

Moss 球罐是由挪威 Moss Maritime 公司开发的球罐型液货舱。其采用 9% 镍钢作为建造材料,镍钢在较低的温度下具有较强的韧性和强度。

Moss 球罐的缺点:其建造过程中的主要困难是使用与 9% 镍钢成分相似的焊接材料在底座上不能够焊接;由于铸造焊接金属不能再生,镍合金具有较强的硬度和强度,因此通常

图 2 - 68　球罐型 LNG 运输船

用镍合金件代替铸造件;由于底座材料不匹配,引起金属的电位差而容易造成腐蚀问题。

　　Moss 球罐的优点:舱体独立可分开制造,不易被损伤,质量检查容易,造船周期短;船体和液货舱结构分别独立,液货舱热胀冷缩后的变形不会直接影响船体;支撑结构具有足够的强度和绝缘性能,具有较好的安全性;不受装载限制,液面晃动少,充装范围宽;保温材料用量少;储罐带压,安全性好,操作灵活,在装卸的任何阶段都可离港,在货物泵失灵时清舱简便。

　　2)3 类 Moss 球罐

　　(1)A 型独立液货舱。

　　A 型独立液货舱的结构如图 2 - 69 所示。在大型全冷船上较多采用该形式,液货舱工作温度不低于 $-55\,℃$,最大允许设计压力不大于 0.007 MPa。

　　A 型独立液货舱在载运全冷式货物时,设计舱压一般为大气压力或接近大气压力。

　　(2)B 型独立液货舱。

　　B 型独立液货舱分为回转球形和棱柱形,如图 2 - 70 所示。其舱内压力小于 0.007 MPa,大型 LNG 运输船较多采用该形式。

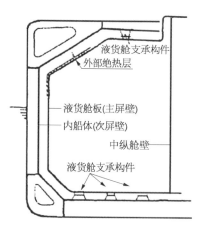

图 2 - 69　A 型独立液货舱

　　(3)C 型独立液货舱。

　　C 型独立液货舱有三种形式:单圆筒、双圆筒、三叶型。其设计压力常取 1.8 MPa,不超过 2 MPa,按压力容器准则设计。如图 2 - 71 所示。

　　全球中小型 LNG 运输船中,目前在役(建)的大多采用 C 型独立液货舱。双圆筒 C

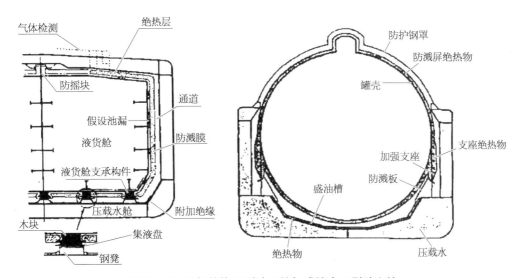

图 2‑70　平板结构 B 型独立舱与球舱式 B 型独立舱

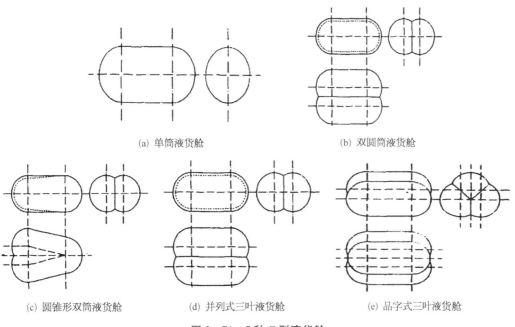

(a) 单筒液货舱　　　　　　　　　(b) 双圆筒液货舱

(c) 圆锥形双筒液货舱　　　(d) 并列式三叶液货舱　　　(e) 品字式三叶液货舱

图 2‑71　5 种 C 型液货舱

型液货舱相比单圆筒 C 型液货舱,具有降低船舶重心高度、舱室空间利用率高的优点,缺点是相对制造难度较高。

各种类型的液货舱对比见表 2‑14。

中小型 LNG 运输船的液货舱可采用 C 型独立液货舱。按运载量可选择单圆筒或双圆筒的形式,罐材料采用奥氏体钢,其耐低温且热膨胀系数较低,罐体外部镀锌钢板和黏结聚苯乙烯泡沫作为绝缘保温层,通过支座与船体连接,以保障载运温度达到 −163℃。

表 2-14 各类型液货舱优缺点对比

液货舱类型	概念	压力	是否可以部分装载	有无次屏壁	缺点	优点
A	平直面棱柱形,能与船体相适应	<0.7 bar(g)	可以	有	低压空间能形成较大的通风系统,必须保持适当压力空间	能够与船体相配合
B	平直面棱柱形,能与船体相适应球形			部分有	低压空间能形成较大的通风系统,必须保持适当压力空间	能够与船体相配合,可靠性高
C	独立的压力容器	<2 bar(g)		无	低压空间能形成较大的通风系统,必须保持适当压力空间	设计成熟,压力灵活,装置简易,无泄漏,无需维护

其设计流程按照相关压力容器规范及《散装运输液化气体船舶构造与设备规范》,如图 2-72 所示。

① 低温环境控制。C 型独立液货舱采用既加压又降温的半冷半压式 LNG 运输方式。液货舱能承受一定的压力,在载运过程允许货物温度缓慢升高。如果液货舱内压力增加值在允许范围内,则液货舱不会破坏。

与大型 LNG 运输船的全冷式液货舱相比,这种液货舱制造工艺简单、造价低廉。

② 材料的选择。C 型独立液货舱的设计重点是解决低温问题,解决低温问题的关键是选对材料。选择材料时要考虑许多因素,如对介质无污染、良好的耐腐蚀性、良好的焊接性能、其他良好的加工性能和足够的强度,以及考虑到维修因素在内,要使成本最低。根据规范,用于制造液货舱的耐低温材料一般有三种:铝合金、奥氏体钢(AISI 304L)及9%镍钢。铝合金材料由于重量、工艺等缺点首先排除。

表 2-15 是 AISI 304L 和 9%镍钢两种材料的对比数据,从表中可以看出,由于两种材料的主膜应力不同,最小设计压力方面 9%镍钢高于 AISI 304L,焊接性能方面 AISI 304L 要优于 9%镍钢,所以 AISI 304L 是最佳的 LNG 液货舱的材料选择。

表 2-15 9%镍钢和 AISI304L 对比数据

项 目	9%镍钢	AISI 304L
许用应力(N/mm²)	213	150
最小设计压力(MPa)	3.5	2.74
货罐重量(t)	277	292

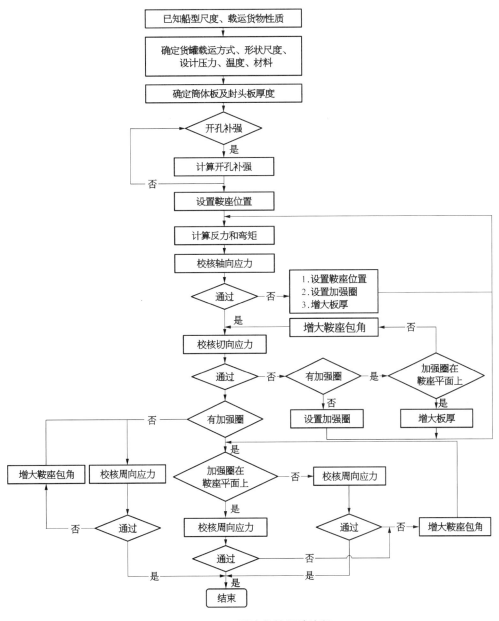

图 2-72 C 型液货舱设计流程

③ 绝缘层的设计。设计绝缘保温层,首先要考虑使低温系统维持正常的工作;其次是减少运输过程中 LNG 的蒸发,防止 LNG 泄漏,保证船体结构不受损害,实现 LNG 在储运过程中的经济性和安全性。

LNG 液货舱绝缘层的厚度约为 300 mm,在液货舱的外表面通过黏合剂黏结聚苯乙烯保温板,在最外层再设置薄层镀锌钢板,避免绝缘层的水蒸气结霜或结露,如图 2-73 所示。

④ 制荡舱壁。对于液货舱沿纵向布置,舱内会产生部分液体晃荡载荷,对此通常是设

置制荡舱壁以改变其自然振荡频率,减小舱内液体的晃动对液货舱结构的破坏,还可以保护温度传感器和液位计等。

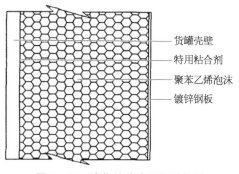

货罐壳壁
特用粘合剂
聚苯乙烯泡沫
镀锌钢板

图 2-73　液货舱外壳保温结构图

下式是计算圆筒形液货舱内液体的纵向自然振荡周期的公式:

$$T = \alpha \sqrt{\dfrac{l}{g \left| \tan h \cdot \dfrac{\pi h}{l} \right|}} \qquad (2-1)$$

式中　$\alpha = 1.8(1-h/D)^{1/2} + 2.5$

L——舱长;

h——充装高度;

D——液货舱直径。

C 型独立液货舱允许任意装载,为确定是否需要为其设置制荡舱壁,应核算不同 h/D 时的周期。

⑤ 加强圈及支座的设置。设置加强圈,可有效地改善液货舱的受力情况。加强圈可设置在液货舱内、外部,但以位于鞍座平面上、液货舱内部为好;当货物具有较大的腐蚀性时,应考虑外加加强圈设置靠近鞍座。

在确定支座结构尺寸及加强圈位置时,需要考虑动载荷的影响。另外,当液货舱处于极低温时,支座和液货舱及其相邻船体结构需要计算温度场分布,各个结构的材料根据温度场的分布来确定,以适应低温环境、避免发生低温脆性破坏。

液货舱鞍座及支座分别如图 2-74 和图 2-75 所示。

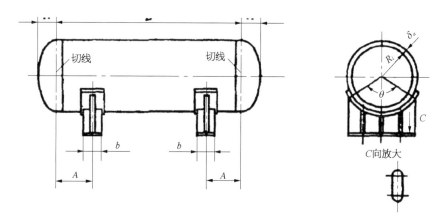

切线　　　　切线

b　　b

A　　A

δ_s
R_i
θ
C

C向放大

图 2-74　液货舱鞍座图

3)Moss 球罐的支承

(1)液罐的支承方法。

通常 LNG 运输船有 2～5 个液货舱,即有 2～5 个液罐,为确保在运输过程中的安全,LNG 运输船的液罐必须在液货舱中稳固地坐落在鞍座上,并通过防浮支承架定位与固定

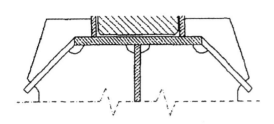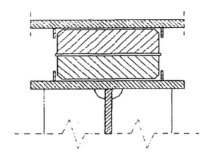

图 2-75　固定支座图与滑动支座图

（图 2-76）。

以某小型 LNG 运输船为例，液罐支承架的受力参数为：最大压力 4.1 MPa、压缩应变量在 7 MPa 的压力下不大于 0.006 mm、压缩强度不小于 80 MPa。

液罐支承安装：每一个液罐有两个鞍座，用 JN-120T 型环氧胶泥将两个鞍座的支承层压木固定在每个支承块的间隙处，这在液罐的吊装过程中起定高作用；在活动端，两层 2 mm 厚的不锈钢板夹在胶泥与液罐的接触面之间，在不锈钢板之间涂抹一层硫化钼油脂，两端用 5 mm 的自攻螺钉固定成为一个整体，卡在液罐外的凹槽上，待液罐吊装完成，胶泥

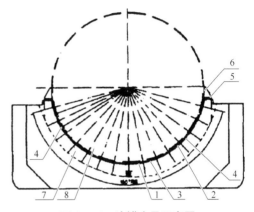

图 2-76　液罐支承示意图

1—JN-120T 环氧胶泥；2—JN-120T 环氧胶泥（流淌性好）；3—JN-120M 桦木层压木；4—EVA 填块；5—JN-120A 环氧浇注填片；6—防腐支承架；7—鞍座；8—液罐

完全固化后，拆除自攻螺钉。在吊装定位后，在每个鞍座中间的 7 个预先焊好的鞍座上的挡条内先涂敷混合好的、黏度大的 JN-120T 环氧胶泥，涂敷厚度要求超过定高 30 mm，中间厚、四周低。为了防止因液货舱进水使液罐上浮，要在每个液罐上部设置防浮支承架。最后浇注 JN-120A 型环氧机座垫片。

（2）液罐支承材料及其性能。

支承架上的支承材料由层压木及胶泥固化体组成。液罐对支承材料的最大压应力比材料的压缩强度小一个数量级。

JN-120M 桦木层压木是在高温高压下经树脂浸渍后层压成形的特种增强材料，其性能见表 2-16。

JN-120T 型环氧胶泥是以环氧树脂为基料的 A 组分及以固化剂为基料的 B 组分组成的高分子化学材料。为了满足 LNG 液罐的支承要求，在 A、B 两组分中分别添加有填料、阻燃剂及触变剂。JN-120T 环氧胶泥固化体性能见表 2-17。

图 2-77 展示了 2 种鞍座支承的剖面，其中 A 是固定支承，B 是滑动支承，C 是剖面示意图。

表 2 - 16　JN - 120M 桦木层压木性能

受压方向	项　目	常　温	-50℃
	压缩强度（MPa）	250	368
	弹性模数（MPa）	3 810	4 050
	压缩强度（MPa）	109	201
	弹性模数（MPa）	5 790	6 270

表 2 - 17　JN - 120T 环氧胶泥固化体性能

项　目	T 环氧胶泥	进口材料
屈服强度（MPa）	114	72
压缩强度（MPa）	129	86
弹性模数（MPa）	6 350	6 640
硬度，Barcol	>45	>30
在 7 MPa 压应力下 12.7 mm 高的式样，压缩变形量	0.003 mm	0.006 mm
适用温度（℃）	<-110	<-110

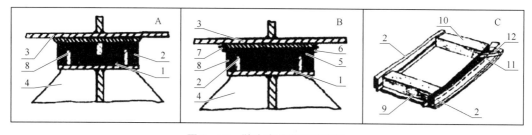

图 2 - 77　鞍座支承剖面示意图

1—JN - 120T 环氧胶泥；2—海绵；3—液罐；4—鞍座；5—不锈钢板；
6—硫化钼油脂；7—自攻螺钉；8—止挡框；9—层压木；10—EVA 垫块；11—进料口；12—出气口

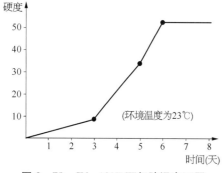

图 2 - 78　JN - 120T 环氧胶泥在不同
时间内的硬度图

图 2 - 78 是 T 型环氧胶泥的固化硬度变化折线。

表 2 - 18 是不同温度下 JN - 120T 环氧胶泥固化后的压缩强度。

环氧胶泥的平均涂敷厚度不小于 20 mm，通常为 45～50 mm。让 JN - 120T 环氧胶泥在吊装过程中填实挤出，中部涂敷厚度应为 65～70 mm。还可根据需要，将 JN - 120T 环氧胶泥配制成流淌性较好的状态，以便于施工，其各项性能不变。

表 2 - 18　不同温度下 JN - 120T 环氧胶泥固化体的压缩硬度

项　目	温　度			
	50℃	25℃	-25℃	-110℃
压缩强度(MPa)	91.4	125	169	176

(3) 液罐的支承工艺。

① 吊装前准备。

a. 测量液罐的尺寸,防止吊装中发生"卡罐"现象和干涉现象,校对液罐鞍座的"开口"情况。

b. 用丙酮清洗不锈钢板活动面,在不锈钢板活动面涂上硫化钼油脂,并将不锈钢板拧在罐体上,不锈钢四周用胶泥密封。

c. 为了确保增强支承面的承受力和胶泥垫充高度,在每个鞍座中心向两边各个空间内各安装 4 块 JN - 120M 桦木层压木(尺寸为 540 mm×100 mm×50 mm)。

d. 制作前后左右导向滑道使液罐吊装顺利进行。

e. 在船舱底部摆放临时支承木墩。

f. 在搅拌前 40 h 的气温如低于 20℃,需将胶泥放入 45℃房间内保温,如果气温高于30℃则施工在晚间和清晨进行。

g. 在吊罐前 1 h 用丙酮擦净鞍座表面,在液罐与环氧胶泥的接触面上喷脱模剂。

② 吊装(不同船厂的吊装方式不尽相同,包括浮吊、汽车吊、坦克吊等,下面以浮吊为例)。

a. 查看液罐吊入时有无干涉、卡住现象,如有则立即修正,液罐入位后,测量并记录好每个鞍座中间 7 块环氧胶泥的高度。

b. 用浮吊吊起液罐,将四只保险钢架(高度 400 mm)放在离鞍座 400~450 mm 处,此时浮吊不能松,在液罐中部垫实枕木。

c. 将胶泥 A 料(主料)、B 料(固化剂)拌匀,涂敷在鞍座中部的 7 块环氧胶泥上,每块胶泥涂敷时中间高四周低。

d. 吊起液罐,将保险钢架拿掉、枕木拆掉;液罐入位,将顶升架拆除,抹平挤出的胶泥。

③ 鞍座两边胶泥浇注。

a. 考虑到鞍座两边的操作便利性和垫实性(位置很狭小),采用流动性较好的环氧胶泥在鞍座两边注入封边。

b. 在最后一块填满时,通过压力罐(0.1~0.2 MPa)将拌和匀的流动性较好的环氧胶泥浇注料用内径大于 25 mm 的软管深入下部灌入或压入,直至完全垫满。

c. 在固化过程中罐体上不能进行其他作业,并且要做好 48 h 的防雨工作。

d. 在完全固化后拆下活动端下部的不锈钢,去除多余的胶泥。

④ 防浮装置浇注。

a. 去除铁屑、油垢、漆皮,用丙酮清洁防浮装置环氧浇注面。

b. 用 1.5～2 mm 厚的铁皮折成"U"形的围框,备好前挡板。

c. 比防浮装置增加 8～10 mm 厚度间隙,海绵条塞入间隙的厚度为 16～20 mm。

d. 向间隙之间喷涂脱模剂。

e. 插入螺栓并做好螺栓的密封,在上平面(活动端)涂上硫化钼油脂,拧紧螺母,保证活动自如。

f. 点焊前挡板,并封实间隙用密封泥。

g. 按比例拌匀 JN－120A 浇注型环氧垫片,通过淌板倒入膜腔内。

h. 浇注结束时,在现场浇注一块 100 mm×100 mm×50 mm 的试样,将活动端螺母用螺栓锁固剂锁住(螺栓应松动),然后按要求拧紧固定端螺栓,确保活动伸缩自如。

2.3.2.4　薄膜型液货舱与 Moss 球罐的比较

1) 材料性能比较

9％镍钢和殷瓦钢薄膜材料的性能比较如下。

(1) 强度随温度变化的趋势。

强度是计算结构材料最基本的指标,这两种材料的强度绝对值都很高,殷瓦钢在温度降低时强度上升斜率平稳,而且在工作温度附近－100℃的范围内强度基本保持不变;9％镍钢在到达工作温度时强度急剧上升,有脆化倾向。

(2) 塑性随温度变化的趋势。

当温度下降时殷瓦钢在工作温度区间的塑性是基本保持不变的;9％镍钢塑性指标绝对值较殷瓦钢和不锈钢低。

常温塑性表示材料加工成型的能力。低温容器要求在低温下有高的塑性,这是为了在温度应力超过屈服点而引起局部塑性变形时,容器有较大的适应能力而不开裂。

(3) 韧性随温度变化的趋势。

韧性是表征材料在变形断裂过程中吸收形变功的能力,9％镍钢有明显的冲击值转折段,即在工作温度附近韧性陡降;殷瓦钢没有陡降,绝对值和 9％镍钢相当。

从低温强度、低温塑性和低温韧性三方面比较,殷瓦钢要远优于 9％镍钢。另一重要参数是殷瓦钢低温时的膨胀系数要比不锈钢低 90％以上,这也是其"不胀钢"名称的由来。

2) 技术市场分析比较

目前,全球营运中的 LNG 运输船主要有 Moss 球罐型及薄膜型两种。薄膜型液货舱储罐的舱容利用率大大高于 Moss 球罐型,因此主尺度可以相应缩小,提高航速。从总体上看,薄膜型 LNG 运输船在船舶性能方面优于 Moss 球罐型,是 LNG 运输船的发展方向。

2.3.3　液货系统、操作程序及其设计建造

LNG 运输船的超低温液货系统主要包括液货蒸发气回收/利用系统、液货舱监测系统及液货输送系统等部分。

2.3.3.1　液货系统及其操作程序

1）液货系统

（1）系统布置。

LNG 液货系统管系原理及系统布置如图 2 - 79 所示。

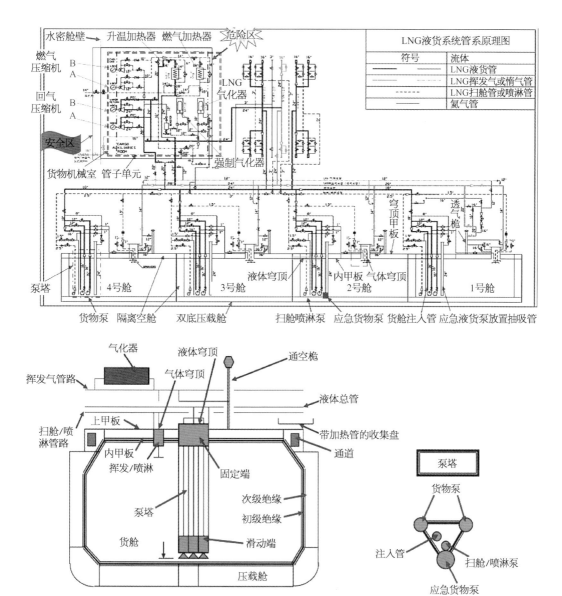

图 2 - 79　LNG 液货系统管系原理及系统布置

（2）气体穹顶。

气体穹顶的作用是回收利用挥发气体，气体穹顶筒体如图 2 - 80 所示，其相关安装工作如图 2　81~图 2 - 86 所示。

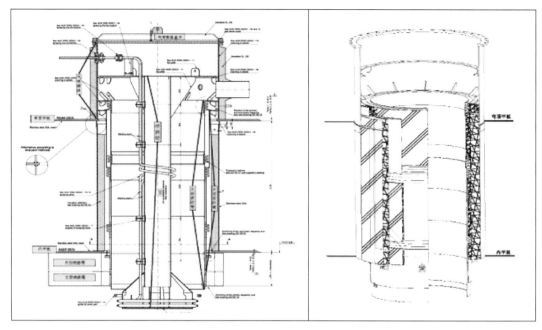

图 2‑80　气体穹顶筒体

图 2‑81　主层波纹管吊装

（3）泵塔。

泵塔(图 2‑87)是 LNG 在 LNG 运输船上的进出通道,主要由货物注入管、排出管、液货泵、喷淋泵及 CTS 探测系统组成,并设有进出液货舱的梯道和平台。其主要材料为不锈钢,在总高度 30 m 范围内的直线度控制在 5 mm 之内。

液货舱都装有一个悬挂浸入式泵塔,在其本体内安装有应急排出管、主排出管和注入管等。底部采用导向机构固定,可以有限地左、右、前、后移动。泵塔的制造和安装示意图如图 2‑88 所示。

图 2-82　流体穹顶

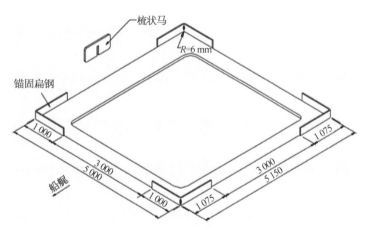

图 2-83　气体穹顶锚固扁钢安装

图 2-84　气体穹顶大绝缘箱吊装(于泵塔吊装后)

图 2‑85　气体穹顶人孔筒体安装

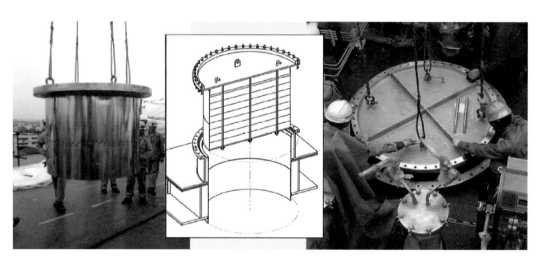

图 2‑86　气体穹顶人孔塞吊装

图 2‑87　泵塔(尚未安装)

图 2 - 88　泵塔制造安装示意图

（4）液货泵。

液货泵分为主液货泵、扫舱喷淋泵和应急液货泵（图 2 - 89）。

① 主液货泵：每个液货泵用于 LNG 货物的排出，每舱备有主液货泵 2 台。

② 扫舱喷淋泵：在液位很低、主液货泵无法排出 LNG 货物的情况下使用，每个液货舱配备有 1 台。

③ 应急液货泵：在两台主液货泵都失去功能的情况下应急使用，每艘船配备有 1 台。

图 2 - 89　主液货泵和应急液货泵

（5）喷淋塔。

在气体穹顶上每个液货舱位置装备有一个喷淋塔（图 2 - 90）。每个喷淋塔有 30～60 个喷嘴，将来自喷淋泵管的 LNG 对液货舱空间进行降温。

（6）压缩机组（图 2 - 91）。

① 燃气压缩机：用于将正常挥发的 LNG 在货罐中压缩并加热增压到一定压力后，输送至锅炉进行燃烧。

② 回气压缩机：在装载 LNG 时，为了平衡液货舱内的压力，用于将液货舱内的 LNG

图 2-90　喷淋塔

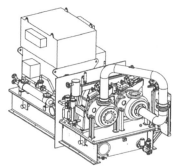

图 2-91　燃气压缩机组与回气压缩机组

挥发气送回岸站。

（7）热交换器。

① 升温加热器（图 2-92）——液货舱燃气加热：2 台回气压缩机同时运行时，能够将液货舱内的温度加热到所要求的 80℃。

② 燃气加热器——锅炉用燃气的加热：当 1 台燃气压缩机与强制气化器同时运行时，能够将液货舱内的温度加热到所要求的 25℃，以满足最大输出功率的要求。

③ LNG 气化器——LNG、LN₂（液氮）的气化：在规定时间内，驱除液货舱内的惰性气体，此操作温度要求为 20℃；卸载时，如果岸上没有提供 NG，可以利用船上自身的 LNG 产生 NG，或从岸上连接管送来的 LN₂ 气化后对液货舱进行惰化。蒸气直接加热设备如图 2-93 所示。

④ 强制气化器（图 2-94）：将一台扫舱喷淋泵通过挥发气/喷淋总管提供的 LNG，气化成出口为 40℃的 NG，向主推进装置提供燃料。

图 2‑92　升温加热器图示

图 2‑93　蒸气直接加热设备图示

图 2‑94　强制气化器图示

以上四种热交换器的数量及安装位置见表 2 - 19。

表 2 - 19　热交换器数量及安装位置

热交换器名称	数量(个)	位　　置	安装方式	备　　注
升温加热器	1	货物机械室	单元模块安装	
燃气加热器	1			
LNG 气化器	1			
强制气化器	1			

2）操作程序

液货系统主要操作程序包括：装载前码头操作程序、液货的装载程序、负载航行工况气体处理程序、气站码头的卸载程序、进坞前操作程序。

（1）装载前码头操作程序。

① 液货舱和管路的干燥程序。在潮湿的夏季，为了降低露点，由艏部透气桅排出干湿混合气体。由于夏季干空气比空气重，进入舱底的干湿混合气体从气体穹顶通过 LNG 挥发气总管由艏部透气桅排出。冬季干空气比空气轻，干湿混合气体从舱底注入管通过 LNG 挥发气总管由艏部透气桅排出。

程序执行目标：舱内空气露点达到 −20℃，从而干燥空气。

执行结果检验：从每舱液体穹顶的取样管中取样进行检验。

程序示意图如图 2 - 95 所示。

② 液货舱的空舱惰性化程序。为了减少舱内和管路内的含氧量，必须在舱内和管路内充满惰性气体。空气和惰性气体的混合气体通过 LNG 挥发气总管由艏部透气桅排出。

程序执行目标：舱内含氧量≤2%（保持 20 h），舱内露点≤−40℃，从而使舱内空气惰性化。

执行结果检验：从每舱液体穹顶的取样管中取样进行检验。

程序示意图如图 2 - 96 所示。

③ 液货舱的 LNG 挥发气注入程序。二氧化碳在温度低于 −70℃时将变为粉状，置换舱内的惰性气体必须使用 LNG 挥发气。岸上供给的 LNG 液体通过扫舱喷淋泵输入 LNG 气化器，使之变成 LNG 蒸气。因为 LNG 蒸气比惰性气体轻，因此将其由 LNG 挥发气总管送至舱顶进入舱内。天然气和惰性气体的混合气体通过液货舱的注入管后由液货总管经回气压缩机排至终端岸上的火炬。

程序执行目标：二氧化碳含量≤1%（保持 20 h）。

程序示意图如图 2 - 97 所示。

④ 液货舱和管路的冷却程序。在装载之前，必须对舱内进行冷却。岸上供给的 LNG 液体通过扫舱喷淋泵直接喷至舱中心，这些冷却的气体将通过对流来绝缘和冷却薄

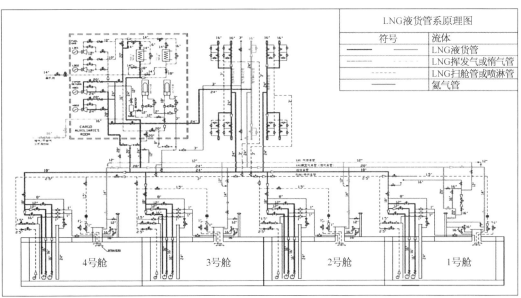

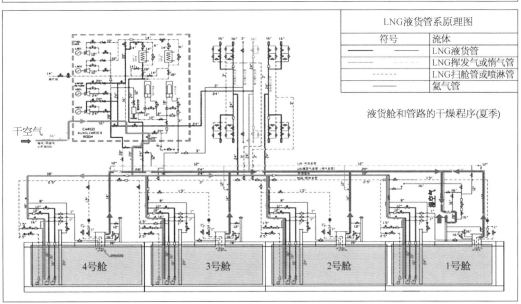

图 2‑95　液货舱和管路的干燥程序

膜。经舱顶部的透气管将 LNG 挥发气总管喷淋的 LNG 挥发气抽至岸上接收装置，为获得最佳喷淋效果，管内需维持 3～4 bar 的压力。随后开始冷却，冷却率是 20～25℃/h，而最初的 1 h 建议冷却率为 10℃/h。在液货舱冷却的最后 1 h 甲板上液体管要同时被冷却。

　　程序执行目标：在舱底部达到—130℃（保持 10～12 h）。

　　执行结果检验：通过温度传感器指示的温度来进行检验。

　　程序示意图如图 2‑98 所示。

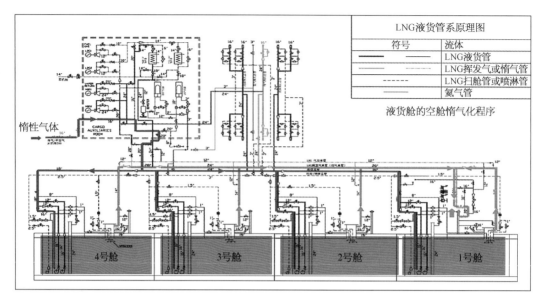

图 2‒96　液货舱的空舱惰性化程序

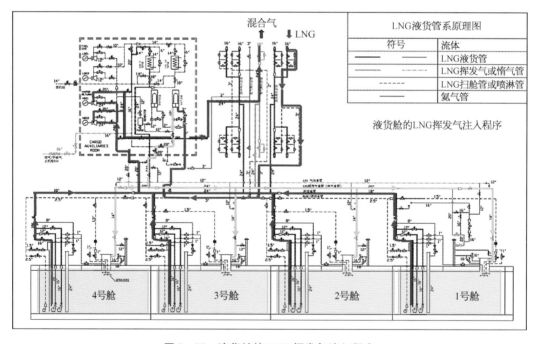

图 2‒97　液货舱的 LNG 挥发气注入程序

　　注意事项：在液货舱冷却期间，夹层空间的温度也将迅速降低，氮气也将收缩，补偿这些收缩非常重要；在整个冷却期间液货舱的压力应被控制在 10～15 kPa(g)，若达到 20 kPa(g)则输入的 LNG 流量将减少。

　　在修(造)船厂或航行过程可以进行程序①、②，程序③、④可以在气站码头进行。

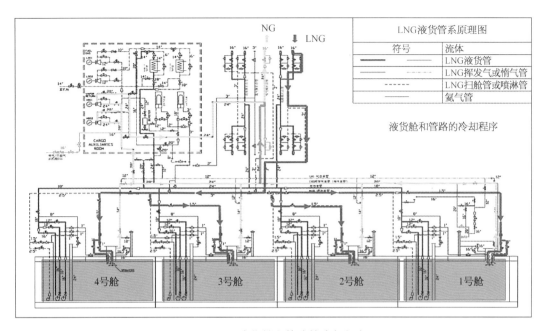

图 2‑98   液货舱和管路的冷却程序

（2）液货的装载程序（图 2‑99）。

装载前，岸上人员与船上人员之间要确定各自的职责范围，船上的所有通讯与岸上均需连接畅通，装载臂也需连接，所有液货舱的液位、温度和压力均需测量。

装载程序：岸泵将 LNG 液体输至船上，由液货总管经注入管注入舱底；在开始装载时，装载量逐渐增加，以检查每一部件工作是否正常；必须控制装载率容量，以限制液货舱

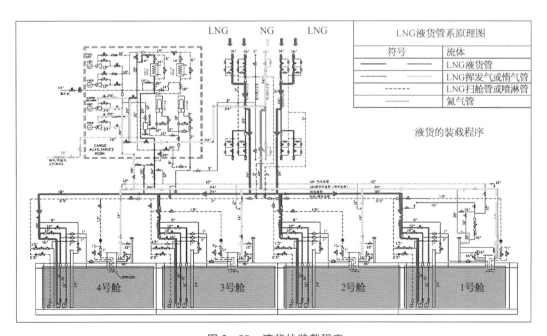

图 2‑99   液货的装载程序

内压力的上升率;在接近满舱时,装载率容量也应减少,以限制管系内的压力冲击;在装载货物时要排出压载水以维持船的平衡和吃水深度,避免船的结构产生额外应力。

程序执行目标:最大装载容积在单一舱内不超过该舱容积的 98.5%。为泄放管子中的残液,3 号舱可留略大容积。

装载后的泄放:一旦岸泵停止,留在船上管子内的液体就应泄放至 3 号舱;在集管阀关闭后应小心除冰、加温并惰性化,然后拆卸装载臂;船上管系中原来处于打开位置的阀,在这些管系已经温热后才能关闭。

整个装载过程约需 12 小时。

(3) 负载航行工况气体处理程序(图 2 - 100)。

在航行正常情况下,液货舱内由于 LNG 气化产生的气体要送到锅炉内烧掉,这是为了尽可能将液货舱内压力维持在要求的范围内,并将这些气体作为燃料与燃油一同燃烧。如果气化的气体量大于锅炉容积,则液货舱内的压力将增加,这时多余的气体必须通过艏部的透气桅放掉。若燃烧气体比燃烧燃油更经济的话,则使用强制气化器产生气体。

程序:其过程是将气化气体用一台燃气压缩机压缩后送至燃气加热器加热,然后送至锅炉燃烧;燃气压缩机的排量是由调节进口导向叶片位置和马达速度的系统来控制的,其目的是为了维持舱内恒定的压力。

强制气化器的使用程序如下:起动某一舱内的扫舱喷淋泵将 LNG 送至强制气化器;因为流至气化器的量小于泵的排量,因此连接扫舱喷淋泵的排出阀逐渐打开,将多余的液体回流至同一个舱的注入管;强制气化器的操作由锅炉控制系统控制。

(4) 气站码头的卸载程序(图 2 - 101)。

卸载前岸上人员与船上人员之间的所有安全通讯均需连接,装载臂也需连接,在卸载前后所有液货舱的液位、温度和压力均需测量。

卸载程序:在卸载之前,有必要对液货舱进行冷却,可以通过利用其中一个舱的扫舱喷淋泵对液货管和集管进行冷却或通过岸上的液货对液货管和集管进行冷却;在卸载期间液货被泵至岸上,用每个舱内的两个主泵通过四个卸载臂将气体从岸上通过"气体回收臂"送至船上;如果从岸上来的气体不足,则要使用船上的强制气化器产生气体,在全负荷卸载前必须逐渐增加以确保每一设备正常工作,卸载率也必须适配岸上的接收量;当某一舱的液位低于 1.5 m 时,需要减少泵的流量,监视每一泵的排出压力和表示空穴(气蚀)的波动值,若发现空穴就应通过调小泵的排出阀通量来减少流量;每一泵的起动和停止必须通知岸上工作人员;在卸载期间为了维持船的吃水深度和平衡、避免结构上额外的应力,必须同时注入压载水。

程序执行目标:尽可能快地卸载液货。

卸载后的管系泄放:一旦船泵停止,利用重力或氮气压力将留在船上装载臂内和管内的液体泄放至 3 号舱,也可保持些许艉倾,打开 4 号舱的注入阀以泄放管内的液体。在集管阀关闭后应小心去冰、加温并惰性化,然后拆卸装载臂。船上管系内所有打开的阀,只有管系全部温热后才能关闭。

卸载过程约需 13.7 h。

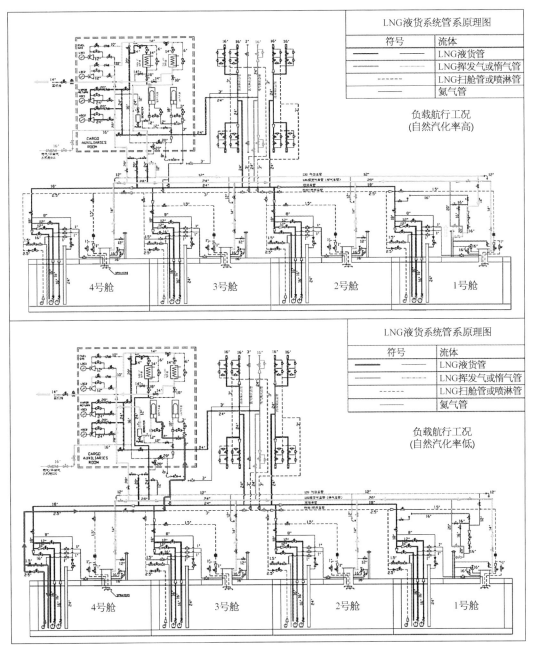

图 2-100　负载航行工况

（5）进坞前操作程序。

① 扫舱程序（图 2-102）。扫舱的目的是为了在离开端子前卸掉尽可能多的 LNG，以减少气化的时间。扫舱是用每一个舱内的扫舱喷淋泵执行，以取得最佳的扫舱效果。为了使这些泵取得最佳效果，要使艉部倾 2 m 并保持舱内压力为 118 kPa。扫舱喷淋泵的起动可在主泵停止前进行，因为若液位过低，扫舱喷淋泵是无法起动的。

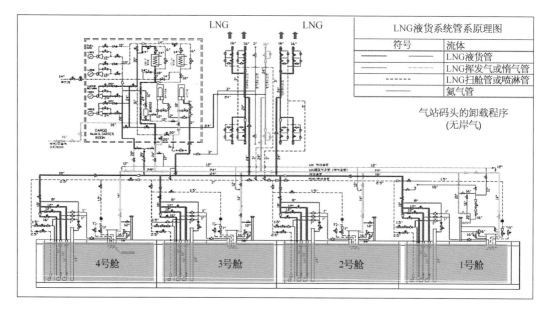

图 2‑101　气站码头的卸载程序

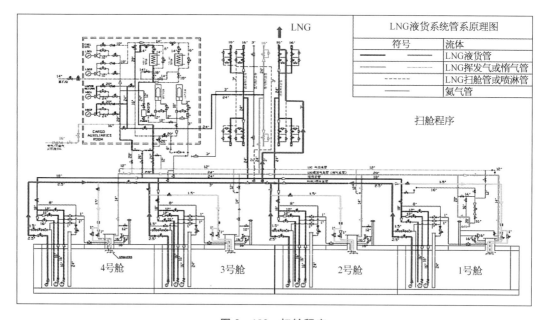

图 2‑102　扫舱程序

在进行这种形式的扫舱时无须从岸上输送气体回来。

② LNG 气化程序。扫舱之后,每一个舱内残留的液体量约为 60 m³。通过在舱内吹进热气来气化 LNG 液体,而热气是从气体管吸出的气体通过回气压缩机压缩后,至蒸发气加热器加热后产生,并通过注入管吹进舱底。LNG 气化产生的过量气体可以通过透气桅排出,也可以在锅炉内烧掉。

通过透气桅排出:虽然天然气比空气轻,但在开始操作前还是要考虑船头的风向,避免气体进入上层建筑而发生危险;气体流量无限制,2 台高性能压缩机以最大排量运行,气体通过升温加热器排至舱内(升温加热器最大出口温度 80℃);气化程序约需 24 小时,在气化结束时,舱底的温度将迅速增加。

在锅炉内烧掉:在这种情况下产生的多余气体必须被限制,以保证其能够全部在锅炉内烧掉,因此高性能压缩机不以全排量运行,而持续时间较长;此操作气流分成两路进行,流至舱内的气体量必须被控制以维持舱内压力使之低于 20 kPa(g)(报警值)。

③ 液货舱和管路加热程序(图 2-103、图 2-104)。在引入惰性气体和空气进入液货

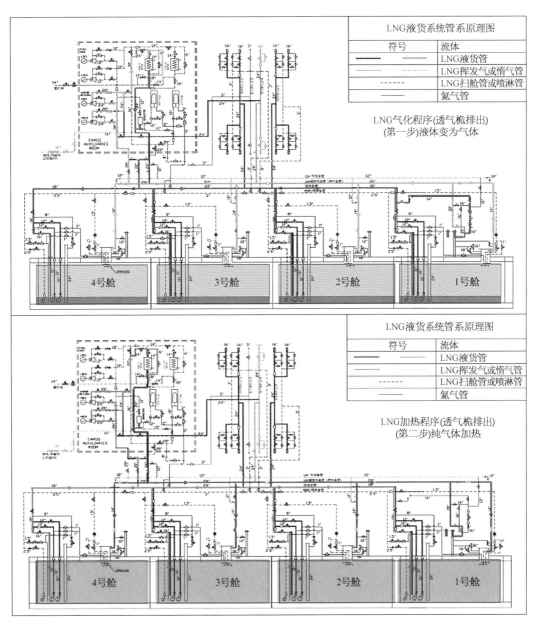

图 2-103　液货舱和管路加热程序

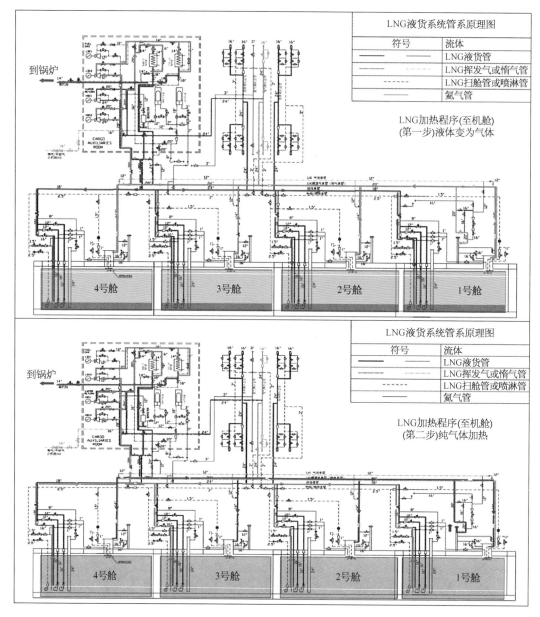

图 2 - 104　LNG 加热程序

舱之前,必须加热初级隔层和绝缘层至环境温度,这是为了防止惰性气体中的二氧化碳析出和空气中的水凝结;部分加热过程早已在气化期间发生了,但专门的加热操作是在全部液体气化后开始的;当气体温度升高时,它的比容也随之增加,所产生的过量气体可以通过透气桅排出或在锅炉内烧掉;此操作由 2 台高功率压缩机将气体从气体管中吸出,将其压缩后送至 2 个加热器,加热后的气体部分送至舱内,其余部分送至锅炉或排出至大气。

　　程序执行目标:考虑到惰性气体的露点是 $-40℃$,因此目标加热至舱底温度达 $0℃$。

此程序在引入惰性气体和空气进舱之前加热初级隔层和绝缘层至环境温度,目的是为了防止空气中的水和惰性气体中的二氧化碳析出后凝结。

④ 液货舱的惰性气体置换程序(图 2－105)。在空气进入液货舱之前,为了防止爆炸,必须将舱内和管子内的 LNG 蒸气含量降至 2% 以下,此操作由船上的惰性气体发生器和氮气发生器共同执行。该操作分为四个步骤——甲板上主集管惰性化、液货舱和舱内管子惰性化、压缩机房管子/气化燃油管和气化气体冲洗管惰性化、液货舱惰性化。因为惰性气体比 LNG 蒸气重,其是通过气体总管通风至大气的(开始阶段也可以在锅炉中燃烧),舱内压力保持在 110 kPa(a)。

程序执行目标:舱内 LNG 蒸气含量≤2%。

执行结果检验:在每一舱液体穹顶上取样检验。

此程序约需 2 个舱容积的惰性气体才能达到执行目标。

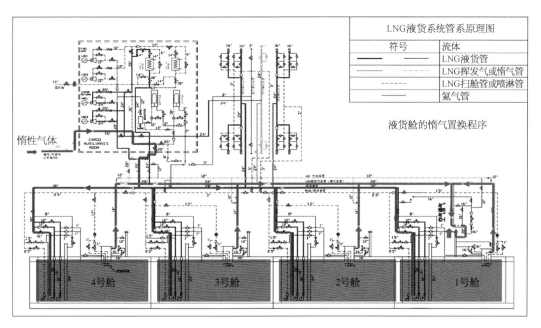

图 2－105　液货舱的惰性气体置换程序

⑤ 驱气程序(图 2－106)。驱气(通风)是用空气置换舱内的惰性气体,目的是使人可以进入。为了避免凝水和腐蚀,驱气程序使用的是船上惰性气体发生器产生的干空气。因为干空气比惰性气体轻,它是通过气体管被输入舱顶的,而干空气和惰性气体的混合气体则由液体管输出至大气。

此程序实施时舱内压力须保持在约 110 kPa(a)。

程序执行目标:舱内的含氧量≥20%。

执行结果检验:通过每舱液体穹顶上的取样管来检验。

这里需要注意的是,此程序是 LNG 运输船进坞前的最后一道程序,其执行结果由港

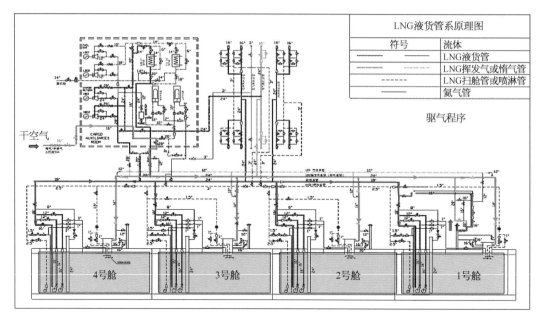

LNG液货管系原理图	
符号	流体
——	LNG液货管
— —	LNG挥发气或惰气管
- - - -	LNG扫舱管或喷淋管
——	氢气管

驱气程序

干空气

4号舱　3号舱　2号舱　1号舱

图 2‑106　驱气程序

口的"化验师"来检验,并发放"驱气证书"。

2.3.3.2　液货系统的设计建造

1)绝缘箱制造生产线

以 200 000 m³ 薄膜型 LNG 运输船为例,建造单艘船所需的绝缘箱数量约为 68 000~72 000 只,船上共有 5 个液货舱,每个液货舱的 10 个面均由绝缘箱依次排列全面覆盖。绝缘箱由层压板、玻璃布和膨胀珍珠岩构成,每个绝缘箱重约 50 kg,而在每一层绝缘箱的上表面均要敷一层 0.7 mm 厚的殷瓦钢板(也称殷瓦钢膜)。绝缘箱构成两层绝缘层,第一层在两层薄膜间负责包容液货,第二层在第二层薄膜和船体之间负责防渗漏保护作用,载荷通过绝缘层均匀地传递到船体上,其中的绝缘箱起到有效隔热的作用。

一条完整的绝缘箱制造生产线主要由高精度木工机械和数控加工中心组成的部件加工生产线,以及一条绝缘箱组装生产线及珍珠岩装填生产线组成。工场主要由绝缘箱胶合板构件加工区、绝缘箱组装自动生产线及珍珠岩装填区组成,装填区后面为绝缘箱成品暂存区。

2)殷瓦钢预制件工场

殷瓦钢预制件工场主要承担 LNG 运输船液货舱维护系统中殷瓦钢预制件的加工制作任务,主要加工制作殷瓦钢管、殷瓦钢三面体、殷瓦钢纵向二面体,以及其他殷瓦钢小零件等。

制作殷瓦钢预制件的主要工艺流程为:殷瓦钢原材料→开卷校平→下料切割→数控打孔→液压折弯成型→存储零部件→装配→焊接→密性检验→成品包装→周转成品存储→现场安装。

殷瓦钢预制件工场主要由殷瓦钢原材料存储区、殷瓦钢下料切割区、数控打孔区、液压成型区、殷瓦钢薄板及零件临时堆放区、殷瓦钢预制件装配区、焊接区、殷瓦管密封检验区、成品清洁包装区,以及殷瓦钢预制件成品存储区等组成。

3) 泵塔制作工场

泵塔制作工场主要承担 LNG 运输船液货舱内泵塔的加工制作及总组装配任务。

以 200 000 m³ 薄膜型 LNG 运输船为例,单座泵塔的重量约为 50 t,泵塔主腿的管径约为 600 mm,其余管径为 40~100 mm 不等,管壁厚为 2~15 mm;泵塔的制造精度要求较高,在总高度 30 m 范围内,直线度应控制在 5 mm 之内。

制作泵塔的主要工艺流程为:下料切割→管子对接焊接→泵塔装配、焊接→预舾装→运出。

泵塔的加工设备主要为不锈钢管的加工焊接设备,包括不锈钢管数控等离子切割机、TIG 焊机、焊接辅助设施及起重运输设备等。

泵塔制作工场主要由原材料存储区、下料切割区、管子接长区、泵塔组装焊接区等组成。

4) 低温管制作工场

低温管制作工场主要承担 LNG 运输船建造过程中低温管的加工制作任务,并负责较大低温管模块的制作任务。

低温管为 LNG 运输船的液货管系,包括 LNG 运输船的甲板管系和少量液货舱管系等,其使用温度为 −163℃~80℃,材质为不锈钢,外面敷设绝缘层。低温管的管径多为 22~600 mm 之间,管壁厚为 2~15 mm,属薄壁管,其中管径在 400 mm 左右的数量为多。低温管多数为直管,少量的弯管采用定型弯头解决。

制作低温管的主要工艺流程为:下料切割→管子对接装配→管子对接焊接→低温管泵压→管子绝缘→低温管模块制作。低温管的连接全部依靠对接焊,焊接一次拍片合格率必须达到 98% 以上。

由于工场所加工的主要对象为不锈钢管,其加工装配精度要求相对较高,因此设计过程中需配置专用工装设施以满足其加工制作精度的需要。主要配置的是机械式不锈钢管切割机、管管装配机、TIG 焊机及焊接辅助设施等。

低温管制作工场主要由原材料存储区、下料切割区、低温管加工制作区、泵压区、管子绝缘区、低温管模块制作区和模块存储周转区组成。

5) 模拟舱及培训工场

由于殷瓦钢的特殊焊接工艺要求很高,尤其是非标类的手工焊接对焊工的操作手法、生理、心理状态等都有要求,故存在模拟舱,其可以模拟 LNG 运输船的液货舱环境,供殷瓦钢焊工每天上船前进行模拟焊接操作和适应性检查训练,亦可用来对焊工进行培训、组织焊工考试工作等。

6) 液货舱平台修理工场

LNG 运输船液货舱围护系统的安装需通过液货舱安装平台来实现,而这些平台需要经常拆装和使用,液货舱平台修理工场就负责平台的维修保养工作。需要注意的是,此工场仅为液货舱安装平台的维护修理工场,而不是液货舱平台的存储工场。此工场宜布置在距船坞较近的位置,以便于维护保养。

7）绝缘箱的集配场

绝缘箱的敷设是 LNG 运输船建造过程中工程量最大、施工周期最长的项目之一,因此为了保证船上的各项施工均衡有序地进行,需要在舾装码头附近配置相应的绝缘箱集配工场,以方便施工。由于大量的绝缘箱安装工作都是在 LNG 运输船的码头舾装过程中完成,故此集配工场宜布置在靠近舾装码头的区域;由于绝缘箱对环境有较高的要求,为了保证绝缘箱的准确安装,车间必须配置大容量的恒温除湿系统,以保证工场内的温度和湿度符合要求。车间内温湿度的要求为:温度 15～27℃,湿度＜60％;考虑到防火要求,工场内的分层堆放层高应控制在 3 m 以下。

8）专用设备库

LNG 运输船液货舱围护系统的安装过程中涉及很多特殊的专用设备,这些设备和装置的专用性很强,维护工作质量要求高,须专门存放安置,所以需要实行封闭式管理,因此须建设专用的设备存放维护库。

专用设备库内存储的设备宜分类存放,且量大而件小的工装宜采用多层货架存放的形式,以节约库房空间。库房内所存储的设备均为铁质工装,无油漆、木材及其他易燃易爆物品,因此该库房的防火危险性分类为丁戊类,无特殊防火要求。

9）现场设备

现场设备主要指在 LNG 运输船船坞和码头舾装过程中所必需的设备,属于专用工装设施设备范畴,绝大多数为专利设备,主要包括殷瓦钢薄膜加工装配和焊接设备、绝缘箱安装设备、LNG 运输船发电机试验负载装置、LNG 运输船密封试验装置、液货舱除湿系统,以及其他辅助设备如薄板金相分析设备等。

10）超低温材料的应用研究

对超低温材料的研究主要涉及制造超低温管路、阀件、泵等相关各种新型材料的试验研究,以及对聚氨酯材料等的试验研究。

由于介质的在升温后体积极易膨胀的性质,因此对低温液货管进行绝缘处理尤为重要。通常绝缘有两种,一种是包覆式绝缘,另一种为发泡式预绝缘。包覆式绝缘是由两层陶瓷棉或岩棉包覆而成,外面再包一层硬制的 PVC 塑料或玻璃钢保护套;发泡式预绝缘是管子在加工结束之后,根据绝缘层的厚度,在管子的外壁利用支架套上一层适当外径的高密度聚乙烯保护套,然后用泡沫混合泵将聚氨酯泡沫向保护套内输送。

11）液货舱系统调试技术

LNG 运输船的液货舱系统调试技术是 LNG 运输船安全处理液货的关键,包括货物机械系统、惰性气体系统、氮气系统、CTS 系统、ESD 系统等。可靠的液货舱系统调试技术是保证 LNG 运输船安全运营的基础。

12）载气试验技术

载满货物的 LNG 运输船相当于流动炸弹,一旦操作失误将造成极大威胁,因此 LNG 运输船需要进行载气试航,这是对 LNG 运输船建造后进行的一次全面检验,也是船上各设备和仪表磨合的开始。试航期间,货物机械设备第一次全面启动,货物操作系统也第一次实际运转。

载气试航的重点在于总体试验方案和操作规程的制定,包括载气舱室及载气量、舱室间相互驳运顺序、液货泵与喷淋泵的试验、液货舱冷却、液货舱注入及进坞前的液货舱加热、惰化和空气化等项目。

13)专用设备库

LNG 运输船液货舱围护系统的安装过程中涉及很多特殊的专用工装和设备,如殷瓦钢的焊接、切割、折边、冲压、剪切、打孔专用设备,必备的环氧树脂黏胶机、专用工夹具、安装机械手等。这些设备和装置的专用性很强,维护工作质量要求高,须专门存放安置,所以需要实行封闭式管理,因此须建立专用的设备存放维护库。

以建造一条 200 000 m³ LNG 运输船为例,本工场必须能够保证完成一条 200 000 m³ LNG 运输船建造过程中所需的专用工装设备的存放任务。库房内存储的设备宜分类存放,且量大而件小的工装宜采用多层货架存放的形式,以节约库房空间;库房内所存储的设备均为铁质工装,无油漆、木材及其他易燃易爆物品,因此该库房的防火危险性分类为丁戊类,无特殊防火要求。

2.3.4　安全保障系统技术

无论是民用船舶与海洋装备还是军用舰船装备,其安全保障系统技术均是各国重点开发应用的系统技术。安全保障系统能使每一个装备及其所包含的装置从服役到退役的全过程都处于监控之中,其能科学评估、充分保障装备的安全性。这一安全保障系统技术包含海洋环境实时预警、海洋装备上的设备安全运维、装备本体结构实时安全监控、装备上的物资管理、作业人员的安全保障、水下部分的安全监控等多个方面。安全保障系统是基于物联网、云计算和大数据技术的综合集成系统,可以充分共享信息,对任何物体都能进行跟踪、刻画和分析其轨迹,海洋装备上所有对象包括人员的安全都将通过互联网智能化的技术被控制。

2.3.5　新技术与关键技术

2.3.5.1　三维设计

LNG 运输船是高技术、高附加值和高设计建造难度的特殊船舶,其总体布置、货物围护系统、液货操控系统、主推进系统和泵塔系统极其复杂,系统关联度高,设计信息量大,采用二维设计已无法适应其需要。而采用三维设计方法建立数字化船舶产品模型,可以确保设计、数值分析、虚拟仿真、建造、管理信息流通,在建造之前提供电子样船。这样,不但可以使设计整体综合优化、提高产品设计质量,而且可以大大缩短设计建造周期、节省研制经费。

需要重点研究的内容:

(1)快速设计方法。

针对 LNG 运输船的结构和系统特点,通过建立各种基础库和二次开发,采用参数化、模块化和定制化设计,快速建立设计模型,通过计算机辅助设计(CAD)与计算机辅助工程

(CAE)、CFD 接口,与设计同步将 CAD 模型转换成数值分析模型,直接用于总体优化和各种数值仿真分析,快速进行方案论证,从中选定优化合理方案。

(2)面向制造的设计。

利用并行协同平台和规则与船厂开展前期交流,深化设计,研究船厂设备、工艺、编码、标准、生产流程,在三维数字模型中,充分反映与制造工艺吻合的信息和要求,实现面向制造的设计。

(3)液货舱和液货管系优化设计。

货物围护系统构造复杂,其与船体结构连接界面的表达必须精确细致,液货操控系统的管系布置和功能需求特殊,在设计阶段通过三维设计方法,直观精确表现设计思想和模型,进行合理布置优化。

(4)设计管理。

对 LNG 运输船各专业、各系统的协调管理,通过三维设计应用对设计流程进行再造和优化,分析合同设计、基本设计、技术设计、生产设计之间的关系,设计与产品数据管理紧密结合,为各设计阶段提供可视化依据和完整的、精确的产品数据状态信息。三维设计流程还必须与标准体系结合起来,将成熟的技术和工作模式上升为标准,固化标准流程和管理模式,设计技术和管理体的形成是由协同设计管理、质量保证和设计过程管理三个子系统构成的。

研究途径:从现代造船模式要求,分析现代船舶设计技术发展现状和趋势,总结在海洋工程装备和其他船型上三维数字化设计的应用,提出 LNG 运输船数字化设计关键技术、发展方向和对策,为项目开展和其中关键技术解决方案理清思路。强化各种标准、规范的制定和数据库建设等基础工作,研究分析 LNG 运输船的特点和设计要求,对现有三维设计体系进行扩充和发展。

2.3.5.2 专用仿真设计系统

近年来,计算机仿真技术给我们提供了一个可以较为准确分析物理特性的强有力工具,可以避免对数学模型做过多假设后出现的理论分析误差,而且可以完成以前难以或无法实施的试验,同时可以观察到真实试验中无法观察到的现象。由于 LNG 运输船具有严格的低温、恒压控制系统,对许多设计的验证难以通过实验手段进行,为了保证设计合理性,可以利用仿真设计系统直观演示,例如船在波浪中的运动响应、耐波性、应力和应变响应、液货装卸对船体的应力和应变影响、压载水管理等。

仿真的技术难点主要包括:虚拟物理模型和数学模型的建立、相关物理数据的收集和分析、仿真算法设计、CAD 模型与 CAE、虚拟仿真模拟接口开发、CAE 数值分析数据处理。

LNG 运输船的液货舱物理条件要求极其严格,对于温度、压力都有很高的要求,仅仅依靠人工干预显然不可能达到这个要求,所以现有 LNG 运输船都是采用自动化控制系统来进行监测和控制的。高自动化程度也是 LNG 运输船事故率极低的主要原因之一。我们除了船体设计要国产化以外,自动化控制系统也要国产化,这就需要对这部分的难点——液货舱情况进行深入了解。由于液货舱监控系统为控制系统的核心,所以其仿真十分必要。

需要重点研究的内容：

(1) 运动和耐波性仿真。

对 LNG 运输船在不同航速运行时遭遇各种波浪后的运动响应进行仿真，直观演示其运动状态，进行 LNG 运输船的运动和耐波性综合评估。

(2) 应力和应变响应仿真。

结合 CAE 数值分析计算，对 LNG 运输船在波浪中运行、装卸货物等状态的应力和应变响应动态进行仿真，分析评估其结构强度和安全性。

(3) 压载水管理仿真。

(4) 液货舱及相关管系系统仿真。

对液货舱及管系的仿真包括：对液货舱及相关管系的压力、温度进行物理仿真；对管系输送 LNG 进行仿真；对 LNG 在舱内气化、回收和液化的过程进行仿真；实现液货舱及相关管系的可接受的状态预报；实现设计结果检验；实现对液货舱及相关管系运行状态的检测。

(5) 液货舱围护系统监控仿真。

建立液货舱的数学仿真模型，模拟主隔离层泄漏后液化气的扩散过程及温度分布变化过程。

研究途径：通过船舶力学、传热学、流体动力学等多学科结合，从已有的物理模型出发，抽象出可靠的、经过论证的数学模型；通过数学模型、虚拟物理模型和控制模型结合计算机图形学、仿真算法及三维动画技术构建仿真系统。

2.3.5.3　风险评估方法在 LNG 运输船设计中应用

风险评估是为了防止事故的发生、提高运行的安全性，其已经成为各国海事工业部门加强研究的重要课题。

1993 年英国最先通过国际海事组织(IMO)将综合安全评估(FSA)引入船舶海事领域。当前，各国的船级社都充分认识到船舶及海洋工程的综合安全风险评估技术的重要性，都把其作为重点研究的对象。DNV、LR、ABS 等船级社也相应开发了评估软件。

由于 LNG 船运载的液货具有易燃、易爆的特点，对人员的安全和健康及海洋环境等构成威胁，故安全性是 LNG 运输船设计中最重要的部分，增加风险评估可以有效帮助提高整体的安全性。

风险评估及应急预案分析在海洋工程领域中已有应用，世界上少数国家已将基于风险评估方法的指导性文件应用于某些船舶设计领域。该理论在工程中的实际应用正逐步引起人们的重视并加以推广。

2.3.5.4　总体性能与流体仿真数值分析技术的应用

1) 总体性能分析

LNG 运输船的总体性能分析与流体力学问题是 LNG 运输船总体设计的关键问题。总体设计软件与 CFD 技术的开发和实用化，可以保障在较短的时间内设计出总体性能良好的 LNG 运输船。

需要重点研究的内容：

（1）利用 CFD 技术进行 LNG 运输船型线优化研究。

对于球艏优化，拟采用正交设计方法，对影响阻力性能的球艏主要参数（伸出长度比、高度比、横剖面积比）进行优化组合，分别进行 CFD 分析计算，通过计算比较和试验验证，确定球艏的主要参数的最佳组合；艉部优化在艏部优化的基础上进行，同样采用正交组合的方法，对影响快速性能的相关艉部参数进行优化组合，通过计算和试验验证，确定性能优良的参数组合。

（2）压载航行状态快速性能优化研究。

对于确定的压载状态，利用 CFD 技术计算不同初始纵倾角下 LNG 运输船的阻力性能，通过计算得到每一个压载状态下的最佳初始纵倾角，以及阻力性能随初始纵倾角变化的规律，为 LNG 运输船制定合适的装载策略提供依据。

（3）自航性能预报方法研究。

对于自航性能预报，拟分两步实施。第一步先考虑黏性和自由面，不考虑螺旋桨；第二步，固化自由面，考虑黏性和螺旋桨。通过这些基础性研究，为 LNG 运输船快速性能的定量预报提供坚实基础，提快速响应能力。

2）螺旋桨设计技术

采用常规双桨推进的 LNG 运输船技术难度大。例如，如何确定螺旋桨设计中的实效伴流分数、相对旋转效率；如何确定桨叶叶梢与船体之间的间隙，令螺旋桨的效率与其激振力达到总体最优；如何确定双桨桨轴的间距，使左右螺旋桨无干扰或产生有利干扰，令双桨的总推进效率最高，等等。

采用常规桨与其后方拉式吊舱推进器组合形式推进的 LNG 运输船，技术难度更大，除了需要攻克与常规双桨推进相同的技术难关之外，还有其他的技术问题需要解决。例如，如何分配前、后桨的负荷、直径比及其间距，使得总推进效率最佳，并避免可能引起的推进器空化；如何推进器的模型试验；如何将试验结果进行实船相关；如何确定后桨的设计工况，等等。

需要重点研究的内容：

（1）常规双桨推进器设计参数选择原则。

（2）常规双桨推进器桨轴间距研究。

（3）常规双桨推进器与船体间距的关系研究。

（4）常规双桨推进器高效低激振叶型研究。

（5）常规双桨推进 LNG 运输船航速预报研究。

（6）常规桨与其后方吊舱桨组合推进器设计参数选择原则。

（7）常规桨与其后方吊舱桨组合推进器负荷分配研究。

（8）常规桨与其后方吊舱桨组合推进器直径比研究。

（9）常规桨与其后方吊舱桨组合推进器间距研究。

（10）常规桨与其后方吊舱桨组合推进器的叶梢与船体间距研究。

（11）常规桨与其后方吊舱桨组合推进器操纵性研究。

（12）吊舱桨推进器高效低激振叶型研究。

（13）常规桨与其后方吊舱桨组合推进 LNG 运输船航速预报研究。

（14）吊舱桨叶敞水试验方法研究。

（15）吊舱桨单元敞水试验方法研究。

（16）常规桨与其后方吊舱桨组合推进器空化试验方法研究。

（17）常规桨与其后方吊舱桨组合推进器激振力试验方法研究。

（18）常规桨与其后方吊舱桨组合推进自航试验方法研究。

（19）常规桨与其后方吊舱桨组合推进器操纵性试验方法研究。

对于上述需要研究的内容，将采用理论与模型试验相结合的研究途径，其中 CFD 将是必不可少的，同时也必须开发相应的模型试验研究手段。后者不但是对前者计算结果的验证，而且有些特别的现象也往往在模型试验阶段首先观察到，然后研究人员再从理论上探索其规律，最后从根本解决问题。

3）舱内 LNG 的减晃技术

由于 LNG 的流动性很高（高于原油），因而由 LNG 运输船体的运动将会引发舱内 LNG 的晃荡。LNG 的晃荡会使船体受到较大的伤害，并且会产生共振，引起船体疲劳损伤。

因此，合理设计与布置液货舱是非常重要的，必须优化设计、试验对比，利用数值仿真分析技术来合理确定其最终的技术方案。

2.3.5.5　CAE 结构数值仿真分析技术

1）CAE 数值仿真软件

利用 CAE 数值仿真软件可以解决 LNG 运输船结构设计的各类问题。

对耐波性与波浪载荷的合理确定，是开发 LNG 运输船结构安全性评估的关键，装载液货的 LNG 运输船必须考虑晃荡和疲劳影响，波浪载荷分析是基础。20 世纪 90 年代以来，国外船级社陆续推出了基于三维势流理论的船体波浪载荷预报程序，有的还考虑非线性影响，形成了各自的船舶设计衡准软件系统。浮体运动和波浪载荷的三维势流理论比二维势流切片理论的基础更为完善、可计算参数更多、应用范围更广，不但可以获得更为精确的船舶波浪载荷和运动预报值以满足结构直接计算法的外载荷精度要求，而且在脉动压力的预报上明显优于传统的切片理论。

应用三维势流理论面元方法进行波浪载荷预报的技术难点是基于三维时域非线性船舶运动和波浪载荷的计算方法、运动阻尼等水动力参数的确定、时频域之间的关系与转换、建立正确可控的三维质量模型和湿表面模型、非线性收敛准则的研究、分析 LNG 运输船船体运动特点的响应、外载荷和船体水动压力值的预报。

需要重点研究的内容：

（1）三维势流理论的计算方法——三维源汇分布法。

（2）非线性波浪理论及应用，主要考虑入射波非线性（高阶项）、非直壁型（形状影响）和速度影响。

（3）阻尼、非线性求解的控制参数确定。

（4）正确可控三维质量模型、湿表面模型和自由水表面模型的建立。

（5）LNG 运输船的运动响应、船体水动压力值和外载荷的预报。

在线性三维势流理论面元方法程序应用的基础上，进一步应用非线性三维势流理论的方法，针对 LNG 运输船的特点研究基于三维时域非线性船舶运动和波浪载荷的计算方法，进行船舶运动响应、船体水动压力值和外载荷预报。当前国际上也发布了其他基于非线性三维水动力理论的结构强度分析、疲劳强度评估等高级分析技术、大型 LNG 运输船的非线性砰击载荷预报方法，使高可靠性的 LNG 运输船结构设计成为可能。

考虑到晃荡影响的 LNG 船运动预报技术及货物围护系统绝热层设计可靠性，需要建立液体晃动载荷的预报技术和液罐晃动试验台。

利用 SYSNOISE、ANSYS 与 NASTRAN 软件，研究建立 LNG 运输船的振动频响和噪声精确数值预报的模型。通过大量数值预报分析和部分试验，从材料、结构形式、隔振措施等方面研究针对舰船的有效减振降噪措施。

2）CAD/CAE 无缝连接技术与符合国家标准的自然语言报告

新一代信息技术飞速发展，船舶与海洋工程数字化、智能化技术也日益得到重视，强化数字化技术对发展 LNG 运输船的结构设计至关重要。

要实现 LNG 运输船的数字化，CAD/CAE 的无缝对接与并行协同技术是核心与关键，有重大的理论和工程意义，国际上也没有成熟案例，因此解决这一关键技术对实现 LNG 运输船数字化是非常关键的。CAD/CAE 的转换如图 2-107 所示。

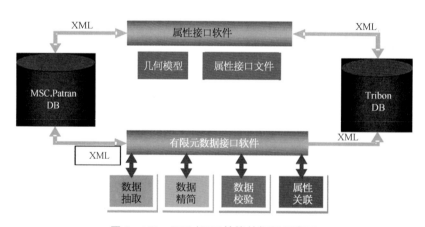

图 2-107　CAD/CAE 转换的框架示意图

同时，对于我国来说，实现 LNG 运输船 CAE 分析能够按照我国的国家标准由智能技术生成自然语言报告，这能够大大提高我国 LNG 结构分析的能力与水平。

3）LNG 运输船的疲劳问题

疲劳分析方法可分为随机动力疲劳分析法和确定性（准静定）疲劳分析法。随机动力疲劳分析法需要进行大量复杂计算,采用线性势流理论和谱分析法计算疲劳载荷,应用有限元法计算结构应力响应,其计算量很大。当前主要国家的船级社包括中国船级社(CCS)在疲劳强度校核衡准中都普遍兼容了多种层次的疲劳法,来进行船舶结构的疲劳分析。但是,随着船舶设计的大型化和复杂化,需要考虑各种动载荷成分对疲劳强度的影响,进行完整详细的定性分析,为船舶结构疲劳强度设计提供依据。

当前,通常的疲劳分析与船级社疲劳强度校核衡准的对象都是应力疲劳,主要研究的内容仅仅是增加考虑各种动载荷的影响。但是随着结构疲劳研究的深入,人们发现疲劳问题应该要考虑三个方面,即除强度应力疲劳外,还要考虑温度变化引起的疲劳问题和腐蚀引起的疲劳问题,特别是 LNG 运输船的特殊结构疲劳问题,其不应该仅仅是强度应力造成的疲劳,而应该考虑到低温情况下的温度疲劳与由 LNG 腐蚀引起的腐蚀疲劳,这两个问题引起的疲劳可能比强度应力引起的疲劳更为严重。

2.3.5.6　设计相关规则、规范和标准的分析

对主流船级社(如 ABS、DNV、CSS 等)规范的深化研究,是保障 LNG 运输船设计正确性的关键,研究内容包括建造过程的控制规则、LNG 货物围护系统的技术规范,以及 LNG 运输船的船体结构设计规范与涂装规范等。

海上 LNG 运输船与浮式装备系统技术

第 3 章　LNG – FSRU

LNG-FSRU 即浮式 LNG 储存和再气化装置,海工市场的不景气曾一度抑制了 FSRU 的生产与发展。

通常,靠近绝大多数用户是选择天然气接收终端地点的一个重要标准,这些地点往往是靠近人口密集区、发电厂或工业区,但是自美国"9·11事件"之后,生命与财产的安全问题变得尤为突出,将易燃易爆的危险装置远离人口密度高的城市和区域显得尤为重要。于是海上 LNG 终端装置成了紧迫需要,业内开始重新重视 FSRU。

新建造一艘 FSRU 需要 2 年左右的时间,成本约为 2.5 亿美元,而将一艘现有的 LNG 运输船改装为 LNG-RV(LNG-regassification vessel,FSRU 船型的一种),仅需 12~15 个月即可完成,成本约为 7 500 万~1 亿美元。相比之下,建造一座陆上终端需要花费 8 亿美元以上的成本。

由此可见,在安全需求与成本考虑的双重驱动下,LNG-FSRU 已经成为终端的热门选择,并且 FSRU 是一类技术含量与附加值很高的油气处理装置,其已经成为各国相关企业发展及市场争夺的目标。

3.1   LNG-FSRU 简介

LNG-FSRU 主要分为 3 类:由 LNG 运输船改装而成的 LNG-FSRU(图 3-1)、新造钢体船壳 LNG-FSRU(图 3-2)、新造混凝土结构 LNG-FSRU(图 3-3)。

图 3-1   LNG 运输船改装的 LNG-FSRU

图 3-2   新造钢体船壳 LNG-FSRU

图 3 - 3　新造混凝土结构 LNG - FSRU

LNG - FSRU 的基本参数（以 SBM 公司的产品为例）见表 3 - 1。

表 3 - 1　SBM 公司开发的 LNG - FSRU 基本参数

项　　目	详　　情
装载容积	250 000 m³
抗风能力	能抗飓风
最小水深	50～60 m（初始为 40 m）
船壳结构	钢结构大平底船
货物围护系统	IHI SPB 液货舱
BOG 处理方法	对压缩的 BOG 再冷凝
蒸发器系统	立式壳管式
卸货系统	SYMO 式串联卸货系统

3.1.1　发展概况和特点

3.1.1.1　发展概况

2005 年 4 月，世界上第一艘穿梭和再气化 LNG 船（LNG - SRV）由韩国大宇为 Excelerate 公司建造。随着这艘船开始投入商业运营，海上浮式 LNG 接收终端的建造便拉开了序幕。

巴西国家石油公司和 Golar LNG 公司紧密合作，给巴西建设了 LNG Pecém 接收站，该接收站通过码头管汇和卸料臂将 LNG 从传统 LNG 运输船卸载到 LNG 气化和接收船，气化后的 LNG 再通过管线输入岸上的管网系统；法国 GDF Suez 公司与中国海洋石油集团有限公司（简称"中海油"）签署了长期包租天津 LNG 接收站合同，该装置总长 270 m、型宽 44 m、深 26 m，单次可以装载 145 000 m³ 的 LNG，航速 19.5 kn，同时日均可供应 35 000 m³ 的天然气。

我国已在上海、广东、福建建设了三座陆上 LNG 接收站，这就要求提供新的、更加安全的 LNG 接收终端。随着海上 LNG 接收终端技术逐渐成熟，LNG - FSRU 已经在工程中得到实际应用。由于我国在 LNG‐FSRU 方面的工作开展得比较晚,有实际应用的相关工程并不多,但是已经开展研究等工作,这些研究为日后我国开展 LNG‐FSRU 的建设工作增加了技术知识储备,目前已经取得了一些重要的阶段性成果。

全球对 LNG‐FSRU 的需求呈现上升趋势。韩国船厂占据了 54% 的 LNG‐FSRU 市场(图 3‐4),致使他们也主导了 LNG‐FSRU 市场。

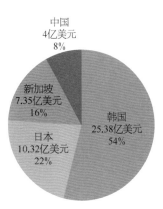

合同日期	装备类型	数量	总价(亿美元)	装备建造商	装备订造商
2014 年 2 月	FLNG	1	2 500	JGC& 三星重工	Petronas
2014 年 6 月	FLNG 改装	1	735	吉宝岸外海事	Golar LNG
2013 年 10 月	LNG‐FSRU	1	—	韩国大宇	
2013 年 2 月	LNG‐FSRU	1	250	三星重工	BW Maritime
2013 年 12 月	LNG‐FSRU	1	250	三星重工	BW Maritime
2014 年 1 月	LNG‐FRU	1	—	惠生海工	VGS
2014 年 2 月	LNG‐FRU	1	—	惠生海工	
2014 年 11 月	LNG‐FSRU	1	270	现代重工	Höegh LNG

图 3‐4　2013—2014 年 FLNG、LNG‐FSRU 等产业竞争格局与订单情况

3.1.1.2　特点

LNG‐FSRU 的外形类似于 LNG 运输船,其作为海上终端可以向岸上用气设施直接供气。LNG‐FSRU 建设成本低、周期短、可移动、环境影响小,储存能力通常在 200 000 m³ 左右,其货物储存系统可采用标准设计的薄膜型、棱柱形独立罐或球罐。其对水深要求不高,在深水区和浅水区都适用。

LNG‐FSRU 较常规陆上 LNG 终端具有许多特点与优势:

① 适合于拥挤的区域,特别是人口稠密地区或环境敏感地区。

② 能够对接更大容量的 LNG 运输船,可用于飓风海域。

③ 不需要建设防波堤或码头,不需要陆域形成,也无需航道、港池开挖及疏浚。

④ 方便选址和搬迁,对环境的影响小,建设周期较短。

⑤ 改善了航道/航海的安全性,确保生命、陆域财产安全,可采用灵活的承包或租赁经营方式,为环境友好型工程。

⑥ 约为陆地成本的一半,如采用旧船改装,造价将会更低。

LNG‐FSRU 也存在以下方面的挑战:

① 中大型 LNG 运输船经常选择采用旁靠方式卸载 LNG,这种方式仍然存在风险。

② 在海上如果危险情况发生,紧急疏散的难度较陆地会大很多。

③ 扩容能力较差。

3.1.2 系统组成

LNG‑FSRU 与 LNG 运输船非常类似,其基本系统组成如下。

(1) 系泊系统。

用于深海的 LNG‑FSRU 相比 LNG 运输船多了单点系泊系统,可采用外转塔形式,也可采用内转塔形式,还可采用立管式单点系泊系统;用于顺岸码头的 LNG‑FSRU,采用与 LNG 运输船相同的锚绞靠泊系统。同时,LNG‑FSRU 还配置有与 LNG 运输船并靠卸载的系泊系统。

(2) LNG‑FSRU 装船及 LNG 运输船卸船系统。

并靠时,LNG‑FSRU 使用标准的装/卸货系统,也可采用悬浮式低温软管进行连接。3 根卸货臂,2 根用于液体,1 根用于气体返回。

(3) LNG 储存系统。

LNG 储存在液货舱内,液货舱的形式有 3 种。一为 Moss 球罐,其特点是船体空间利用率低,甲板面积受限;二为 SPB 棱柱形存储舱,其特点是甲板面积充足,制造工艺简单,便于操作和维护,但成本较高;三是薄膜型,需解决晃动载荷问题,有制造工艺难度。

(4) LNG 再气化和气体外输系统。

气化前增压泵将压力增加到 10 MPa 左右将 LNG 气化,计量后通过柔性立管输送到岸上。

(5) LNG 液货外输系统。

由于 LNG‑FSRU 型深比一般的槽船大很多,高度相差很大,不能再设装车位和吊车,并且 LNG‑FSRU 上空间非常有限,因此配备了柔性 LNG 转移系统解决此问题。

(6) 船上发电系统。

LNG‑FSRU 装置充分利用 BOG 作为燃料来进行发电,一般采用三种形式,第一种是直接采用燃气轮机发电机组,将燃气轮机发电机组作为动力撬块,直接布置在甲板上,一般应用于新建 LNG‑FSRU 装置;第二种是利用原 LNG 运输船上的 BOG 作为燃料,采用蒸汽透平发电机的方式进行;第三种是直接采用双燃料(燃油、天然气)的发电机组进行发电,其技术比较成熟,热效率高,在近年来建造的 LNG 运输船上应用广泛。

(7) 辅助系统。

包含压载系统、惰性气体系统、船员生活设施、控制指挥系统、消防系统、火炬放空系统等。

3.1.3 海上 LNG 接收站统计数据

国际上已投产的海上浮式 LNG 接收站统计数据见表 3‑2。

表 3‑2 国际上已投产的浮式 LNG 接收站统计表

序号	项目名称	所在地	建设者	设计能力/MMSCFD	投产年份项目	类型
1	Gulf Gateway	路易斯安那州(美国)	Excelerate Energy	500/690	2005	SRV

(续表)

序号	项目名称	所 在 地	建 设 者	设计能力 /MMSCFD	投产年 份项目	类型
2	Teesside GasPort	提兹港(英国)	Excelerate Energy	400/600	2007	SRV
3	Northeast Gateway	格洛斯特(美国)	Excelerate Energy	500/800	2008	SRV
4	Bahia Blanca Gasport	布兰卡港(阿根廷)	Excelerate Energy	400/500	2008	FSRU
5	Pecem	塞阿拉(巴西)	Petrobras	255/255	2009	FSRU
6	BaiadeGuanabara	里约热内卢(巴西)	Petrobras	521/521	2009	FSRU
7	Mina Al-Ahmadi GasPort	艾哈迈迪港(科威特)	Excelerate Energy	500/600	2009	未知
8	Neptune LNG	马萨诸塞州(美国)	GDF Suez	400/750	2010	SRV
9	Mejillones	安托法加斯塔(智利)	Godelco 和 GDF Suez各承担一半	219/219	2010	FRU
10	Dubai LNG	杰贝阿里(阿拉伯联合酋长国)	DUSUP	480/480	2010	FSRU
11	Escobar LNG GasPort	巴拉那河(阿根廷)	YPFS. A. ,ENARSA,Excelerate Energy	500/600	2011	FSRU

注：设计能力中两个数值表示正常/最大输气能力,1 MMSCFD=2.832×10^4 m^3/d。

3.2 LNG - FSRU 设计思路及工艺流程

3.2.1 设计思路

设计思路为:

① 采用顺岸靠泊式 LNG - FSRU,在降低海域环境对其影响的同时也可实现 LNG 液体输出,并且不考虑深海靠泊方式,取消单点系泊装置。

② 采用悬浮式低温软管,取消了在 LNG - FSRU 上安装装载臂装置的同时也可实现 LNG 运输船旁靠式卸/装 LNG,节省了码头管汇和码头靠泊 LNG 运输船的投资成本。

③ 不需要穿梭运输,取消了在 LNG - FSRU 上安装推进装置。

④ 火炬/放空系统在岸上设置,从而减少了 FSRU 的总体尺寸。

⑤ FLNG 作为 LNG 接收与气化的主体(不在过渡阶段使用,也不在调峰阶段使用),与岸上的小型 LNG 储罐配合使用,一则实现分配槽车 LNG 运输功能,二则减少由于天气等原因导致的不可作业时间所引起的 FLNG 储藏量的额外储备,从而减少 FLNG 的总

体尺寸。

⑥ 发电系统采用双燃料发电机组,而非燃气轮机发电机组,可提高热效率,降低运营成本,也降低了初期投资成本。机舱区域采用双壁管路,确保机舱区域属于安全区域。

3.2.2 工艺流程

LNG-FSRU 上的 LNG 再气化装置及辅助系统的设计需满足陆上 LNG 接收站的基本功能,其工艺流程与陆上 LNG 接收站工艺流程十分相似,以下先介绍陆上 LNG 接收站的一般工艺流程。

陆上 LNG 接收站的主要工艺流程如图 3-5 所示。

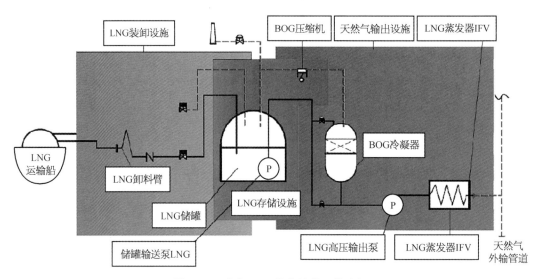

图 3-5 陆上 LNG 接收站的工艺流程

LNG 运输船上的通岸接头与卸船臂对接时,其中间有快速连接/断开装置,该装置可以在发生紧急情况时快速切断 LNG 的输送,以保证 LNG 的泄漏量在安全范围内。

在卸船操作初期,装卸货管路及辅助设施用较小的卸船流量来冷却,然后排放到火炬。当完成冷却后,流量逐渐增加到设计值。

在卸船管线上设置有压力传感器和表面温度计,可以及时监测其控制预冷、温度变化、卸船等作业。

卸船结束后,利用氮气吹扫残留在卸货管路卸货臂前的 LNG 至 LNG 运输船上,吹扫卸货臂之后的 LNG 至陆上 LNG 储罐,然后收回卸船臂。

3.3　LNG - FSRU 总体方案

3.3.1　主尺度的确定

3.3.1.1　主尺度确定因素

LNG - FSRU 的主尺度由以下因素确定：

① 码头作业条件，包含码头靠泊长度，停泊水深等因素。

② 拖航航线，以及建造完成后拖航航线的水深状况等。

③ LNG 接收站针对的腹地用户需求量。

④ LNG 运输船船队的规格、数量及运输航程。

由于 LNG - FSRU 的结构吃水深度不超过 12.5 m，并且鉴于目前 LNG 接收站码头多为新建，其靠泊长度在此不予过多考虑，选用与 LNG 运输船等同容量的长、宽以及吃水深度级别为宜。其容量级别应根据 LNG 接收站的用户需求、船队规格及数量，以及运输航程来综合确定。

3.3.1.2　基础参数

以现有航线为例，从中东某港口到我国北方某港口，其基本数据见表 3 - 3。

表 3 - 3　运输航线基础数据

项　　目	数　据
海运距离（n mile）	6 600
运输船航行速度（kn）	18.5
LNG 密度（kg/m³）	450
运输船到港、装货、离港操作天数（d）	1
运输船到港、卸货、离港操作天数（d）	1

由海运距离及运输船航行速度计算得到运输船航行天数为 14.86 天。

3.3.1.3　舱容的确定及优化

LNG - FSRU 的货舱设计主要从货舱数量、舱型、货物总储存能力与舱内的晃荡情况等方面确定。货舱在确定总舱容时，主要取决于 LNG 运输船的尺度与转运周期（表 3 - 4）。

为了保证在运营期间 LNG 运输船能够衔接 LNG - FSRU，LNG 运输船需在间隔天数内到达 LNG - FSRU，考虑到装卸货时间、运输天数，不同处理能力的 LNG - FSRU 与不同舱容 LNG 运输船的船队数量见表 3 - 5。

表 3 - 4　不同处理能力的 LNG - FSRU 与不同舱容 LNG 运输船对应的间隔天数　　（d）

LNG - FSRU	LNG 运输船舱容				
	80 000 m³	138 000 m³	147 000 m³	172 000 m³	21 700 m³
200 万 t/年	6.75	11.33	12.07	14.13	17.82
250 万 t/年	5.26	9.07	9.66	11.30	14.26
300 万 t/年	4.38	7.56	8.05	9.42	11.88
350 万 t/年	3.75	6.48	6.90	8.07	10.18
400 万 t/年	3.29	5.67	6.04	7.06	8.91

表 3 - 5　不同处理能力的 LNG - FSRU 对应不同舱容 LNG 运输船的船队数量

LNG - FSRU	LNG 运输船舱容				
	80 000 m³	138 000 m³	147 000 m³	172 000 m³	21 700 m³
200 万 t/年	6	3	3	3	2
250 万 t/年	7	4	4	3	3
300 万 t/年	8	5	4	4	3
350 万 t/年	9	6	5	4	4
400 万 t/年	10	6	6	5	4

考虑到目前世界上 LNG - FSRU 的气化能力普遍为 350 万 t/年（500 MMSCFD），因此选取 350 万 t/年的处理量作为 LNG - FSRU 主尺度设计的重要依据。

由表 3 - 5 的数据可以看出，172 000 m³ 舱容的 LNG 运输船从数量配置上来看最为经济。

因天气等原因造成 LNG 运输船不可作业所引起的额外储备量一般为 2～3 天的量，同时由于岸上小型 LNG 储罐可充当额外储备配置，因此考虑 LNG - FSRU 的额外储备量为 1 天的量，最终拟定 LNG - FSRU 总舱容以 200 000 m³ 为宜。

舱容确定后，还需考虑液货舱内的液货晃荡对液货舱及整个船舶结构的影响，需要进行以下几个方面的优化设计：

① 增加动态定位系统，以减少横浪的冲击。

② 增加液货舱系统的强度。

③ 优化液货舱的几何形状。

④ 增加相应的阻尼（如增大舭龙骨），增加横摇的固有周期。

LNG - FSRU 液货舱的长度设计一般与常规的 LNG 运输船相似；宽度在型宽确定情况下，一般与边压载舱的宽度相关。液货舱高度在 30 m 以上要视情况进行分析校核。

3.3.1.4　确定主尺度

根据舱容、吃水深度、与 LNG 运输船匹配的型深等数据可以基本确定 LNG - FSRU 的主尺度。LNG - FSRU 的主尺度包括船长、船宽、吃水深度、型深、方形系数。

1）船长 L

船长对 LNG－FSRU 的经济性影响最大。确定船长时,需要考虑以下几个方面。

（1）甲板布置需求。

LNG－FSRU 的上甲板上布置了大量处理 LNG 的上层模块和管路,因此需要足够的上部空间和甲板面积。

（2）液货舱的长度、数量和形式（单排或双排）。

LNG－FSRU 通常尺度较大,目前运营、在建和开发的主要的液货舱舱型采用 GTT 薄膜型液货舱,经济性最佳。采用这一形式的液货舱还需要考虑纵向的 2 个液货舱之间和货舱前后的隔离空舱的长度。

（3）系泊系统。

系泊方式通常根据作业海域进行选取,有单点系泊或甲板锚链系泊。若采用单点系泊,船体需往前伸长;采用锚链系泊,需要留有足够的艏部和舯部空间用于布置系泊系统。

（4）耐波性和稳性。

LNG－FSRU 作为海洋装备,必须具有良好的耐波性和抗沉性。船长主要影响纵摇和垂荡运动,增大船长可减轻纵摇,可以增强 LNG－FSRU 的耐波性;增加船长还可以显著提升抗沉性,并且还可以改善其的破舱稳性。

2）船宽 B

船宽的确定需要考虑以下几方面:

（1）甲板布置需求。

除了考虑上部模块等的布置外,还需要考虑装卸货时舷侧加注站的布置。若采用锚链系泊,需留有足够空间布置舷侧系泊系统。另外,对于薄膜式单排货舱,凸起甲板（Trunk deck）使得主甲板舷侧留有的空间较窄,需特别注意。

（2）液货舱的宽度和形式（单排或双排）。

对于薄膜型液货舱而言,双排舱较单排舱的舱内液货晃动更小。若采用双排舱,需要考虑横向的 2 个液货舱之间隔离空舱的宽度。

（3）耐波性和稳性。

增加船宽对于提高稳性具有十分显著的效果,能够使 LNG－FSRU 稳性半径迅速增加,使最大静稳性力臂值和初稳性增大,并且可以增大稳性消失角及最大静稳性力臂对应的角度,横摇周期会下降。不过横摇周期减小会使横摇变得剧烈,不利于船上人员的舒适性和正常作业工作。

设计时对船宽加以限制的方法一般是通过计算稳性的下限来确定船宽的最小值,除此之外,还需考虑重量和造价。相同排水量下,增加船长后增加的空船重量是增加船宽后的五倍左右,因此增加船宽减小船长对控制建造成本是很有利的。

3）吃水深度 T

确定吃水深度时要综合考虑稳性、浮力、耐波性及抗沉性。

吃水深度的选取需要满足浮性平衡;增大吃水深度可降低方形系数或船长和船宽,有利于减轻船体重量;增大吃水深度,使得船宽/吃水深度减小,从而稳性半径减小,初稳性减小;当型深一定时,增加吃水深度即减小了干舷,储备浮力减小,不利于稳性和抗沉性;船长与吃水深度的增加有利于 LNG - FSRU 的耐波性。

4) 型深 D

确定型深时要综合考虑总布置、总强度、装载能力、干舷、稳性及抗沉性。

增大型深有利于增大液货舱舱容,并且对船体重量的影响小;增大型深可使船体结构剖面模数迅速增大,有利于总纵强度;当船长、船宽和吃水深度确定下来之后,型深的加大可以使干舷增大,LNG - FSRU 的储备浮力也随之增大;增大型深还可增加可浸长度,提高稳性曲线消失角,改进船体抗沉性。

综上可知,应尽可能选择较大的型深。

5) 方形系数 Cb

确定方形系数时要综合考虑总布置、船体重量、浮力及载重量。

方形系数的选取需要首先满足浮性平衡;在船长和船宽确定后,方形系数越大,吃水深度越小;从总布置方面考虑,方形系数主要影响船体内部的舱室布置,较大的方形系数有利于全船舱室的布置和液货舱舱容的利用;当排水量一定时,增大方形系数,可增大载重量,减轻船体重量。

通常 LNG - FSRU 对航速要求不高,其作为海洋浮式装备,同时考虑其运动性能,应选取较大的方形系数。

通过以上分析,可以总结得出 LNG - FSRU 主尺度及船型系数(长宽比 L/B、宽深比 B/d)与船舶性能的相互影响关系见表 3 - 6。

表 3 - 6　LNG - FSRU 主尺度及船型系数与船舶性能的关系表

主尺度及船型系数	总布置要求	浮力	快速性	稳性及横摇	抗沉性	最小干舷规定	重量及造价	操纵性	强度
L	主要	主要	主要	—	重要	主要	主要	主要	主要
B	主要	主要	有关	主要	重要	—	重要	主要	重要
D	主要,重要	—	—	重要	主要	主要	有关	—	重要
T	—	主要	重要	有关	有关	有关	—	有关	有关
Cb	有关	主要	主要	有关	有关	有关	有关	有关	—
L/B	—	—	有关	—	—	—	—	—	—
B/d	—	—	有关	重要	主要	—	—	有关	—

3.3.2　基于CFD(计算流体力学)的型线设计及航速预估

3.3.2.1　船舶CFD方法

船舶航行中除了浮力和重力的作用以外,还会有阻力的影响,于是船舶必须提供一定的推力用来维持航速。在运营过程中,衡量船舶性能的重要指标就是船舶所受到阻力的大小。如何设计出阻力较小又符合船舶运营装载需求的船型,是船舶设计研究的重要课题。

随着 IT 技术的发展,船舶水动力研究也发展得很快。水动力研究通常包含多种方法：理论分析法、试验法及 CFD 软件分析法。

理论分析法是将具体的流体问题简化成为可解的数学问题,为工程分析提供理论依据与实际指导,但在解答的过程需要对问题需要进行较多简化,这样就会与实际产生偏差,进而需要误差修正或者系数补偿。

试验法分为模型试验和实船试验两类。在真实海况中进行的实船试验可以得到完整的水动力特性结果,但是费用较高,因此实船试验很少;模型试验是将船舶进行缩尺并在水池中进行试验,这是一种常用的有效方法。但由于受到船模尺度限制,水的黏度系数无法满足完全黏性相似,这就带来了两类试验的尺度效应,模型试验无法满足所有工况和船型。

而 CFD 软件分析法是将数值上难以解答的偏微分方程求得近似解,随着软件技术的发展,CFD 软件分析法被进一步完善,现在已可以解决大多数流体力学问题,成为船型方案设计的一种常用优化方法。

3.3.2.2　母型船的型线变换

新船的型线设计的一种方法是对母型船进行线型变换,通过对母型船与目标船的 CFD 分析,可以取得良好的线型设计方案。母型船与目标船的主要参数见表 3 - 7。目标

表 3 - 7　母型船与目标船的主要参数对比表　　　　　　（m）

参　　数	母型船	目标船
总　　长	289	289
垂线间长	279	279
型　　宽	45.8	45.8
型　　深	26.5	26.5
设计吃水深度	11.9	11.8
结构吃水深度	12.8	12.8
服务航速	19.8	19.5

船的液货舱舱容要求达到 170 000 m³,同时规则要求液货舱内壳与船体外板的距离要大于 2 m,因此根据这两点要求,将母型船平行中体加长 1 m,将平行中体前部进行缩短来保证垂线间长及总长不变。如图 3-6 和图 3-7 所示。

3.3.2.3　母型船航速的 CFD 评估

母型船的型线设计完成后,在水池进行模型自航试验,通过改变船模的航速,来取得实船在不同航速下的自航性能,表 3-8 列出了自航试验得到的相关数据。

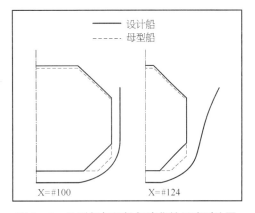

图 3 - 6　母型船与目标船液货舱尺度对比图

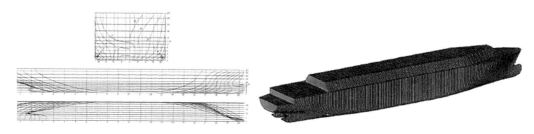

图 3-7　型线变换得到的目标船型线图

表 3-8　母型船模型试验结果

Vs/kn	Rts/kW	Pe/kW	ETAD	Pd/kW
16	1 168	9 616	0.787	12 222
18	1 465	13 562	0.785	17 279
19	1 649	16 122	0.779	20 698
20	1 865	19 191	0.778	24 655
21	2 120	22 896	0.775	29 547
22	2 439	27 605	0.771	35 800
23	2 999	35 485	0.750	47 341

注：Vs 为航速；Rts 为实船阻力；Pe 为母型船模型试验换算得到的有效功率；ETAD 为母型船模型试验得到的效率；Pd 为母型船模型试验换算得到的功率。

　　下面是使用软件进行计算得到的船模云图。从图 3-8 中可以明显看到球鼻下方存在的高压区及艏部兴波。图 3-9 为利用势流理论计算的艉部压力云图，图 3-10 为利用黏性计算的艉部压力云图，通过两图比对可看到：利用黏性计算比利用势流理论计算能更加清晰地描绘出艉部压力，结果更加准确。

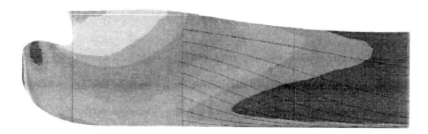

图 3-8　势流理论计算艏部压力示意图

　　图 3-11、图 3-12 是计算得到的船舶兴波图，图 3-11 为距离中纵剖面 0.1 倍船长处的兴波图，图 3-12 为距离中纵剖面 0.2 倍船长处的兴波图。通过这四幅图片的对比分析可对船模的兴波进行系统的分析，可以看到艏部部分产生了剧烈的艏部兴波，艏部兴波的

图 3 - 9　势流理论计算艉部压力示意图

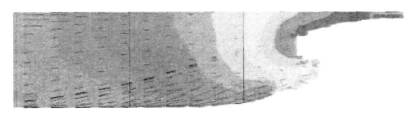

图 3 - 10　黏性计算艉部压力示意图

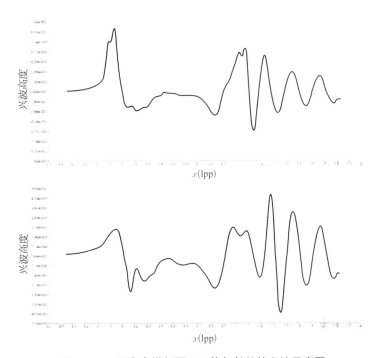

图 3 - 11　距离中纵剖面 0.1 倍船长处的兴波示意图

后方没有产生较为明显的兴波,可认为该船模有较好的艏部兴波性能,兴波阻力较小。

对船模进行多航速计算,可以得到该船模在不同航速下与其在水池试验中阻力结果的差值,这样计算的结果可对实船阻力及功率性能进行准确的估算。计算得到的母型船试验与数值计算航速功率对比结果见表 3 - 9。

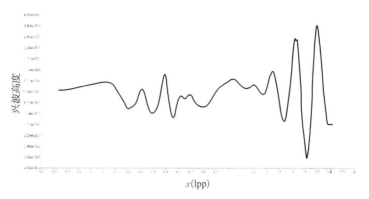

图 3－12　距离中纵剖面 0.2 倍船长处的兴波示意图

表 3－9　母型船试验与数值计算航速功率对比表

Vs(kn)	Rts(kn)	Pd(kW)	Rt2(kn)	Pd2(kW)	比(%)
16	1 168	12 222	1 037	10 846	12.69
18	1 465	17 279	1 322	15 598	10.78
19	1 649	20 698	1 491	18 707	10.64
20	1 865	24 655	1 716	22 681	8.70
21	2 120	29 547	1 980	27 609	7.02
22	2 439	35 800	2 263	33 219	7.77
23	2 999	47 341	2 912	45 969	2.98

注：Rt2——软件计算并换算后的母型船船体阻力；Pd2——软件计算并换算后的母型船有效功率；(Pd－Pd2)/Pd2——母型船水池试验与母型船计算得到结果的差值(该值在软件中没有输出，读者可以自行计算得到)。

3.3.2.4　目标船的航速评估

采用母型船的计算方法对变换后的目标船进行计算，可得到表 3－10 的结果，其中 Rt5 为目标船的阻力，Pd5 为目标船的功率，将其计算结果与母型船得到的计算误差比对可以得到目标船的功率 Pd′。

表 3－10　目标船航速与功率计算结果表

Vs(kn)	Rt5(kn)	Pd5(kW)	比(%)	Pd′(kW)
16	1 042	10 902	12.69	12 285
18	1 324	15 624	10.78	17 308
19	1 498	18 793	10.64	20 793
20	1 719	22 720	8.70	24 697
21	1 999	27 863	7.02	29 819
22	2 267	33 272	7.77	35 857
23	2 897	45 729	2.98	47 092

根据以上结果分析,将目标船的平行中体加长 1 m 后,如果采用与母型船相同的主机功率,其航速大约较母型船降低 0.1 kn。母型船设计吃水深度如为 11.90 m,航速为 19.80 kn,目标船在该状态下的航速为 19.70 kn。图 3‐13 给出了目标船与母型船 CFD 计算结果对比。

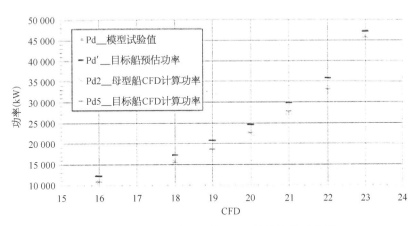

图 3‐13　目标船与母型船 CFD 计算结果对比图

目标船的设计指标为吃水深度 11.80 m、航速 19.50 kn,因此根据以上结果,目标船型线设计满足要求。

3.3.3　总体设计布置

3.3.3.1　总体布置
LNG‐FSRU 的总体布置示意如图 3‐14 所示。

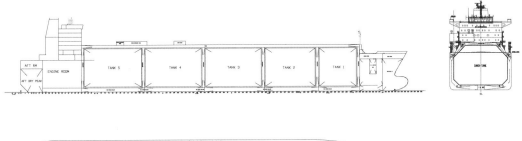

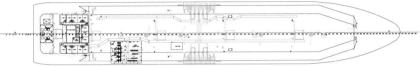

图 3‐14　LNG‐FSRU 总布置示意图

整个 LNG‐FSRU 共分为 5 个舱,从艉部到艏部依次为艉尖舱、机舱、液货舱和压载舱、艏部泵舱、艏尖舱。甲板面上从艉部到艏部依次为烟囱、上层建筑、GVU 房间、货物压缩机室、气化单元(后部)甲板室和液货装卸集管区、气化单元(艏部)。

机舱内设压载泵及气化蒸发器海水提升泵 2 台、双燃料发电机组 3 台(各 50% 容量)、氮气发生装置 1 套、双燃料锅炉 1 台、废气组合锅炉 2 台、造水机 1 台、污水处理装置 1 套、消防及舱底水总用泵各 1 台、舱底水油水分离器 1 台、发电机组燃油供油单元 1 套、机舱泵 1 套、集控室、配电间。上建顶层为 IAS(集成控制系统)控制处所。机舱采用水雾灭火系统、水消防系统、高压二氧化碳灭火系统。甲板面采用水喷淋灭火系统、干粉灭火系统、泡沫灭火系统。艏部泵舱设置压载泵及气化蒸发器海水提升泵 2 台作为备用。每个液货舱内设置气化用低压供给泵 2 台、喷淋循环泵 1 台,兼做应急卸货使用,气体穹顶及甲板透气桅各 1 个。

气化单元内设置气液分离吸入筒 6 个、高压 LNG 增压泵 6 台、气化蒸发器 6 套、乙二醇水溶液加热器及循环泵各 3 套(各 50% 容量)。其中 3 套气化蒸发器在卸货集管后部的气化单元内,3 套在卸货集管前部的气化单元内,每套 100 MMscf 的容量,5 用 1 备。

3.3.3.2 舱室划分

以薄膜型 LNG - FSRU 为列。

1)艉部区域

艉部布置有艉尖舱和机器所处的空间,系泊绞车、系泊缆绳等系泊系统布置在艉部甲板。艉部区域布置如图 3-15 所示。

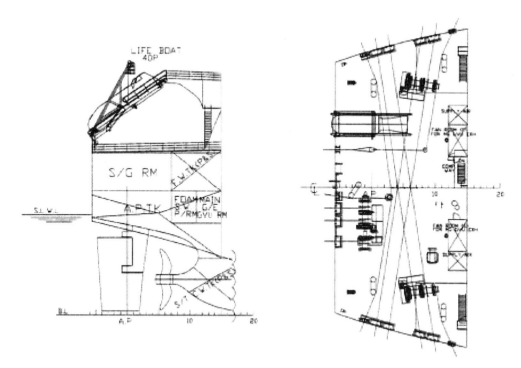

图 3-15　艉部区域布置示意图

2)机舱区域

目标船的机舱根据设备功能不同分为艏部机舱和艉部机舱。再气化模块布置在艏部区域,因此用于再气化的辅助设备布置在艏部机舱,其他设备布置在艉部机舱。

从肋位号 FR15 开始至 FR65 设置四个平台,总长 40 m 的艉部机舱内,平台高度在满足设备的要求的情况下尽可能和液货舱区的结构保持一致。

机舱区域布置如下:

(1) 内底的主要设备。

包括推进电机、推进齿轮箱、主海水冷却泵、辅海水冷却泵、舱底/消防/总用泵及燃油和滑油驳运泵等。具体布置如图 3 - 16 所示。

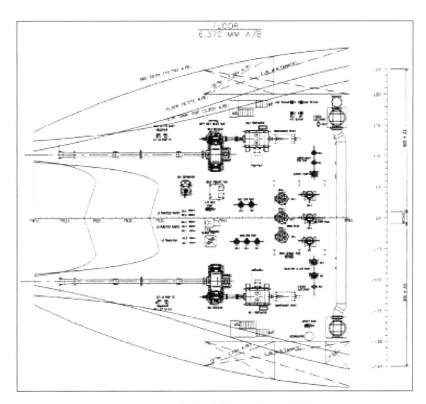

图 3 - 16　机舱区域内底布置示意图

(2) 第四平台甲板的主要设备。

在左右两个发电机室布置 5 台发电机组,左边 2 台,右边 3 台;为了设备冗余,在机舱前部左右的两个独立的房间布置变频器和推进变压器室,具体布置如图 3 - 17 所示。

(3) 第三平台甲板的主要设备。

包括燃油分油机和滑油分油机,在左右两个独立的房间布置主配电板,在机舱前部船侧布置燃油储存柜、燃油日用柜和燃油沉淀柜等,具体布置如图 3 - 18 所示。

(4) 第二平台甲板的主要设备。

包括惰气系统、氮气发生器、燃油辅锅炉、滑油储存柜和滑油沉淀柜等,具体布置如图 3 - 19 所示。

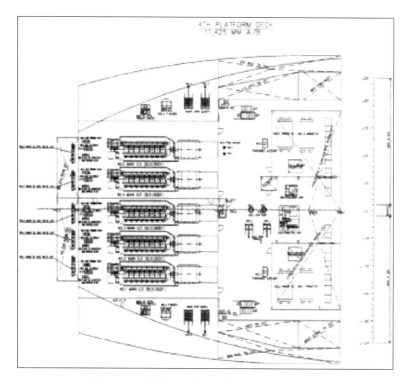

图 3‑17　机舱区域第四平台甲板布置示意图

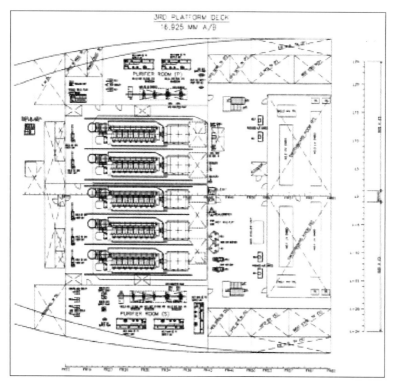

图 3‑18　机舱区域第三平台甲板布置示意图

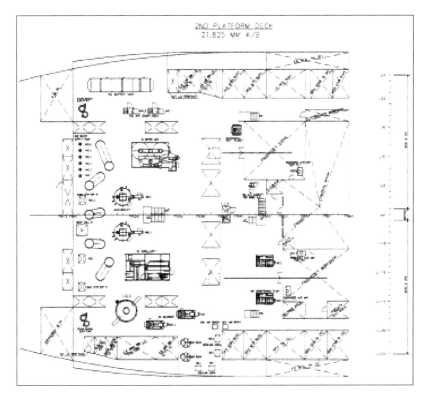

图 3-19　机舱区域第二平台甲板布置示意图

（5）主甲板和 A 甲板的主要设备。

包括气体燃烧装置、焚烧炉、废气锅炉和应急发电机等,具体布置如图 3-20 所示。

（6）艉部机舱。

从肋位号 FR125 至 FR143 为艉部机舱,主要为应急消防和再气化装置。艉部机舱的设计需根据物质平衡和设备要求来进行。艉部机舱的布置如图 3-21 所示。

3）液货舱区域

采用单排舱设计的目标船,其货舱区域布置 4 个液货舱,液货舱之间用隔离空舱分隔,于液货舱与船体外壳之间布置双壳与双底压载舱,在底部中间设置纵向管通道,液货舱区域布置如图 3-22 所示。

4）艏部区域

艏部主要用于布置再气化装置,同时还有系泊系统,艏部有艏尖舱和水手长仓库,考虑到艏部系泊系统的布置需求,将再气化模块从主甲板向上抬高 2.5 m。艏部区域布置如图 3-23 所示。

5）生活楼

生活楼需远离危险区,基于各方面考虑,将生活楼布置于机舱区上方,重力铰链式救生艇位于生活楼 A 甲板右舷,重力式救生艇则位于艉部。

综上,LNG-FSRU 目标船的各舱舱容见表 3-11,总布置如图 3-24 所示。

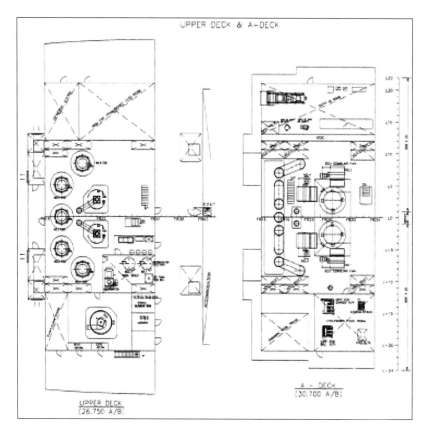

图 3‒20　机舱区域主甲板和 A 甲板布置示意图

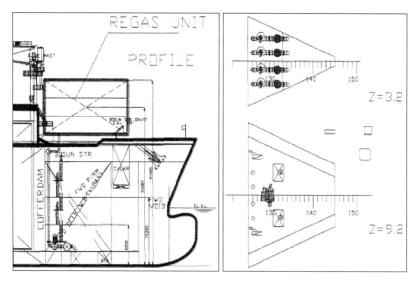

图 3‒21　艉部机舱布置示意图

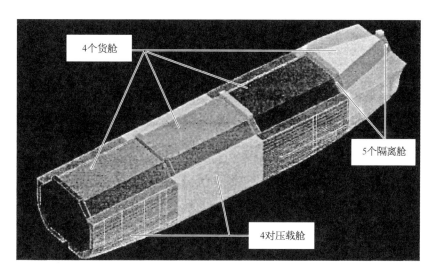

图 3 - 22　液货舱区域分舱三维示意图

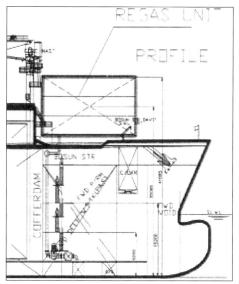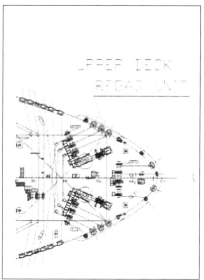

图 3 - 23　艏部区域布置示意图

表 3 - 11　各舱舱容汇总表　　　　　　　　　　　　　　　（m³）

舱　室	舱　容	舱　室	舱　容
液货舱	170 000	柴油舱	380
淡水舱	4 002	滑油舱	260
燃油舱	1 500	压载舱	65 400

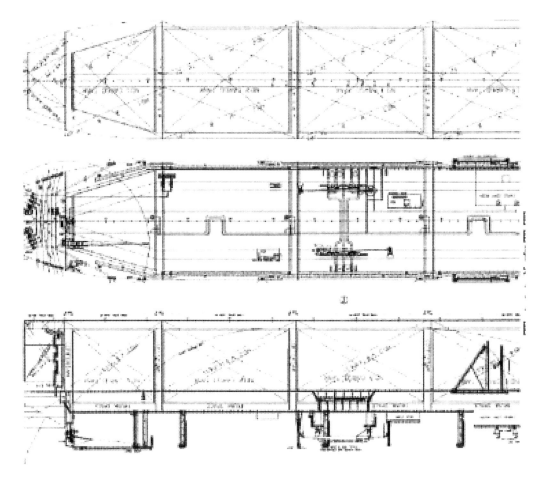

图 3‑24　总布置示意图

3.3.3.3　稳性计算

根据以上 FSRU 的分舱和总体布置,并依据 IGC CODE(国际散装运输液化气体船舶构造和设备规则)和 IS CODE 2008(2008 年国际完整稳性规则)对方案进行完整稳性和破舱稳性的校核。

1)完整稳性校核

对于处于正常状态的船舶要计算船体在受到外力作用下倾斜一定角度后的稳性,研究其复原力矩是否具有阻止船舶继续倾斜继而倾覆的能力,即复原力矩是否大于倾斜力矩。由于常规船舶长宽之比较大,通常只对复原力矩与横倾角间的关系进行研究。

(1)基于 2008 年国际完整稳性规则的稳性衡准。

船舶在其所有航行状态下和装卸货期间的稳性应满足国际完整稳性规则稳性衡准的要求,压载水操作期间的稳性也应满足稳性衡准的要求。目前适用于无限航区的船舶其完整稳性均采用《2008 年国际完整稳性规则》，目标船进行稳性校核时也将采用上述规则中关于稳性衡准的要求。完整稳性规则具体如下：

横倾角等于或大于 30°处的复原力臂最大值要大于 0.2 m，即 $GZ_{max}>0.2$ m；

最大复原力臂所对应的横倾角要大于 25°；

经自由页面修正后的初稳性高要大于 0.15 m；

横倾角至 30°时其动稳性力臂不小于 0.055 m·rad，即面积 $A>0.055$ m·rad；

横倾角至 40 d 或进水角＜40 水时的动稳性力臂不小于 0.09 m·rad，即面积（$A+B$）＞0.09 m·rad；

横倾角为 30°与 40°时的动稳性力臂的差值或 30 稳横倾角与进水角的动稳性力臂差值不小于 0.03 m·rad，即面积 $B>0.03$ m·rad。

稳性规则除了上述内容外，还定义了气象衡准方面的内容，即船舶在风浪的联合作用下，船舶的稳性需要满足一定的要求。

（2）强风和横摇衡准（气候衡准）。

在突风和横摇的联合作用下，为保证船舶安全，要求突风力矩所作的功≤回复力矩所作的功，即 $b/a\geqslant1$。

恒定风引起的船舶横倾角 φ_0 不应超过 16 超或甲板浸没角的 80%。

这样 a 区域面积应等于或小于 b 区域面积，如图 3-25 所示。

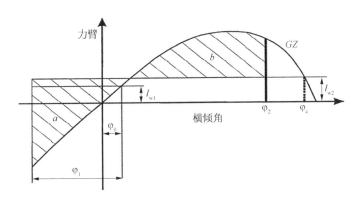

图 3-25　强风和横摇图

φ_0——稳定风作用下的横倾角；φ_1——在波浪作用下迎风横摇角；φ_2——50°或下向进水角 φ_f 取其小者；φ_f——船体不能关闭风雨门窗时，甲板室上的开口浸水时或上层建筑的横倾角；φ_c——风压横倾力臂 l_{w2} 和 GZ 曲线间的第二截点角。

（3）典型工况。

通过对《2008 年国际完整稳性规则》和《2009 年 MODU 规则》的研究，发现目标船按照《2008 年国际完整稳性规则》计算的完整稳性要比按照《2009 年 MODU 规则》计算的完整稳性结果要危险，下面主要按照《2008 年国际完整稳性规则》对 3 个典型工况开展完整稳性分析。

① 压载拖航工况。

输入条件如图 3 - 26 所示。

```
LOAD CONDITION LD_BALLAST_TOWING
----------------------------------------------------------------------------
NAME        LOAD         MASS      FILL       XM          YM         ZM       FRSM
                          t          %         m           m          m        tm
CONTENTS=Ballast Water (RHO=1.025)
BW1P        BW          1220.1    100.0    222.266      8.274      1.294       0.0
BW1S        BW          1220.1    100.0    232.266     -8.274      1.294       0.0
BW2P        BW          2457.9    100.0    195.619     11.467      1.245       0.0
BW2S        BW          2457.9    100.0    195.619    -11.467      1.245       0.0
BW3P        BW          2527.2    100.0    152.800     11.771      1.239       0.0
BW3S        BW          2527.2    100.0    152.800    -11.771      1.239       0.0
FPT         BW          2631.4    100.0    257.308      0.000      6.253    11268.8
----------------------------------------------------------------------------
SUBTOTAL    BW         15241.9             195.418      0.000      2.116    11268.8

CONTENTS=Fresh Water (RHO=1)
FWP         FW           304.1    100.0      8.161     10.800     21.288      400.0
FWS         FW           248.3    100.0      7.837    -11.427     21.297        0.0
----------------------------------------------------------------------------
SUBTOTAL    FW           552.5               8.015      0.809     21.292      400.0

CONTENTS=Heavy Fuel Oil (RHO=0.991)
FO1P        HFO          500.0     45.2     40.584     14.959     14.661     1427.6
FO1S        HFO          500.0     50.7     40.860    -15.389     14.786        0.0
----------------------------------------------------------------------------
SUBTOTAL    HFO         1000.0              40.722     -0.215     14.724     1427.6

CONTENTS=  (RHO=1)
PROVISION   X              5.0      0.0     36.000      0.000     26.000        0.0

CONTENTS=  (RHO=1)
C&E         Z              5.0      0.0     36.000      0.000     26.000        0.0
SPARE       Z             50.0      0.0     32.000      0.000     14.500        0.0
----------------------------------------------------------------------------
SUBTOTAL    Z             55.0              32.364      0.000     15.545        0.0
----------------------------------------------------------------------------
TOTAL                  16854.4             182.230      0.014      3.544    13096.5

Lightweight            33560.0             118.000      0.000     14.250
Deadweight             16854.4             182.230      0.014      3.544
Total weight           50414.4             139.473      0.008     10.671

LOADING CONDITION LD_BALLAST_TOWING, BALLAST TOWING

F L O A T I N G   P O S I T I O N
--------------------------------------

Draught moulded     8.274   m      KM        36.80 m
Trim               -1.955   m      KG        10.67 m
Heel, PS=+           0.0   deg
TA                  6.251   m      GM0       26.13 m
TF                  4.297   m      GMCORR    -0.26 m
Trimming moment  -301977  tonm     GM        25.87 m
Propeller Immersion                  %
```

图 3 - 26 压载拖航工况输入条件

校核结果如图 3 - 27 所示。

② 满载工况。

输入条件如图 3 - 28 所示。

校核结果如图 3 - 29 所示。

```
S T A B I L I T Y   C U R V E
------------------------------


     DISP   RHO    KMT    GM0    XCG   YCG    ZCG
 50414.4  1.025  36.80  26.13 139.47 0.00  10.67


ANGLE       -70.0  -60.0  -50.0  -40.0  -30.0  -20.0  -10.0    0.0   10.0
KN        -17.119-17.647-17.173-16.070-14.291-11.444 -6.404 -0.005  6.395
KG*SINFI  -10.027 -9.241 -8.174 -6.859 -5.335 -3.650 -1.853  0.000  1.853
DGZ        -0.239 -0.221 -0.195 -0.164 -0.127 -0.087 -0.044  0.000  0.044
GZ         -6.853 -8.186 -8.804 -9.047 -8.829 -7.707 -4.507 -0.005  4.498
EFI         8.902  7.580  6.090  4.527  2.960  1.496  0.394  0.000  0.392
ANGLE       20.0   20.0   40.0   50.0   60.0   70.0
KN         11.435 14.283 16.063 17.167 17.643 17.116
KG*SINFI    3.650  5.335  6.859  8.174  9.241 10.027
DGZ         0.087  0.127  0.164  0.195  0.221  0.239
GZ          7.698  8.821  9.040  8.798  8.181  6.850
EFI         1.494  2.958  4.524  6.085  7.575  8.895
```

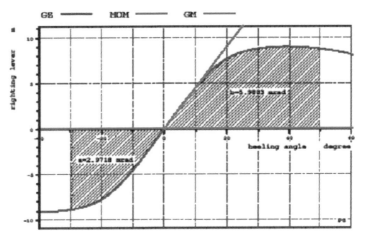

```
----------------------------------------------------------------------
RCR             TEXT                      REQ     ATTV UNIT  STAT
----------------------------------------------------------------------
V.AREA30        0-30 deg Area            0.055    2.958 mrad  OK
V.AREA40        0-40(FA) deg Area        0.090    4.524 mrad  OK
V.AREA3040      30-40(FA) deg Area       0.030    1.566 mrad  OK
V.GZ0.2         Min. GZ > 0.2            0.200    9.040 m     OK
V.MAXGZ25       Max. GZ at >25 deg.     25.000   39.154 deg   OK
V.GM0.15        GM > 0.15 m              0.150   25.874 m     OK
V.IMOWEATHERIMO weather criterion        1.000    2.015       OK
HEEL-ANGLE      Heel angle due to st.   16.000    0.168 deg   OK
VISIBILITY      Forward view           500.000  120.009 m     OK
----------------------------------------------------------------------


CRITICAL OPENINGS
```

图 3‑27　压载拖航校核结果

```
LOAD CONDITION LD_LNG_FULL
-------------------------------------------------------------------------------
NAME        LOAD        MASS        FILL        XM          YM          ZM        FRSM
                        t           %           m           m           m         tm
CONTENTS=Ballast Water (RHO=1.025)
FPT         BW          0.0         0.0         257.208     0.000       6.253     11268.8

CONTENTS=Liquid cargo (RHO=0.45)
CT1         CAL         14250.6     98.0        233.187     0.000       14.153    0.0
CT2         CAL         21466.4     98.0        195.961     0.000       13.996    0.0
CT3         CAL         21513.9     98.0        152.800     0.000       13.990    0.0
CT4         CAL         21513.9     98.0        109.600     0.000       13.989    0.0
CT5         CAL         20529.1     98.0        66.920      0.000       14.372    0.0
-------------------------------------------------------------------------------
SUBTOTAL    CAL         99274.0                 146.551     0.000       14.094    0.0

CONTENTS=Fresh Water (RHO=1)
FWP         FW          304.1       100.0       8.161       10.800      21.288    400.0
FWS         FW          248.3       100.0       7.837       -11.427     21.297    0.0
-------------------------------------------------------------------------------
SUBTOTAL    FW          552.5                   8.015       0.809       21.292    400.0

CONTENTS=Heavy Fuel Oil (RHO=0.991)
FO1P        HFO         500.0       45.2        40.584      14.959      14.661    1427.6
FO1S        HFO         500.0       50.7        40.860      -15.389     14.786    0.0
-------------------------------------------------------------------------------
SUBTOTAL    HFO         1000.0                  40.722      -0.215      14.724    1427.6

CONTENTS= (RHO=1)
PROVISION   X           5.0         0.0         36.000      0.000       26.000    0.0

CONTENTS= (RHO=1)
C&E         Z           5.0         0.0         36.000      0.000       26.000    0.0
SPARE       Z           50.0        0.0         22.000      0.000       14.500    0.0
-------------------------------------------------------------------------------
SUBTOTAL    Z           55.0                    32.364      0.000       15.545    0.0
-------------------------------------------------------------------------------
TOTAL                   100886.5                144.676     0.002       14.141    13096.5

Lightweight             33560.0                 118.000     0.000       14.250
Deadweight              100886.5                144.675     0.002       14.141
Total weight            134446.5                138.017     0.002       14.168

LOADING CONDITION LD_LNG_FULL, FULL LNG LOADING AT PORT

F L O A T I N G   P O S I T I O N
----------------------------------------

Draught moulded  12.938  m        KM      21.58 m
Trim             -2.143  m        KG      14.17 m
Heel, PS=+         0.0   deg
TA               14.510  m        GM0      7.42 m
TF               11.367  m        GMCORR  -0.10 m
Trimming moment  -676971 tonm     GM       7.32 m
Propeller Immersion              %
```

图 3-28 满载工况输入条件

STABILITY CURVE

```
     DISP    RHO    KMT     GM0     XCG    YCG    ZCG
   134447   1.025  21.58    7.42  136.02  0.00  14.17

ANGLE          -70.0   -60.0   -50.0   -40.0   -30.0   -20.0   -10.0    0.0    10.0
KN            -15.840 -16.100 -15.658 -14.306 -11.562  -7.624  -3.779 -0.002   3.775
KG*SINFI      -13.313 -12.270 -10.853  -9.107  -7.084  -4.846  -2.460  0.000   2.460
DGZ            -0.090  -0.083  -0.073  -0.061  -0.048  -0.032  -0.017  0.000   0.017
GZ             -2.427  -3.747  -4.731  -5.138  -4.430  -2.745  -1.302 -0.002   1.299
EFI             4.107   2.564   2.818   1.945   1.091   0.462   0.114  0.000   0.112
ANGLE           20.0    20.0    40.0    50.0    60.0    70.0
KN              7.620  11.559  14.303  15.655  16.098  15.839
KG*SINFI        4.846   7.084   9.107  10.853  12.270  13.313
DGZ             0.033   0.048   0.061   0.073   0.083   0.090
GZ              2.742   4.427   5.135   4.729   3.746   2.436
EFI             0.460   1.090   1.943   2.815   3.561   4.103
```

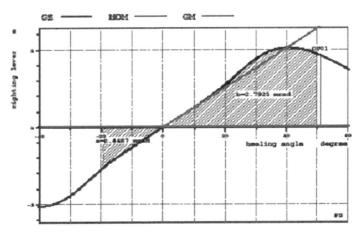

```
-------------------------------------------------------------------
RCR           TEXT                    REQ      ATTV  UNIT   STAT
-------------------------------------------------------------------
V.AREA20      0-30 deg Area           0.055    1.090 mrad   OK
V.AREA40      0-40(FA) deg Area       0.090    1.943 mrad   OK
V.AREA3040    30-40(FA) deg Area      0.030    0.853 mrad   OK
V.GZ0.2       Min. GZ > 0.2           0.200    5.135 m      OK
V.MAXGZ25     Max. GZ at >25 deg.    25.000   40.627 deg    OK
V.GM0.15      GM > 0.15 m             0.150    7.318 m      OK
V.IMOWEATHERIMO weather criterion     1.000    6.224        OK
HEEL-ANGLE    Heel angle due to st.  16.000    0.148 deg    OK
VISIBILITY    Forward view          500.000   83.228 m      OK
-------------------------------------------------------------------
```

图 3－29　满载工况校核结果

③ 空载工况。

输入条件如图 3－30 所示。

校核结果如图 3－31 所示。

综上可以得出基本结论：LNG－FSRU 总体方案完整稳性满足国际规范规则要求。

2）破舱稳性校核

（1）船舶残存能力及液货舱位置。

船体在受外力作用而遭受假定破损的标准浸水情况下，船舶应能残存。于舷内距船

```
LOAD CONDITION LD_LNG_EPTY
------------------------------------------------------------------------
NAME         LOAD       MASS     FILL        XM          YM         ZM        FRSM
                        t        %           m           m          m         tm
CONTENTS=Ballast Water (RHO=1.025)
BW1P         BW         1320.1   100.0       232.266     8.374      1.294     0.0
BW1S         BW         1320.1   100.0       232.266     -8.374     1.294     0.0
BW2P         BW         2457.9   100.0       195.619     11.467     1.245     0.0
BW2S         BW         2457.9   100.0       195.619     -11.467    1.245     0.0
FPT          BW         0.0      0.0         257.308     0.000      6.253     11268.8
------------------------------------------------------------------------
SUBTOTAL     BW         7556.0               208.424     0.000      1.262     11268.8

CONTENTS=Liquid cargo (RHO=0.45)
CT1          CAL        1454.1   10.0        232.843     0.000      3.745     0.0
CT2          CAL        2190.4   10.0        195.882     0.000      3.635     0.0
CT3          CAL        2195.3   10.0        152.800     0.000      3.628     0.0
CT4          CAL        2195.3   10.0        109.600     0.000      3.628     0.0
CT5          CAL        2094.8   10.0        68.329      0.000      3.857     0.0
------------------------------------------------------------------------
SUBTOTAL     CAL        10130.0              146.776     0.000      3.694     0.0

CONTENTS=Fresh Water (RHO=1)
FWP          FW         30.4     10.0        8.170       10.568     18.792    400.0
FWS          FW         24.8     10.0        7.827       -11.185    18.795    0.0
------------------------------------------------------------------------
SUBTOTAL     FW         55.2                 8.016       0.790      18.793    400.0

CONTENTS=Heavy Fuel Oil (RHO=0.991)
FO1P         HFO        50.0     4.5         40.693      14.762     11.450    1427.6
FO1S         HFO        50.0     5.1         40.693      -14.762    11.450    0.0
------------------------------------------------------------------------
SUBTOTAL     HFO        100.0                40.693      0.000      11.450    1427.6

CONTENTS= (RHO=1)
PROVISION X             5.0      0.0         36.000      0.000      26.000    0.0

CONTENTS= (RHO=1)
C&E          Z          5.0      0.0         36.000      0.000      26.000    0.0
SPARE        Z          50.0     0.0         32.000      0.000      14.500    0.0
------------------------------------------------------------------------
SUBTOTAL     Z          55.0                 32.364      0.000      15.545    0.0
------------------------------------------------------------------------
TOTAL                   17901.2              171.394     0.002      2.800     13096.5

Lightweight             33560.0              118.000     0.000      14.250
Deadweight              17901.2              171.394     0.002      2.800
Total weight            51461.2              136.574     0.001      10.267

LOADING CONDITION LD_LNG_EPTY, EMPTY LNG LOADING AT PORT
```

图 3-30 空载工况输入条件

舱外板远于规定的最小距离应布置液货舱,破损的假定及液货舱与船舶外板间的距离都受所载运货物的危险程度影响。本船应按 2G 型船舶(2G 型船舶是用来载运要求采取相当严格防漏保护措施的货品的液化气船,如几乎所有的烃类)标准进行设计校核,破舱标准应与要求最严格的船型相一致,但液货舱位置应按载运货物所要求的船型拟定。

(2) 装载状态。

提交给主管机关的装载资料应考虑所有吃水深度和纵倾的变化及预计的装载状态,

```
FLOATING  POSITION
-----------------------------------

Draught moulded    5.418   m      KM       36.32 m
Trim              -2.942   m      KG       10.27 m
Heel, PS=+           0.0   deg
TA                 6.889   m      GMO      26.06 m
TF                 3.947   m      GMCORR   -0.25 m
Trimming moment  -456770   tonm   GM       25.80 m
Propeller Immersion                   *

STABILITY  CURVE
-----------------------------------

   DISP     RHO    KMT    GMO    XCG    YCG    ZCG
51461.2    1.025  36.32  26.06 136.57 0.00  10.27

ANGLE        -70.0   -60.0   -50.0   -40.0   -30.0   -20.0   -10.0    0.0    10.0
KN        -17.152 -17.683 -17.209 -16.053 -14.236 -11.354  -6.321  0.000   6.319
KG*SINFI   -9.648  -8.891  -7.865  -6.599  -5.133  -3.512  -1.783  0.000   1.783
DGZ        -0.234  -0.216  -0.191  -0.160  -0.125  -0.085  -0.043  0.000   0.043
GZ         -7.270  -8.575  -9.152  -9.293  -8.978  -7.757  -4.495  0.000   4.493
EFI         9.142   7.750   6.194   4.580   2.978   1.496   0.393  0.000   0.392
ANGLE       20.0    30.0    40.0    50.0    60.0    70.0
KN        11.353  14.235  16.052  17.207  17.682  17.152
KG*SINFI   3.512   5.133   6.599   7.865   8.891   9.648
DGZ        0.085   0.125   0.160   0.191   0.216   0.234
GZ         7.756   8.977   9.292   9.151   8.575   7.270
EFI        1.497   2.979   4.581   6.195   7.751   9.142
```

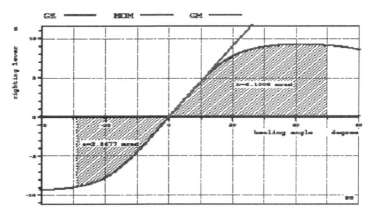

```
RCR            TEXT                        REQ    ATTU  UNIT  STAT

V.AREA30       0-30 deg Area               0.055  2.979 mrad  OK
V.AREA40       0-40(FA) deg Area           0.090  4.581 mrad  OK
V.AREA3040     20-40(FA) deg Area          0.030  1.602 mrad  OK
V.GZ0.2        Min. GZ > 0.2               0.200  9.296 m     OK
V.MAXGZ25      Max. GZ at >25 deg.        25.000 41.380 deg   OK
V.GM0.15       GM > 0.15 m                 0.150 25.801 m     OK
V.IMOWEATHERIMO weather criterion          1.000  2.127       OK
HEEL-ANGLE     Heel angle due to st.      16.000  0.155 deg   OK
```

图 3 - 31　空载工况校核结果

不必考虑处在压载状态的船舶残存要求。

（3）破损假定。

① 最大破损范围的假定。

a. 舷侧破损：纵向范围取值为 14.5 m 或 $L^{2/3}/3$（取其小者）；横向范围取值为 11.5 m 或 B/5（取其小者）；垂向范围自船底外板型线中心线量起向上无限制。

b. 船底破损：范围为其他部位距船舶首垂线 0.3L 范围；纵向范围为 14.5 m 或 $L^{2/3}/3$（取其小者），或为 5 m 或 $L^{2/3}/3$（取其小者）；横向范围为 10 m 或 B/6（取其小者）或为 5 m 或 B/6（取其小者）；垂向范围为 2 m 或 B/15（取其小者）。

② 其他破损。若任何破损范围虽小于最大破损范围所规定的最大值，但却将导致更严重状态时，应考虑此类破损；假定横舱壁破损，按照要求，在液货舱区内横舱壁上与外板的垂直长度达 760 mm，任何部位的局部舷侧破损延伸到舷内时，应考虑此类破损。

③ 液货舱位置。液货舱应设在舷内下列位置：其任何部位距外板都应不小于 760 mm，2G/2PG 型（2PG 型船舶是指船长为 150 m 以下载运要求采取相当严格防漏保护措施的货品的液化气船）和 3G 型（3G 型船舶是用于载运要求采取中等防漏保护措施的货品的液化气船，如氮、制冷的气体等）船舶在中心线上距船底外板型线应不小于最大破损范围假定中船底破损规定的垂向破损范围。如图 3-32 所示。

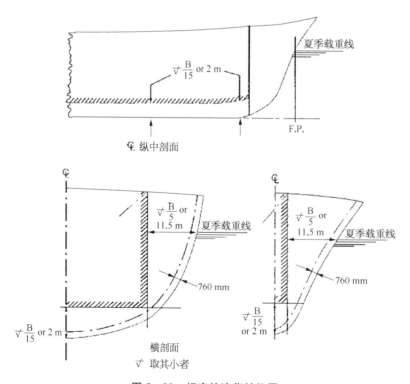

图 3-32　规定的液货舱位置

当采用薄膜型或半薄膜型液货舱时,舷侧破损的横向破损范围应量至纵舱壁;其他种类液货舱应量至液货舱侧壁;对于内部绝热液货舱,其破损范围应量至液货舱支承板。

④ 浸水假定。计算时应考虑船舶的设计特征及所有装载状态下的吃水深度和纵倾。

假定破损处所的渗透率见表 3 - 12。

表 3 - 12　破损处所的渗透率　　　　　　　　　　　　　　　　　（%）

处　　所	渗透率
物料储存处所	0.60
起居处所	0.95
机器处所	0.85
留空处所	0.95
拟用于装消耗液体区域	0～0.95
拟用于装其他液体区域	0～0.95

当破损穿透装有液体的液货舱,应假设该舱内液体完全流失并由海水替代直至最终的平衡液面,舱内有效的布置能使不对称浸水减至最低程度。管路、导管、围蔽通道或隧道位于假定破损穿透的范围内,它们的布置应能在每一破损情况下使连续浸水不会扩展到其他舱室(除被假定浸水舱室外)。

不予考虑直接位于舷侧破损范围上方的任何上层建筑的浮力。可予以考虑上层建筑未浸水部分浮力的条件是:破损处必须用水密隔壁与其隔开,且满足规范要求;这些隔壁上的开口,应用能遥控关闭滑动水密门,且满足规范要求,对于能水密关闭的其他开口可允许被浸没。

⑤ 破损标准。对应船长大于 150 m 的 2G 型船舶,在其船长范围内的任何部位应假定均能经受破损。

⑥ 残存要求。在浸水任何阶段:计及下沉、横倾和纵倾的水线应位于可能产生连续进水或向下进水的任何开口下缘;不对称浸水情况下的最大横倾角应不超过 30°;浸水中间阶段的剩余复原力臂应得到 CCS 的批准,不应小于规范值太多。

在浸水后的最终平衡阶段:复原力臂曲线在平衡位置最小应有 20°的范围,在 20°范围内最大剩余复原力臂至少应有 0.1 m,该曲线下的面积应不小于 0.017 5 m • rad,如图 3 - 33 所示。在此范围内规范中所列的任何开口及能以风雨密关闭的其他开口可以允许浸没;应急电

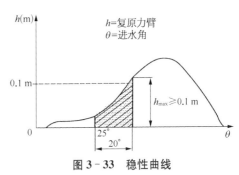

图 3 - 33　稳性曲线

源应能操作。

　3）工况数据

　3 种工况的相关数据如图 3-34～图 3-37 所示。

　（1）破损工况（图 3-34～图 3-35）。

ID	DES	WT	FR #	X m	Y m	Z m
OP02	DN-FLD POINT	UNPROTECTED	30.00	24.000	-14.400	29.000
P09	A.P._BW4P	WEATHERTIGHT	92.00	88.000	24.000	26.760
P06	A.P._BW3P	WEATHERTIGHT	164.00	174.400	24.000	26.760
P04	A.P._BW2P	WEATHERTIGHT	200.00	217.600	23.000	26.760
OP01	DN-FLD POINT	UNPROTECTED	30.00	24.000	14.400	29.000
P07	A.P._BW3P	WEATHERTIGHT	128.00	131.200	24.000	26.760
P05	A.P._BW2P	WEATHERTIGHT	164.00	174.400	24.000	26.760
P11	A.P._BW5P	WEATHERTIGHT	56.00	44.800	24.000	26.760
P02	A.P._BW1P	WEATHERTIGHT	228.00	251.200	16.000	26.760
P10	A.P._BW5P	WEATHERTIGHT	92.00	88.000	24.000	26.760
P08	A.P._BW4P	WEATHERTIGHT	128.00	131.200	24.000	26.760
P03	A.P._BW1P	WEATHERTIGHT	200.00	217.600	23.000	26.760

图 3-34　破损工况部分输入数据

7 RESULT OF DAMAGE STABILITY CALCULATION

ABBREVIATIONS USED IN THE OUTPUT LISTS

T0	initial draught	m
TR0	initial trim	m
HEEL0	init. heeling angle	degree
DSP0	intact displacement	t
XCD0	x-center of intact disp.	m
ZCD0	z-center of intact disp.	m
YCD0	y-center of intact disp.	m
KMT	transv. metac. height	m
GM0	uncorrected GM	m
CASE	initial cond/damage case	
SIDE	side of ship SB/PS	
T	draught, moulded	m
TA	draught at A.P. moulded	m
TF	draught at F.P. moulded	m
TR	trim	m
PROGR	weather tight opening distance to waterline	m
HEEL	heeling angle	degree
RANGEF	range of righting lever	degree
MAXGZ	maximum of GZ-curve	m
MINAREA	the area under the curve	rad*m
GM	initial metacentric height	m
STAT	status of stability crit.	

图 3-35　破损工况校核结果

（2）满载工况（图 3 - 36）。

```
LD_LNG_FULL

INITIAL CONDITION

------------------------------------------------------------------------
INIT                TO    TRO   HEELO   DSPO     XCDO     ZCDO    YCDO    KMT     GMO
                    m     m degree      t        m        m       m       m       m
------------------------------------------------------------------------
LD_LNG_FULL 12.939 -2.140    0.011 124446.5 137.960   14.168   0.001  21.584   7.416

RESULTS

------------------------------------------------------------------------
CASE                 SIDE  PHASE        T       TA      TF      TR    PROGR    HEEL   RANGEF
                                        m       m       m       m       m    degree  degree
------------------------------------------------------------------------
LD_LNG_FULL/SD01      PS    EQ      13.180  13.891  12.469  -1.421  13.050   0.14    49.86
LD_LNG_FULL/SD0102    PS    EQ      13.225  13.771  12.679  -1.092  12.314   2.01    47.99
LD_LNG_FULL/SD02      PS    EQ      12.819  14.716  10.922  -2.794  11.869   1.92    48.08
LD_LNG_FULL/SD03      PS    EQ      12.962  14.427  11.497  -2.931  11.188   3.78    46.22
LD_LNG_FULL/SD04      PS    EQ      13.068  14.540  11.596  -2.943  11.029   3.89    46.11
LD_LNG_FULL/SD05      PS    EQ      13.178  14.911  11.445  -2.466  10.805   3.76    45.89
LD_LNG_FULL/SD06      PS    EQ      13.150  15.095  11.204  -3.891  11.866   2.55    46.93
LD_LNG_FULL/SD07      PS    EQ      14.131  19.062   9.200  -9.861   9.348   0.04    49.96
LD_LNG_FULL/BD01      PS    EQ      13.148  13.978  12.317  -1.661  13.011   0.13    49.87
LD_LNG_FULL/BD0102    PS    EQ      13.355  13.575  13.136  -0.438  13.215   0.11    49.89
LD_LNG_FULL/BD02      PS    EQ      13.148  14.127  12.160  -1.977  12.914   0.11    49.89
LD_LNG_FULL/BD03      PS    EQ      13.335  14.221  12.449  -1.772  12.803   0.09    49.91
LD_LNG_FULL/BD04      PS    EQ      13.351  14.711  11.991  -2.720  12.479   0.07    49.92
LD_LNG_FULL/BD05      PS    EQ      13.346  15.184  11.507  -2.677  12.172   0.06    49.25
LD_LNG_FULL/BD06      PS    EQ      13.225  15.304  11.146  -4.158  12.813   0.06    48.82
------------------------------------------------------------------------
REQ VALUE                                                            0.00   20.00    20.00

------------------------------------------------------------------------
CASE                 MAXGZ  MINAREA   GM OPEN   STAT
                      m     rad*m       m
------------------------------------------------------------------------
LD_LNG_FULL/SD01     4.925  1.5750    0.755 P11   OK
LD_LNG_FULL/SD0102   4.342  1.2877    4.147 P11   OK
LD_LNG_FULL/SD02     4.388  1.4008    4.060 P11   OK
LD_LNG_FULL/SD03     3.801  1.1900    4.968 P11   OK
LD_LNG_FULL/SD04     3.805  1.1889    5.035 P11   OK
LD_LNG_FULL/SD05     3.816  1.1931    5.038 P11   OK
LD_LNG_FULL/SD06     3.969  1.2531    4.150 P09   OK
LD_LNG_FULL/SD07     4.417  1.4311    2.271 P11   OK
LD_LNG_FULL/BD01     4.982  1.5883    0.828 P11   OK
LD_LNG_FULL/BD0102   5.092  1.6251    0.944 P11   OK
LD_LNG_FULL/BD02     5.033  1.6082    0.946 P11   OK
LD_LNG_FULL/BD03     5.054  1.6243    1.125 P11   OK
LD_LNG_FULL/BD04     5.064  1.6302    1.300 P11   OK
LD_LNG_FULL/BD05     5.085  1.6399    1.504 P11   OK
LD_LNG_FULL/BD06     5.116  1.6421    1.482 P09   OK
------------------------------------------------------------------------
REQ VALUE            0.100  0.0175
```

图 3 - 36　满载工况结果

（3）空载工况（图 3 - 37）。

综上可以得出基本结论：LNG - FSRU 总体方案破舱稳性满足相关国际规范规则要求。

3.3.3.4　耐波性分析

耐波性分析是 LNG - FSRU 设计过程中的一个重要内容，需要考虑设备的可操作性和船员的居住舒适性。

图 3 - 38 是 LNG - FSRU 耐波性特点的分析结果。

```
LD_LNG_EPTY

INITIAL CONDITION

--------------------------------------------------------------------------------
INIT          TO      TRO   HEELO   DSPO     XCDO     ZCDO    YCDO      KMT     GMO
              m       m    degree    t        m        m       m        m       m
--------------------------------------------------------------------------------
LD_LNG_EPTY  5.418  -2.942   0.00  51461.2 136.442  10.268   0.001   36.323  26.056

RESULTS

--------------------------------------------------------------------------------
CASE                     SIDE   PHASE      T       TA      TF       TR    PROGR      HEEL   RANGEF
                                           m       m       m        m        m     degree   degree
--------------------------------------------------------------------------------
LD_LNG_EPTY/SD01          PS     EQ      5.467   6.691   4.242   -2.449   20.482    0.00    50.00
LD_LNG_EPTY/SD0102        SB     EQ      5.601   6.254   4.948   -1.306   20.746   -0.06    49.95
LD_LNG_EPTY/SD02          SB     EQ      5.501   6.662   4.341   -2.322   20.510   -0.04    49.96
LD_LNG_EPTY/SD03          SB     EQ      5.687   6.625   4.748   -1.877   20.517   -0.15    49.85
LD_LNG_EPTY/SD04          PS     EQ      6.062   7.222   4.792   -2.542   18.242    2.72    46.28
LD_LNG_EPTY/SD05          PS     EQ      6.220   8.743   3.897   -4.846   17.343    3.45    46.55
LD_LNG_EPTY/SD06          PS     EQ      6.519  10.314   2.725   -7.589   18.245    1.70    48.20
LD_LNG_EPTY/SD07          PS     EQ      5.818   8.449   3.187   -5.263   19.158    0.00    50.00
LD_LNG_EPTY/BD01          PS     EQ      5.467   6.691   4.242   -2.449   20.482    0.00    50.00
LD_LNG_EPTY/BD0102        PS     EQ      5.459   6.717   4.200   -2.518   20.467    0.00    50.00
LD_LNG_EPTY/BD02          PS     EQ      5.412   6.936   2.889   -2.045   20.228    0.00    50.00
LD_LNG_EPTY/BD03          PS     EQ      5.404   6.931   3.877   -3.054   20.344    0.00    50.00
LD_LNG_EPTY/BD04          PS     EQ      5.872   7.216   4.527   -2.689   19.997    0.00    50.00
LD_LNG_EPTY/BD05          PS     EQ      5.919   7.920   3.918   -4.003   19.515    0.00    50.00
LD_LNG_EPTY/BD06          PS     EQ      5.805   8.094   2.517   -4.578   20.167    0.00    50.00
--------------------------------------------------------------------------------
REQ VALUE                                                                          0.00    30.00    20.00


--------------------------------------------------------------------------------
CASE                     MAXGZ   MINAREA    GM OPEN    STAT
                           m      rad*m        m
--------------------------------------------------------------------------------
LD_LNG_EPTY/SD01          6.345   2.1521   11.642 P11    OK
LD_LNG_EPTY/SD0102        5.758   1.9498    9.865 P11    OK
LD_LNG_EPTY/SD02          5.725   1.9296   10.035 P11    OK
LD_LNG_EPTY/SD03          4.843   1.6197    7.951 P11    OK
LD_LNG_EPTY/SD04          6.234   1.9834    8.600 P11    OK
LD_LNG_EPTY/SD05          6.248   1.9829    8.976 P11    OK
LD_LNG_EPTY/SD06          6.223   2.0138    9.368 P09    OK
LD_LNG_EPTY/SD07          6.411   2.1526   11.722 P11    OK
LD_LNG_EPTY/BD01          6.345   2.1521   11.642 P11    OK
LD_LNG_EPTY/BD0102        5.723   1.9622   11.630 P11    OK
LD_LNG_EPTY/BD02          5.702   1.9510   11.699 P11    OK
LD_LNG_EPTY/BD03          5.129   1.7601   11.684 P11    OK
LD_LNG_EPTY/BD04          6.582   2.2007   12.488 P11    OK
LD_LNG_EPTY/BD05          6.610   2.2125   12.600 P11    OK
LD_LNG_EPTY/BD06          6.607   2.2274   12.407 P09    OK
--------------------------------------------------------------------------------
REQ VALUE                 0.100   0.0175
```

图 3‑37　空载工况结果

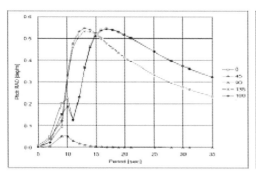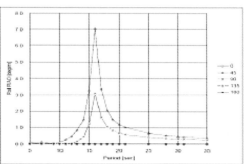

图 3‑38　LNG‑FSRU 耐波性特点的分析示意图

耐波性响应分析还要考虑与 LNG - FSRU 共同作业的 LNG 运输船的耦合运动响应。LNG - FSRU 的艏部和艉部没有侧推系统,能够便于保持其航行方向与方位,也能便于 LNG 运输船的停泊。

3.3.3.5　LNG 卸货方式与旁靠 LNG - FSRU 时的耦合运动试验

操作 LNG 卸货系统是 LNG - FSRU 作业过程中最困难的任务之一。在普通海况下,通常是采用并排卸货的方式,但在恶劣环境海况下,并排卸货的方式是不可行的。

一般并排卸货方式适用于有义波高为 2.5 m 时的海况。装卸货时由于 LNG - FSRU 与 LNG 运输船都会发生吃水深度变化,需要在整个作业的操作过程中关注并控制好吃水深度,以确保 LNG - FSRU 与 LNG 运输船之间的连接装置长度在允许变化的范围之内。

海况的恶劣程度对并排卸货方式的影响很大,而对串联卸货方式没有这么大的影响,串联卸货可以适用于有义波高达到 4.5 m 时的海况。并排卸货与串联卸货的示意图如图 3 - 39 所示。

图 3 - 39　并排卸货(左)与串联卸货(右)

海上 LNG 旁靠 LNG - FSRU 时需要进行相应的数值分析与必要的水池试验(图 3 - 40、图 3 - 41),以确定这两者之间的耦合运动对各自的影响。

图 3 - 40　旁靠水池模型试验

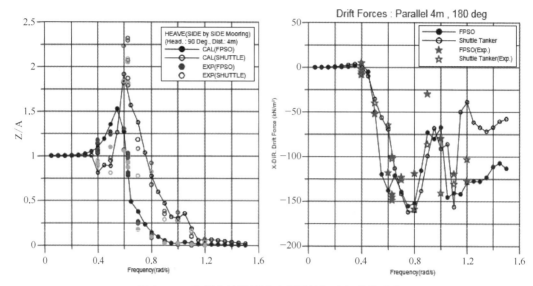

图 3‐41 旁靠水池模型试验得到的运动与载荷响应

3.3.3.6 全船安全控制系统设计

新一代的高新技术海洋装备总体设计中都需要将安全性、可靠性放在首位,LNG‐FSRU 的全船安全控制系统如图 3‐42 所示。

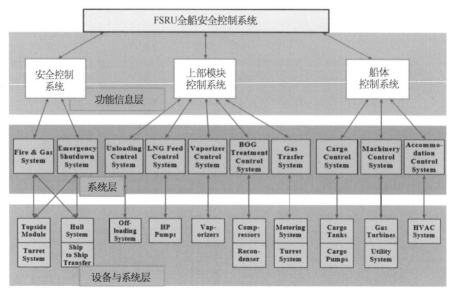

图 3‐42 FSRU 全船安全控制系统示意图

3.3.4　结构设计

　　LNG - FSRU 的货物围护系统与船壳之间需要物理隔离并作绝热处理,船壳为双层壳体,其船体结构与液货舱系统的设计都是在船级社规范的指导下进行的。各个船级社都使用相应的设计软件及国际上通用的数值仿真分析软件对 LNG - FSRU 及其液货舱的结构进行分析计算,从而设计出所需要的结构形式。但是与常规的 LNG 运输船是无限航区不同,LNG - FSRU 是建设在特定的工作海域的。因此,液货晃荡载荷是基于其作业海域的特定环境条件来分析计算的,对于与晃荡相关的初始分析,采用通用的数值仿真软件就可以实现,其结果示意图如图 3 - 43 所示。

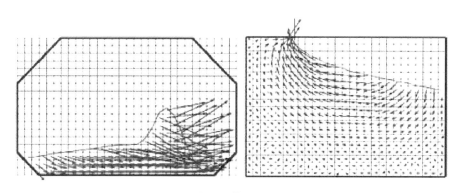

图 3 - 43　液货晃荡方向结果示意图

3.3.4.1　船体运动与液货舱系统的耦合分析

　　对于 LNG - FSRU,其液货舱随着船体在波浪中的运动导致液货舱内部液体发生剧烈的晃荡运动,特别是部分装载液货时的液货舱,大幅晃荡所产生的强大砰击压力对船体结构与液货舱所造成的破坏是致命性的,因此各国船级社都有载液率的严格要求。在设计阶段需要重点关注的问题之一就是对 LNG - FSRU 的运动与液货舱晃荡之间的耦合分析,通常采用的方法是数值分析——基于非线性黏性流体的时域法和基于线性势流理论的频域法。

　　1) 数学模型

　　(1) 船舶运动响应分析。

　　假设 LNG - FSRU 为一个刚体,不考虑与黏性相关的外力、操纵力及推进力,只保留与船舶摇荡运动相关的流体作用力,对流场中压力 $p(x, y, z, t)$ 使用线性拉格朗日积分计算。略去非线性影响,船舶运动亦即是小量。

　　(2) 液货舱运动响应分析。

　　为了实现船舶运动和液货舱晃荡的耦合,必须将局部坐标系 $TX_iY_iZ_i$ 中的物理量传送至全局坐标系 OXYZ 中。选取一个部分装载液体的液货舱,如图 3 - 44 所示。

　　为了分析上述原因引起的自由表面条件的变化,由于液货舱与船体刚性连接,外部船体运动引起内部液货舱自由表面的变化,考虑如图 3 - 45 所示的情形。

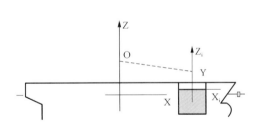
图 3-44　船舶运动与液货晃荡的耦合示意图

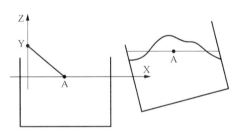
图 3-45　液货舱移动示意图

求解船体在流场中的速度势与求解液货舱内流场的速度势的定解条件相似,通常在分析计算具有液货舱的船体运动时,通过人为增加阻尼即在物面条件中加一黏性项,能够看到液货舱晃荡对船体运动的显著影响。

(3) 液货舱晃荡与船体运动的耦合分析。

将液货舱的运动方程围绕局部坐标系原点转换到全局坐标系下,两式叠加,就得到了液货舱与船体耦合的运动方程。

液货舱的固有频率 $\omega = k g \tanh(kh)$ 通过波浪色散关系导出。

其中　k——液货舱系数;

　　　　ω——波浪频率;

　　　　h——水深;

　　　　g——重力加速度。

矩形液货舱中,h 为液货舱中的液体深度,L 为波长,B 为液货舱宽度,可以得到以下关系:

$$B = (n/2)L \tag{3-1}$$

$$L = (2/n)B \tag{3-2}$$

即可得液货舱的固有频率 $\omega_n = [(n\pi/B)g\tanh(n\pi h/B)]^{1/2}$。

2) 液货舱晃荡对船舶运动的影响

利用分析软件,对比了不考虑和考虑液货舱这两种情况下 LNG-FSRU 的六自由度的运动响应。同时也考虑了液货舱布置、波浪入射方向和液货舱载液率对 LNG-FSRU 运动的影响。

选择典型的 LNG-FSRU 来进行分析,艏艉各布置一个液货舱,质量为 2.55×10^8 kg,根据法国船级社(BV)计算指导文件的建议,横摇阻尼系数取 6%。

(1) 液货舱对 LNG-FSRU 的六自由度 RAO(幅值响应算子)的影响。

在波浪作用下得到船舶的水动力参数,并通过水动力分析求解:阻尼系数、附加质量、一阶波浪力等,求解船中心处的 RAO。

(2) 液货舱载液率对船舶运动的影响。

在 90°、135°、180°浪向情况下,对应的 LNG-FSRU 横摇与纵摇的运动情况如图

3-46 所示。另如图 3-47 所示,对在载液率情况分别为 20％、30％、40％、60％的 4 种情况下分析了液货舱载液率对船舶液货舱耦合运动的影响。

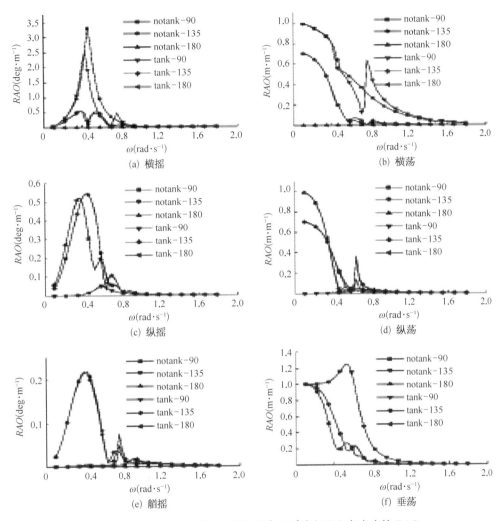

图 3-46　LNG-FSRU 在 90°、135°、180°浪向下六自由度的 RAO

　　计算得出的不同装载率对船舶横摇运动的影响十分显著,而对纵摇运动的影响很不明显。在上述 20％、30％、40％、60％的 4 种载液率下的横摇运动频率分别在 0.49 rad/s、0.61 rad/s、0.67 rad/s、0.78 rad/s 附近出现最小值,并且最小值逐渐趋于 0。这与计算的液货舱固有频率相差不大,略小于液货舱横摇固有频率。

　　由图 3-47 可见,在载液率为 20％的情况下,船体横摇固有频率最接近液货舱固有频率。此时,液货舱晃荡的影响降低了在船体固有频率下的谐摇,但在 0.58 rad/s 处出现了很明显的谐摇。在其他的载液率情况下,液货舱晃荡对船体固有频率下的谐摇影响很小,但减少了液货舱固有频率附近的幅值,然后分别在 0.69 rad/s、0.76 rad/s、0.85 rad/s 处又出现谐摇。

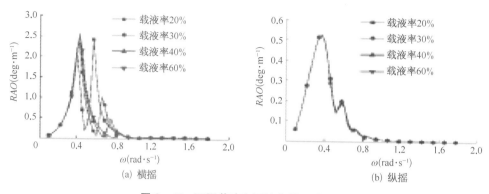

图 3 - 47 不同载液率下液货舱运动 RAO

（3）液货舱布置对船舶运动的影响。

① 纵向布置。选取 180°迎浪海况,液货舱装载率 40%,LNG - FSRU 上的舱室纵向布置,在分别为 2、3、4 个舱室的情况下,考察液货舱布置对船舶的影响,观察船舶纵向的运动响应。

如图 3 - 48 所示,液货舱纵向布置对船舶的纵向运动影响比较大,由于液货舱的长度不同,其固有频率发生了变化,运动幅值响应零点也有不同。

液货舱影响船体运动峰值的出现频率增加,因此液货舱在某些入射波范围内的晃荡会加剧对船舶运动的影响。

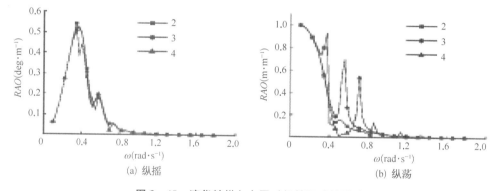

图 3 - 48 液货舱纵向布置对船舶运动的影响

② 横向布置。选取 90°横浪海况,液货舱装载率 40%,将 LNG - FSRU 在横向上将单个液货舱划分为 2 个,考察这种液货舱布置情况下船舶二自由度上的运动RAD 值。

如图 3 - 49 所示,2 个液货舱横向布置对船舶运动响应的规律与单一液货舱的情况下大体是相似的。原来的液货舱剖面分割成 2 个剖面后液货舱的固有频率对应也发生了变化,由原来的 0.712 rad/s 变为 1.17 rad/s,因此船体剖面横向运动幅值出现零点的位置会变化。同时,在某些频率位置的运动幅值也会有所减小。

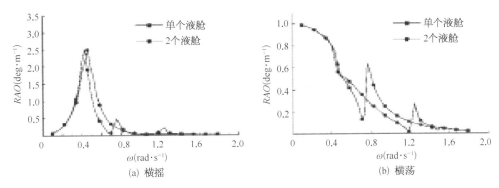

图 3 - 49　液货舱横向布置对船舶运动的影响

3.3.4.2　船壳及货物围护系统

货物围护系统在所有工作条件下应能适应：

① 运输过程中，在所有液位条件下围护系统能限制晃荡影响，保证围护系统内的冲击力在极限以内。

② 抵达购买方后，在各种状况下液位不断变化时，围护系统仍可将晃荡限制在的最低程度。

LNG 运输船的液货舱有三种围护系统，在这三种中只有 SPB 型液货舱满足以下条件，最适合于 LNG - FSRU：

① 服务有效期为 15～30 年，有效期内无须进坞修理。

② 总储货容积达 200 000～400 000 m^3。

③ 具有用以安装再气化装置和其他设备的自由甲板空间。

3.3.5　关键技术与性能分析

LNG - FSRU 的工程应用将成为未来海洋工程装备的重要发展趋势之一，LNG 再气化系统是 LNG - FSRU 的核心技术，涉及整个 LNG - FSRU 系统，因此在对 LNG 再气化系统研究之前，有必要研究整个 LNG - FSRU 的关键技术。

3.3.5.1　水动力性能研究

LNG - FSRU 的核心之一是水动力性能，对其水动力性能进行研究、分析、计算和模型试验是非常必要的。

采用规范设计、理论分析和数值仿真相结合的方法，建立 LNG - FSRU 与 LNG 运输船两船旁靠系泊的模型，对软钢臂单点系泊和旁靠 LNG - FSRU 码头系泊（码头旁靠系泊）两种典型系泊模式下的卸载及转运作业进行数值分析。

基于三维势流理论，应用 BV 软件进行水动力计算分析。采用软钢臂单点系泊系统定位方式，针对 350 000 m^3 超大型 LNG - FSRU，运用数值计算与模型试验两种技术手段开展风、浪、流联合作用下的水动力研究。数值计算与模型试验的关键是软钢臂系泊系统各构件间的连接方式及重量模拟,模型试验同样模拟了系泊系统的相似性,并将数值计算结果与模型试验结果进行对比分析。对比分析结果显示,数值结果与试验结果吻合良好,软钢臂系泊系统刚度曲线呈非线性,表明试验中对于软钢臂系泊系统的模拟是合理的,反映了在风、浪、流的联合作用下 LNG-FSRU 的运动特性。

1) 旁靠 LNG-FSRU 码头系泊的水动力性能分析

当 LNG 运输船旁靠 LNG-FSRU 码头进行装、卸作业时,会影响两船体之间的旁靠系泊。LNG-FSRU 和旁靠系泊船 LNG 运输船组成了多浮体系统,系统中每一个结构的响应都会对另外一个结构产生影响,同时自身又会受到其他结构的影响。

(1) 船体与软钢臂结构。

以以下具体的船体为例。对码头旁靠系泊的 270 000 m³ LNG-FSRU 和近海软钢臂单点系泊的 350 000 m³ LNG-FSRU 进行分析,旁靠运输船舶为 174 300 m³ LNG 运输船,LNG-FSRU 作业海域为广西北部湾钦州海域。采用近海软钢臂单点系泊系统的 LNG-FSRU 作业水深为 50 m,考虑 2 种设计水位及 4 种组合工况下系泊系统的响应。270 000 m³ 和 350 000 m³ LNG-FSRU 船体及软钢臂结构相关参数见表 3-13。

表 3-13　LNG-FSRU 船体及软钢臂结构参数　　　　　　　　　　(m)

项　　目	装　　备		
	270 000 m³ LNG-FSRU	350 000 m³ LNG-FSRU	软钢臂
总　　长	340.5	366.0	37.8
垂线间长	281.0	366.0	—
连接臂长	—	—	21.0
型　　宽	60.0	60.0	—
转 塔 高	—	—	45.0
上甲板高	35.2	29.2	—
压 载 舱	—	—	L: 47.7; φ: 5.7 压载: 1 821 Mt
设计吃水深度	12.0	11.5	—

(2) 系泊系统。

174 300 m³ LNG 运输船旁靠 LNG-FSRU 的两种系泊模式: 旁靠 350 000 m³ LNG-FSRU 软钢臂单点系泊; 旁靠 270 000 m³ LNG-FSRU 码头系泊。使用软件对这两种系泊模式进行数值分析。

系泊系统布置如图 3-50 所示。

为了提高系泊缆绳的弹性和延展性,选用超高分子聚乙烯纤维缆绳、钢缆绳和传统聚酯缆绳复合的方式,在钢缆绳和聚乙烯纤维缆绳后安装有尼龙尾缆。缆绳主要参数见表 3-14。

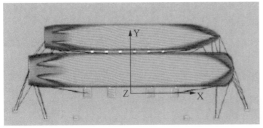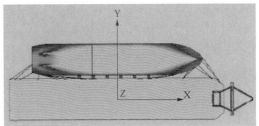

图 3 - 50　码头旁靠系泊系统与软钢臂系泊系统

表 3 - 14　系泊缆绳参数

缆绳参数	钢　缆	聚乙烯缆	尼龙尾缆
直径(mm)	50	50	120
最大破断张(MBL/kN)	1 991	1 774	2 510
干重(g/m)	10 000	1 388	8 870
截面积(mm²)	1 963	1 963	11 304
刚度(N/m)	$1.35×10^8$		

通过制造商所提供缆绳受力变形参数拟合计算,得到表 3 - 15 的聚乙烯和尼龙缆缆绳刚度值。

表 3 - 15　缆绳非线性刚度值

刚　度	聚乙烯缆	尼龙缆
EA(N/m)	$3.431×10^7$	$6.370×10^5$
a	$7.253×10^6$	$1.474×10^8$
b	$4.848×10^{-4}$	$4.170×10^6$
c	$2.805×10^{12}$	$2.533×10^9$

选用了两种护舷:码头与 LNG - FSRU 之间的固定式护舷与两船之间的漂浮式护舷。护舷示意如图 3 - 51 所示。

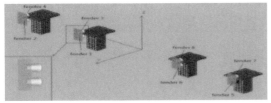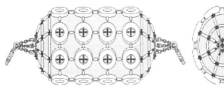

图 3 - 51　固定式护舷与漂浮式护舷示意图

（3）海洋环境条件。

为了满足不同组合工况和系泊模式下的 LNG 运输船旁靠 LNG-FSRU 卸载作业安全衡准，需结合实际工程和规范要求对风、浪、流参数及角度进行对比分析和设计。

码头系泊环境载荷参数见表 3-16。

表 3-16　码头环境载荷参数表

环境载荷	选项		参数值	组合工况	波高/风速/流速	方向角
波浪	波谱		Jonswap	FBLD/FDLB	≤1.5 m	0°～360°（±90°除外）
	周期		8 s		≤1.2 m	±90°
风	风谱		NPD	FBLD/FDLB	≤10 m/s	0°～360°（±90°除外）
					≤10 m/s	±90°
流	定常流		1.0 m/s	FBLD/FDLB	1.0 m/s	0°～360°（±90°除外）
					1.0 m/s	±90°

参考 2016 版浮式 LNG 终端指南，确定 5 种风、浪、流角度组合，并考虑作业海域常年平均水位、潮位、洋流等影响因素，选定 2 个设计水位进行系泊计算。单点系泊系统海洋环境参数见表 3-17。

表 3-17　单点环境载荷参数

环境载荷	选项		工况 1	工况 2	工况 3	工况 4	工况 5
波浪	波谱		Jonswap	Jonswap	Jonswap	Jonswap	Jonswap
	周期		8 s	8 s	8 s	8 s	8 s
	波高		2 m	2 m	2 m	2 m	2 m
	浪向		180°	180°	180°	180°	180°
	γ		1	1	1	1	1
风	风谱		NPD	NPD	NPD	NPD	NPD
	风速		20 m/s	20 m/s	20 m/s	20 m/s	20 m/s
	风向		150°	210°	210°	150°	180°
流	流速		1.67 m/s	1.67 m/s	1.67 m/s	1.67 m/s	1.67 m/s
	流向		150°	210°	90°	90°	180°

2）系泊结果分析

基于三维辐射和绕射理论，利用软件分析获得了 LNG-FSRU 与 LNG 运输船六自由度运动量、缆绳张力、护舷应力和单点载荷等时间历程（时历）响应参数，以此对比不同系泊模式下系泊响应分析结果。

（1）时历运动分析。

对于码头旁靠系泊，选定 15.15 m 和 17.66 m 两个设计水位，参考码头外部环境及规范要求,分析 270 000 m³ LNG - FSRU 码头系泊横荡、纵荡和首摇等三个自由度的运动响应,如图 3 - 52 所示。

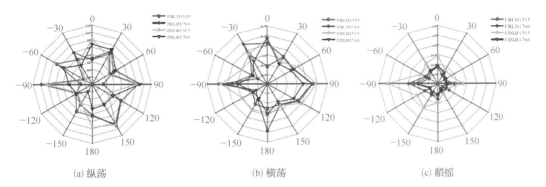

(a) 纵荡　　　　(b) 横荡　　　　(c) 艏摇

图 3 - 52　码头旁靠系泊系统 LNG - FSRU 运动响应

从图 3 - 52 可以看出,LNG - FSRU 运动响应结果满足相应规范系泊衡准要求。

对于单点系泊系统,参考外部海洋环境及规范要求,主要分析 350 000 m³ LNG - FSRU 单点系泊纵荡、横荡和首摇等三个自由度的运动响应,如图 3 - 53 所示。

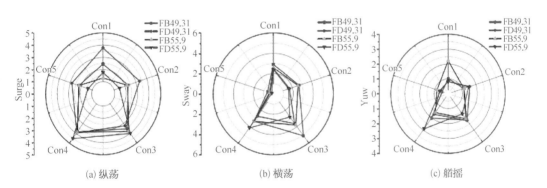

(a) 纵荡　　　　(b) 横荡　　　　(c) 艏摇

图 3 - 53　单点系泊系统 LNG - FSRU 运动响应

从图 3 - 53 可以看出,LNG - FSRU 运动响应结果满足相应规范系泊衡准要求,低水位较高水位系泊响应更明显。

(2) 系泊缆张力时历分析。

图 3 - 54 和图 3 - 55 为码头系泊系统缆绳张力图,缆绳张力满足最大安全载荷(SWL),LNG 运输船与 LNG - FSRU 之间的系泊缆张力大于 LNG - FSRU 与码头之间的数值;低水位缆绳张力较高水位缆绳张力数值偏大。

图 3 - 56 所示为单点系泊系统缆绳张力图,缆绳张力满足最大安全载荷。从图中可以看出水位不同对于缆绳张力的影响不明显。

从上述的分析计算可知:

① 从缆绳张力和船体运动响应结果看出,码头旁靠系泊系统在环境载荷±90°方向作

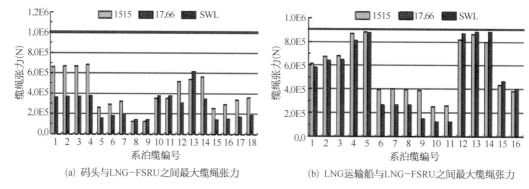

(a) 码头与LNG-FSRU之间最大缆绳张力　　　　(b) LNG运输船与LNG-FSRU之间最大缆绳张力

图 3-54　不同水深下 LNG-FSRU 压载吃水深度和 LNG 运输船满载吃水深度缆绳最大张力

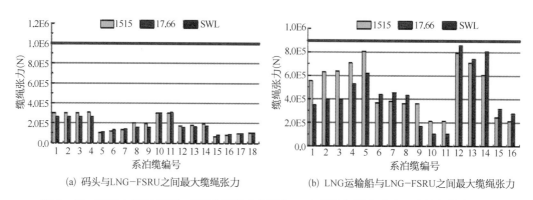

(a) 码头与LNG-FSRU之间最大缆绳张力　　　　(b) LNG运输船与LNG-FSRU之间最大缆绳张力

图 3-55　不同水深下 LNG-FSRU 满载吃水深度 LNG 运输船压载吃水深度缆绳最大张力

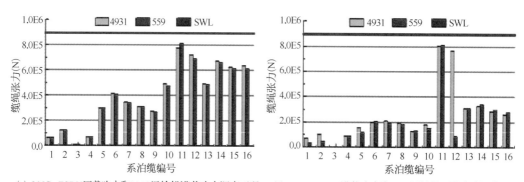

(a) LNG-FSRU压载吃水和LNG运输船满载吃水深度工况　　(b) LNG-FSRU满载吃水和LNG运输船压载吃水深度工况

图 3-56　不同水深下 LNG-FSRU 与 LNG 运输船满载/压载吃水深度缆绳最大张力

注：缆绳编号顺序按艉部至艏部依次为艉缆、艉横缆、倒缆、艏横缆、艏缆。

用下系泊响应强烈，LNG 运输船与 LNG-FSRU 之间的缆绳张力数值比 LNG-FSRU 与码头之间明显更大。

② 单点系泊系统中船体始终处于迎浪状态，考虑单点系泊风标效应，当风、流与波浪存在较大夹角时系泊系统响应强烈。

③ 进行系泊缆设计时选用超高分子聚乙烯纤维缆绳、钢缆绳和传统聚酯缆绳复合的

方式,通过对比无尾缆的设计结果,为类似超大型浮体系泊缆选型设计提供参考。

3)LNG‑FSRU 软钢臂系泊水动力模型试验

在近岸浅水海域作业时,LNG‑FSRU 一般采用系泊定位软钢臂系统。由于高海况下环境力的非线性特性及浅水风浪流对浮体联合作用的复杂性,目前数值模拟的结果仍需要配合物理模型试验进行综合分析。

(1)模型试验。

中国船舶科学研究中心耐波性试验水池尺度为 69 m×46 m×4 m,外观如图 3‑57 (a)所示。

① 试验模型。试验对象为 350 000 m³ LNG‑FSRU,试验模型采用玻璃钢材料制作,模型比例为 1:88,船体主尺度参数见表 3‑18,试验模型照片如图 3‑57(b) 所示。

表 3‑18　船体主尺度参数

项　　目	符　号	实　　船	模　　型
总长(m)	L_{OA}	366.00	4.159
型宽(m)	B	60.00	0.682
型深(m)	H	29.25	0.332
排水量(t)	Δ	249 351	0.366
平均吃水深度(m)	T	11.50	0.131
初稳性高(m)	GM	94.29	1.071
纵向惯性半径(m)	R_{yy}	15.20	1.62
横摇固有周期(s)	T_{Φ}	12.33	0.140

(a)　　　　　　　　　　　　　　　　(b)

图 3‑57　中国船舶科学研究中心耐波性水池与试验模型

② 环境模拟。不规则波模型试验时,波浪采用 JONSWAP 谱进行模拟。

试验所采用的有义波高及波浪谱峰周期列于表 3‑19 中。模拟波浪谱的调试结果如图 3‑58 所示。

表 3-19　模型试验的有义波高和谱峰周期

重现期	实　　体			模　　型		
	有义波高 $H_{1/3}$(m)	谱峰周期 T_p(s)	升高因子 γ	有义波高 $H_{1/3}$(mm)	谱峰周期 T_p(s)	升高因子 γ
1 年	2.00	8.00	1.0	22.72	0.853	1.0
100 年	6.50	11.50	3.3	73.86	1.225	3.3

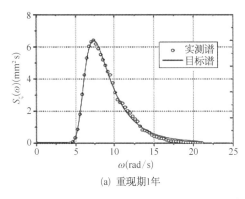

(a) 重现期1年

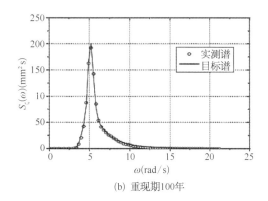

(b) 重现期100年

图 3-58　波浪目标谱与实测谱

以上海况条件对应的风速及流速见表 3-20。

表 3-20　模型试验的风速及流速条件

重现期	风　　速		流　　速	
	实体(m/s)	模型(m/s)	实体(m/s)	模型(m/s)
1 年	27.9	2.97	1.67	0.178
100 年	37.2	3.97	2.23	0.238

③ 试验方法。水上软钢臂系泊系统包括钢臂、固定系泊塔架、艏部支架和连接钢臂的系泊腿,试验布局如图 3-59 所示。系泊腿下端的转动铰接头、纵摇系泊铰接头及塔架间与系泊头的艏摇铰接头使得船体可以进行六自由度的运动。

(2) 试验结果与数值结果对比。

① LNG-FSRU 系泊耦合水动力数值计算。基于三维势流理论,使用软件对船体及软钢臂系统组成的多刚体耦合系统进行水动力数值计算,建立系统模型,如图 3-60 所示。

数值计算时,进行了对钢臂、固定系泊塔架、艏部支架和系泊腿的模拟,并且进行了系泊腿及钢臂的重量和惯量的模拟,各个铰接点采用不同的铰接方式模拟在图 3-60 中局

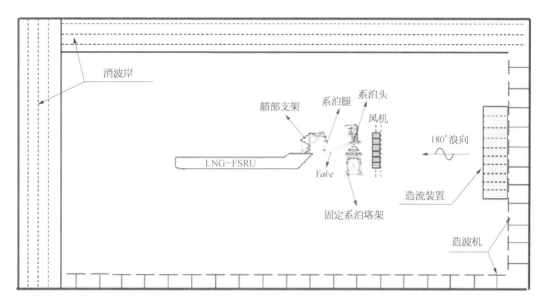

图 3 - 59 试验布局

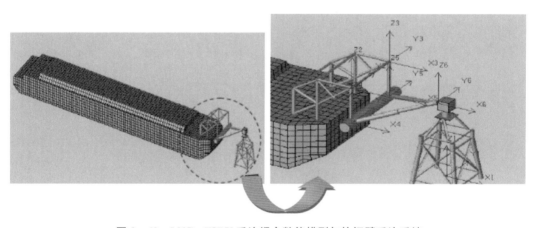

图 3 - 60 LNG - FSRU 系泊耦合数值模型与软钢臂系泊系统

部坐标系的表达,以真实反映软钢臂系统的原理。

② 水平刚度试验。LNG - FSRU 与软钢臂系泊系统连接在一起,整个静水状态下系统处于平衡位置。测量模型移动的距离,试验过程与试验结果如图 3 - 61 所示。

比对结果:软钢臂系泊系统刚度呈非线性特性,试验与理论结果吻合良好。

③ 系泊耦合试验。这里将模型试验水动力结果与顶浪 180°时风、浪、流联合作用下的数值计算结果进行了对比分析。

运动响应结果对比:顶浪 180°时,耦合系统处于相对稳定状态,这里仅给出纵向运动的结果对比,包括纵摇、纵荡及垂荡运动。各工况运动响应比对结果见表 3 - 21。

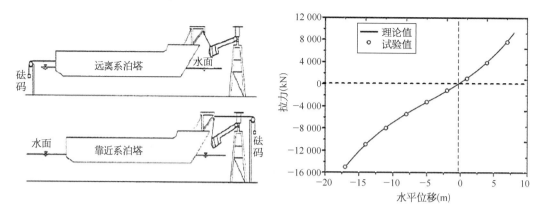

图 3‐61　水平刚度试验及试验结果与理论结果对比

表 3‐21　运动响应结果对比表

海　况	统计值	纵　摇(°)		纵　荡(m)		垂　荡(m)	
		数　值	试　验	数　值	试　验	数　值	试　验
一年一遇	最大值	0.15	0.22	−1.342	0.226	0.075	0.077
	最小值	−0.12	−0.19	−7.604	−8.105	−0.088	−0.080
	有义值	0.04	0.05	0.161	0.179	0.034	0.033
百年一遇	最大值	0.74	0.80	3.422	5.980	0.761	0.842
	最小值	−0.77	−0.75	−16.732	−17.688	−0.755	−0.861
	有义值	0.35	0.38	0.482	0.538	0.342	0.362

根据以上数据对比可以看出,试验结果略大于数值计算结果,原因可能是数值计算时对于风、流系数的选取偏保守。

系泊拉力对比:对于系泊系统受力,试验考察软钢臂系统与塔架连接处的轴向力,对数值计算中的铰接点处各分向力进行了处理,得到了轴向力结果。试验与数值计算比对结果见表 3‐22。

表 3‐22　系泊力比对结果

系泊力	重现期 1 年		重现期 100 年	
	数　值	试　验	数　值	试　验
最大值(kN)	3 032	4 286	9 031	9 378
平均值(kN)	2 022	2 544	2 925	3 827

从比对结果可以看出,除重现期为 100 年的海况系泊拉力的数值计算结果与试验结果最大值比较接近外,其他情况下试验结果均大于数值计算,由此可得:

软钢臂系泊系统的刚度呈非线性特性,试验结果与理论结果吻合良好;

数值结果与模型试验运动响应结果吻合较好,试验结果略大于数值结果,原因可能是数值计算时对于风、流系数的选取偏保守;

总体来看,系泊缆受力的数值计算结果和试验结果在同一量级,这说明模型试验方法是合理的,试验结果体现了在风、浪、流联合作用下 LNG – FSRU 的运动特性。

以上结论可以作为设计 LNG – FSRU 时有意义的参考。

3.3.5.2　系泊分析

LNG 运到专用靠泊码头后,LNG – FSRU 将 LNG 通过管线输送上岸。卸料时,LNG 运输船与 LNG – FSRU 并排连接,通过卸料软管或卸料臂将 LNG 卸载。另外由于 LNG – FSRU 需要长期靠泊码头,要尽量减少其离港避风的次数,因此对其系泊系统布置的研究具有重要意义。

1) 系泊分析方法及 Ariane 软件系泊预报原理

当前主要采用准静力分析法和动力分析法,动力分析法分为频域法和时域法。Ariane 软件采用时域预报分析,原理如图 3 – 62 所示。

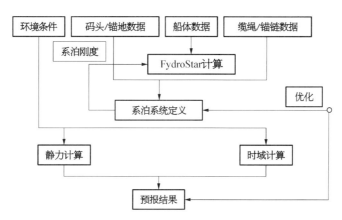

图 3 – 62　Ariane 软件系泊分析基本思路

2) 案例分析

(1) 船型参数及环境工况。

选择在南海海域三沙岛附近系泊作业的 LNG – FSRU 入级 CCS,其主尺度及主要特征参数见表 3 – 23。

表 3 – 23　主尺度及主要特征参数

总长(m)	垂线间长(m)	型宽(m)	型深(m)	设计吃水深度(m)	货舱容积(m³)
128.10	128.10	22.40	8.20	4.60	10 000

该船沿船长方向对称布置 18 根缆绳,其中横缆 6 根,倒缆 6 根,艏艉缆各 3 根,布置如图 3 – 63 所示。

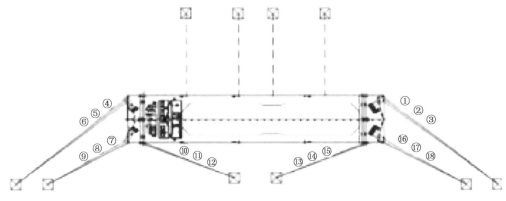

图 3 - 63　系泊布置示意图

（2）计算模型。

建立船体湿表面模型，在水动力意义上能够准确地描述实船的形状。一般采用蝶形 LNG 靠泊开敞式码头，为了考虑码头与船舶之间的作用，外加了 4 根横向虚拟缆绳。

（3）风浪流参数。

设计系泊方案时需要考虑作业和风暴自存 2 种工况。该 LNG - FSRU 为无动力船舶，为了在恶劣海况下具备自存能力，设计系泊方案海况时按作业海域最恶劣的海况设计。该船在南海三沙岛附近海域作业，风暴自存工况环境载荷取重现期为 100 年的浪及对应的风和流；作业工况环境载荷取重现期为 1 年的浪及对应的风和流，对应的风浪流参数见表 3 - 24。

表 3 - 24　2 种工况的风浪流参数

环境载荷	风暴自存工况（重现期 100 年）	作业工况（重现期 1 年）
风	风速 30 m/s	风速 10 m/s
浪	有义波高 12.97 m；峰值周期 9.6 s	有义波高 2.0 m；峰值周期 7 s
流	流速 0.2 m/s	流速 0.115 m/s

（4）结果分析。

进行系泊分析时选取满载工况，工况信息见表 3 - 25。

表 3 - 25　工况信息表

工　况	吃　水	纵向受风面积	横向受风面积
LOAD01（满载到港）	4.60 m	1 700 m^2	350 m^2

① 二阶波浪力。风载荷、流载荷通常按定常力考虑,波浪载荷需采用水动力软件直接计算。在进行系泊分析前运用 HydroSTAR 软件计算船舶低频二价波浪力传递函数,如图 3 - 64、图 3 - 65、图 3 - 66 所示。

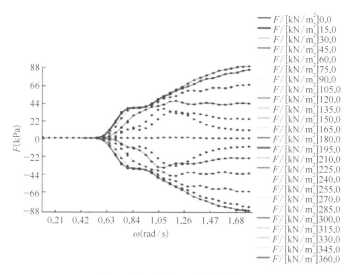

图 3 - 64　横向二阶波浪力 F_x

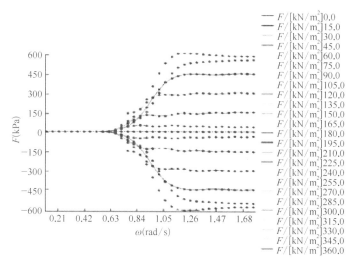

图 3 - 65　纵向二阶波浪力 F_y

② 缆绳张力。选择风暴自存工况,浪向取船宽方向,风向和流向取船长方向,各缆绳的轴向张力见表 3 - 26。

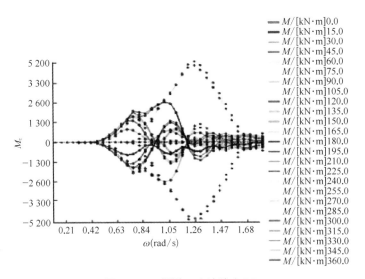

图 3-66　艏摇二阶波浪力 M_z

表 3-26　缆绳的轴向张力　　　　　　　　　　（kN）

缆绳编号	张　力	缆绳编号	张　力
1	1 616.4	10	3 939.0
2	1 631.8	11	3 873.0
3	1 622.0	12	3 828.1
4	2 521.3	13	2 665.5
5	2 385.5	14	2 675.2
6	2 363.3	15	2 659.5
7	3 674.3	16	1 748.0
8	3 598.6	17	1 760.4
9	3 687.6	18	1 778.3

CCS 对系泊缆张力安全系数的要求见表 3-27。

表 3-27　系泊缆张力安全系数

工　　况	准 静 力 系 数	动 力 系 数
完整自存	2.00	1.67
破损自存（新平衡位置）	1.43	1.25
破损自存（瞬态）	1.18	1.05

　　根据缆绳张力计算结果及 CCS 的要求,缆绳选用 12 股编织的超强纤维制缆绳,其具有超高强度、低伸缩率、质轻等优点,其技术指标见表 3-28。

表 3 - 28   缆绳技术指标

直　径	重　量	短 破 强 力
104 mm	6 040 g/m	6 770 kN

缆绳的安全系数取 1.67,极限设计破断力的值为 4 053.9 kN。根据表 3 - 40 的轴向张力统计数据,该船布置的缆绳能够保证此船在极限风浪下自存。

③ 运动响应。对于重要的作业工况下的运动响应,特别是纵摇、横摇和垂荡,取表 3 - 28 对应的作业工况风浪流参数,非系泊及系泊状态下的运动极值见表 3 - 29。

表 3 - 29   系统运动响应 （m）

参　数	平均值	最大值	最小值	标准差	非系泊状态
垂荡	0.07	1.41	−1.42	0.42	1.79
纵摇(平衡状态)	0	0.74	−0.70	0.19	2.12
横摇(平衡状态)	0	9.84	−9.78	2.67	12.59

注:垂荡幅值转换为相对于水线面($Z=4.60$ m)幅值,Z 为水线面为 0 的垂直升降值。

各运动响应时历曲线如图 3 - 67 所示。

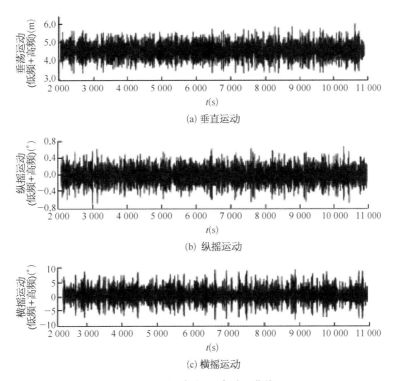

(a) 垂直运动

(b) 纵摇运动

(c) 横摇运动

图 3 - 67   各向运动时历曲线

从以上结果可见,因为系泊系统对各运动阻尼贡献不同,系泊状态下的运动幅值均比自由状态小,垂荡、横摇减小幅值略小,纵摇减小幅值最大。

④ 影响缆绳张力的因素。浅水效应:该船作业码头属浅水水域,水深为 20 m,浅水效应会影响二阶波浪力,从而影响系泊力,为了浅水效应的影响分析,分别计算有义波高为 3 m 和 2 m 的各缆绳张力,如图 3 - 68 所示,可知两种波高下不考虑浅水效应的缆绳张力均小于考虑浅水效应的缆绳张力,前者比后者小约 11%,这说明系泊浅水水域不可忽略浅水效应的影响。

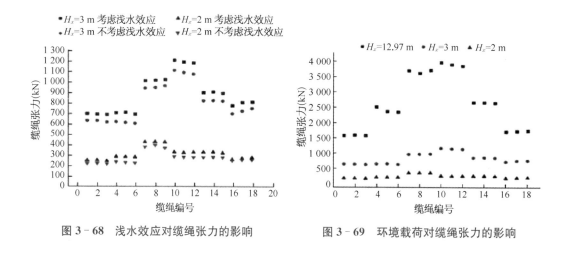

图 3 - 68 浅水效应对缆绳张力的影响   图 3 - 69 环境载荷对缆绳张力的影响

环境载荷:对于码头系泊,环境载荷的设置关键在于波浪参数的选择。计算风暴自存工况下的风、流及不同有义波高下各缆绳的张力,结果如图 3 - 69 所示,波浪有义波高对缆绳张力影响很大,对于有自航能力的船舶,合理选择有义波高是关键。

缆绳布置:主要包括缆绳长度及角度这两方面,以倒缆为例,结果分别如图 3 - 70 所示。

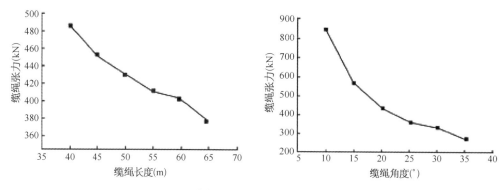

图 3 - 70 缆绳长度与角度对缆绳张力的影响

从图 3 - 70 可知,缆绳越长,张力越小;缆绳与码头的夹角越小,张力越小。但缆绳长度与夹角往往受到码头布局的限制。

由此可见,根据作业海域合理设置环境载荷,尤其是波浪参数是设计系泊系统的关键;在浅水水域设计系泊时考虑浅水效应是很有必要的;倒缆的张力过大,调整其长度与夹角是一种有效方式,缆绳越长或缆绳与码头的夹角越小,缆绳张力越小。

布置形式。

水上软钢臂单点系泊系统:主要组件包括压载舱、水上旋转软钢臂、系泊搭架、系泊腿、系泊钢架等部件。该系统通过系泊腿来连接软钢臂压载舱和系泊钢架,系泊腿两端均安装了万向接头,系泊塔架为系泊点转盘提供安装结构并决定了系泊高度,导管架和桩腿结构构成系泊塔架主体。其布置和装置实物如图 3 - 71 和图 3 - 72 所示。

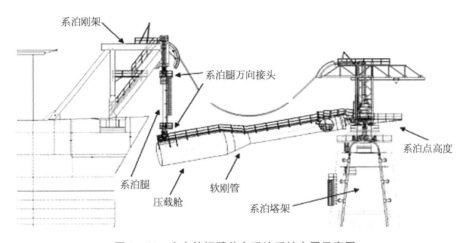

图 3 - 71　水上软钢臂单点系泊系统布置示意图

图 3 - 72　水上软钢臂单点系泊系统

离岸式开敞码头系泊系统:该系统被多数 LNG - FSRU 采用。离岸式开敞码头通常采用导管架结构,导管架结构是由钢管组合而成的管架,主体结构为直立套管,通过套管导入到固定到海底的钢管桩,最后在套管中注入混凝土,将套管和桩腿连为一体。此类码头结构优点在于整体性好、承载能力大、抗风浪性能好、便于施工等,并解决了横缆长度不足的问题,有效地抵抗横向力差,加长的缆绳还可以起到调整系泊角度的作用。但这种系泊系统也有弊端,由于远离海岸,缺少防波堤,海况恶劣,浪高、风大、流急,船舶与系泊缆绳受力大,容易发生缆绳断裂或船舶失控等问题。其装置实物如图 3-73 所示。

图 3-73   离岸式开敞码头系泊系统

3.3.5.3   液货舱晃荡与超低温温度场分析

结合 LNG-FSRU 全生命周期中可能出现的加热装置及屏壁层失效工况,对其系统稳态温度场超低温作用下的计算方法进行了研究分析,并对失效工况下安全与稳态温度场分布问题进行了深入研究。对在考虑液货舱晃荡和低温载荷共同作用下的局部结构优化设计方法进行了探讨。

基于热力学基本理论,对对流换热系数进行修正,给出基于 LNG-FSRU 简化模型的局部结构温度解析计算方法;对 LNG-FSRU 稳态温度场在不同环境温度下进行模拟,给出多种假设潜在的事故工况,研究在隔舱加热器故障失效及主次屏壁层失效工况下的温度分布情况,为影响 LNG-FSRU 船体结构安全的低温情况提供了理论依据。

同时,研究双排舱 LNG-FSRU 横摇时,摇摆轴位置对液货舱晃荡载荷分布的影响,结合船体自身水动力特性对液货舱晃荡问题进行研究,为液货舱结构设计提供了参考。

1)超低温下传热的热力学分析方法

对双排舱 LNG-FSRU 的热系统进行分析,首先要对该系统进行一些必要的简化。为了得到更准确的简化模型,需要考虑复杂船体结构中船体桁材骨架结构对热对流换热的影响、热辐射对船体结构热传递的影响,以及低温传热过程中肋骨霜层对热传递的影响,以此得到基于热力学解析算法的局部区域温度结果。

(1)封闭方腔传热。

薄膜型 LNG-FSRU 与薄膜型 LNG 运输船结构类似,其内外壳构成许多个封闭的由空气充满的方腔,封闭方腔内的空气夹层是内外壳之间主要的传热介质。在这里对封闭方腔内空气夹层传热和外部结构传热分别进行分析。船体结构中局部封闭方腔如图 3 - 74 所示。

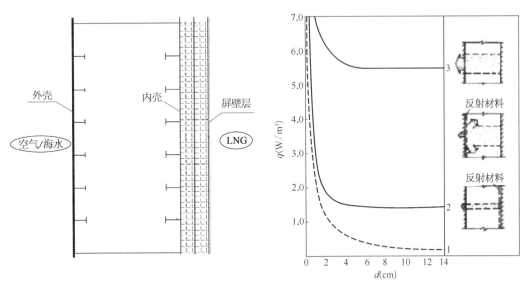

图 3 - 74　船体局部封闭方腔结构

图 3 - 75　垂直夹层不同传热方式下的传热量

1—导热传热量;2—对流导热传热量;3—总传热量

① 封闭方腔空气夹层传热的计算。封闭方腔空气夹层的传热过程是一个几种传热方式共同作用的复合换热过程。复合换热过程是工程中常见的换热现象。如图 3 - 75 给出了在建筑结构中垂直夹层不同传热方式下传热量的对比。

从图中可以明显看出,热传导占总传热量的不到 10%,对流占到总传热量的 20%~30%,而辐射传热量占到总传热量的 60% 左右。由此可见,在封闭空腔中主要由两个表面间的对流换热及辐射换热对空气的传热产生影响,对流换热和辐射换热处于一个量级。

在研究 LNG - FSRU 稳态温度场时,应遵循热力学第一定律——能量守恒定律。在实际工程中,为了计算方便,采用牛顿冷却公式表达。

② 封闭空腔中换热系数的研究。

a. 封闭空腔内空气导热换热系数 h_a。

由气体中分子的运动理论可知,气体导热的根本原因是气体受到温度变化的影响后分子的运动和其相互碰撞,常温状态下,气体的导热系数可表示为:

$$\lambda = 1/3\bar{u}\rho l c_v \tag{3-3}$$

式中　λ——空气的导热系数;

　　　$\bar{u}$——气体中分子运动的平均方根速度(m/s);

　　　ρ——气体的密度(kg/m³);

l——气体中分子两次自由碰撞的平均距离(m);

c_v——气体定容的比热容[J/(kg·K)]。

由此可知,压力、温度等的变化都会对气体的导热产生影响,具体数值见表 3-30。而对于相对静止的空气,则可以把其当作均匀介质来计算。

表 3-30　低温下不同温度空气的导热系数(1 标准大气压)

项　目			数　值			
$T(℃)$	-50	-40	-30	-20	-10	0
$\lambda(m·k)$	0.020 4	0.021 2	0.022 0	0.022 8	0.023 6	0.244

b. 封闭空腔内空气对流换热系数 h_c。

有两种计算对流换热系数的方法——实验方法和理论方法。

理论方法是通过对对流换热现象进行理论分析,建立方程组,然后运用数学方法分析求解。由于过程复杂,目前仅对比较简单的情况用此方法求解。

对于工程上遇到的对流换热问题更多的是依赖于实验方法。在 LNG-FSRU 结构中,封闭空腔内空气夹层的等效对流换热系数 h_c 可按式(3-4)进行计算:

$$h_c = Nu·\lambda/L \tag{3-4}$$

式中　Nu——努塞尔数;

　　　λ——空气气体的导热系数;

　　　L——空气气体夹层中的厚度。

c. 封闭空腔内空气夹层当量辐射换热系数 h_r。

在实际工程中,不同的情况会对辐射换热产生强化或者削弱的影响。在温度一定的情况下,进行换热的表面发射率及角系数的增大会对辐射换热产生强化。而表面发射率的降低、角系数的降低及在辐射换热面间加入隔热板会对其产生削弱。

在考虑辐射换热影响时,要按照式(3-5)来计算得出当量辐射换热系数 h_r:

$$h_r = F6(T_1^4 - T_2^4)/(T_1 - T_2) = F6(T_1 + T_2)(T_1^2 + T_2^2) \tag{3-5}$$

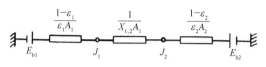

图 3-76　两平行漫灰表面组成封闭腔的辐射换热网络

假设备表面都是漫灰表面,其辐射网络图如图 3-76 所示。

d. 封闭方腔内结构肋骨对换热的影响。

肋骨的导热:LNG-FSRU 的船体是由许多封闭方腔结构构成的,而在每个封闭方腔中都存在着许多各种形状的肋骨,这些肋骨对结构起支撑作用并且会对结构的传热产生直接的影响。研究船体结构温度场时,为了更准确地得到传热结果,需要研究肋骨对换热的影响。在数值研究稳态温度场的过程中,如果将肋骨全部按照实体建模,会增加许多的工作量,且模拟结果未必准确。基于以上原因,需要将肋骨对换热的影响进行一定的等效处理,引入传热学中的肋效率对对流换热系数进行修正,将肋骨对换热的影响转化为对流换热系数的变化。

由于船体结构中单一肋骨的截面积沿船长方向不变,因此按照等截面直肋进行分析。分析时假设:肋骨温度场处于稳态,不随时间变化;其材料均匀且各向属性相同;在肋骨表面的对流系数均匀稳定;肋骨厚度方向不考虑温度梯度;沿肋骨长方向上的温度分布符合一维稳态温度场。于是,肋骨导热问题可按一维稳态问题来求解。

以直肋来进行研究,如图 3 - 77 所示,设矩形直肋肋骨高度为 l,宽为 L,厚度为 δ,截面积 $A_L = L \times \delta$,周长 $U = 2L + 2\delta$,导热系数 λ 为常数;周围介质温度为 T_f,壁面温度为 T,h 是肋骨与周围介质的对流换热系数。

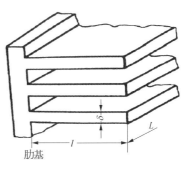

图 3 - 77　等截面直肋

这里的结果是基于肋端绝热的边界条件得到的,对于必须考虑肋端散热的情况,计算肋骨散热量时采用一种简便而有效的方式,即用肋长 $l + 2\delta$ 代替实际肋长 l,而端面仍认为是绝热的,相当于把肋骨端面展开到侧面。

肋效率:肋骨的表面温度沿肋长逐渐变化,因此其表面的平均温度必然比肋基的温度低。于是,提出肋效率的概念,用于衡量肋骨散热的有效程度,以符号 η_f 表示。

$$\eta_f = Q/Q_0 = hUl(T_m - T_f)/hUl(T_0 - T_f) \tag{3-6}$$

对流换热系数 h_f 修正:在研究肋骨传热影响时,最理想的方法是将肋骨对传热的影响转化为对流换热系数的改变,用肋效率的方法对对流换热系数进行修正。

在结构中,带肋壁面的总传热量由肋片散热量式(式 3 - 7)和壁面对流传热热量组成。

$$Q = \lambda m A_L \theta_0 = hUl\theta_0 \tan h(ml)/ml \tag{3-7}$$

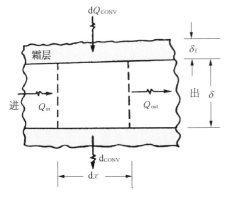

图 3 - 78　带霜层肋骨微元

低温下封闭方腔内霜层对换热的影响:超低温作用下,肋骨暴露在室温,其表面会出现霜层。如果考虑霜层对肋骨导热的影响,就需要对前一部分进行一系列改写,图 3 - 78 给出了带霜层的肋骨微元。

此时的肋效率为:

$$\eta_f = \tan h(ml)/ml$$

同样,这里的结果是基于肋端绝热的边界条件得到的,对于必须考虑肋端散热的情况,可以用肋长 $l + 2\delta$ 代替实际肋长 l,相当于把肋骨端面展开到侧面,而端面仍认为是绝热的。

（2）简化的 LNG - FSRU 热传递的热力学解析分析。

遵循热力学第一定律，进行 LNG - FSRU 双排舱结构的稳态温度场分析。热力学解析简化分析时，针对单个独立船舱，通常假定在船长方向上热量是相等的，这时仅需考虑

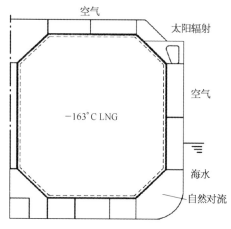

图 3 - 79　双排舱型 LNG - FSRU 横向结构

热量在横向和垂向两个方向上的传递。而在 LNG - FSRU 结构中，局部区域的热量主要在特定方向传递，基于此，根据热传递的原理对不同位置的局部封闭舱室计算其对流换热系数，并根据热力学理论对其进行简化分析，得到基于简化模型的舱室温度。研究对象双排舱型 LNG - FSRU 的船体结构如图 3 - 79 所示。

局部舱室对流换热系数计算。从图 3 - 79 可以看出，在 LNG - FSRU 结构中，内外壳之间是由许多独立舱室构成的。按照前一节对空气夹层传热的分析，研究中可以将结构简化为三个方向的封闭方腔——底部封闭方腔、舷侧封闭方腔、顶部封闭方腔，之后利用自然对流的计算公式对对流传热系数进行计算，计算时外界温度参考 IGC 规则中的工况（空气 5℃，海水 0℃）。

顶部封闭方腔：根据对对流换热系数基本理论的研究，由于顶部封闭方腔区域上部与外界空气进行换热，下部与 -163℃的 LNG 进行换热，所以该区域属于典型上热下冷结构。顶部封闭方腔简化后的计算模型如图 3 - 80 所示。

参考 IGC 规则中的工况，外界环境温度为 5℃，空气静止，假设外板温

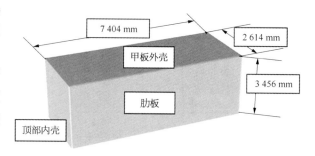

图 3 - 80　简化的顶部封闭方腔

度为 -2.4℃，内壳温度为 -11.5℃，则通过估算可知 $10^5 \leqslant Ra_L 10^{10}$，此时可按照 $\bar{Nu}_L = 0.27 Ra_L^{1/4}$（层流）来计算。在该部位空气导热率 $\lambda = 2.29 \times 10^{-2}$（W/m·℃），体积膨胀系数取 3.98×10^{-3}，该部位对流换热系数见表 3 - 31。

表 3 - 31　顶部封闭方腔对流换热系数

ΔT(℃)	Gr	Pr	Ra	Nu	h[W/(m²·℃)]
9.1	9.33×10^{10}	0.717	6.69×10^{10}	137.3	0.91

侧壁封闭方腔：对于 LNG - FSRU 侧壁封闭方腔，该区域较为特殊，水线上外板与空气进行换热，水线下外板与海水进行换热，因此对于该局部区域应该考虑不同特征温

度来进行计算,同时由于该区域外壳与外界环境进行换热,内壳与-163℃的 LNG 进行换热,所以该区域属于热量从外向内传导的竖直结构。简化后的计算模型如图 3-81 所示。

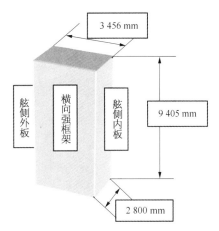

图 3-81　简化的侧部封闭方腔

参考 IGC 规则中的工况,外界空气温度为 5℃,空气静止;海水温度为 0℃,海水静止。假设水线上,外板温度为-0.1℃,内壳温度为-6.8℃;水线下外板温度为-0.3℃,内壳温度为-6.8℃。水线上特征长度取为 6.715 m,水线下特征长度取为 2.69 m。该部位空气导热率 $\lambda = 2.32 \times 10^{-2}$(W/m·℃),体积膨胀系数取 $\beta = 3.89 \times 10^{-3}$,该部位对流换热系数见表 3-32。

表 3-32　侧部封闭方腔对流换热系数

位　置	ΔT(℃)	Gr	Pr	Ra	Nu	h[W/(m²·℃)]
水线上	6.7	3.50×10^{11}	0.714	2.51×10^{11}	596.2	2.06
水线下	6.5	6.06×10^{11}	0.713	4.32×10^{11}	339.7	2.93

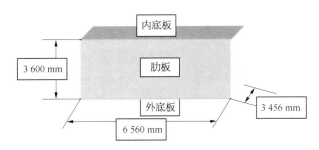

图 3-82　简化的底部封闭方腔

底部封闭方腔:对于 LNG - FSRU 底部封闭方腔,由于该区域下部与外界海水进行换热,该区域上部与-163℃的 LNG 进行换热,所以该区域属于典型上冷下热结构。底部封闭方腔简化后的计算模型如图 3-82 所示。

参考 IGC 规则中的工况,海水温度为 0℃,海水静止,假设外底板温度为-0.2℃,内壳温度为-5.0℃,通过估算可知,$10^7 \leqslant \mathrm{Ra_L} \leqslant 10^{11}$,此时可按照 $\bar{\mathrm{Nu}}_\mathrm{L} = 0.15\mathrm{Ra_L}^{1/3}$(湍流)来计算。该部位空气导热率 $\lambda = 2.42 \times 10^{-2}$(W/m·℃),体积膨胀系数取 $\beta = 3.70 \times 10^{-3}$,该部位对流换热系数见表 3-33。

表 3-33　底部封闭方腔对流换热系数

ΔT(℃)	Gr	Pr	Ra	Nu	h[W/(m²·℃)]
4.8	5.87×10^{10}	0.709	4.16×10^{10}	519.8	3.64

(3)局部舱室温度简化计算分析。

① 局部简化模型分析。在液货舱区域,将其温度场简化为三个一维的温度场基本模型,如图 3-83 所示。

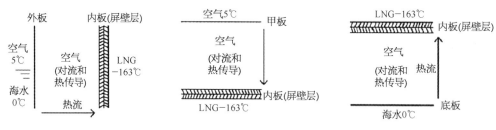

图 3-83　一维温度场简化模型

根据热力学基本原理，一维稳态导热，若无内热源，则其导热方程可以简化为：

$$\mathrm{d}^2 T / \mathrm{d} x^2 = 0 \qquad (3-8)$$

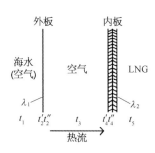

图 3-84　局部结构热量传递过程

从前文中热量传递的基本过程及相关理论中分析可以得到，对于 LNG-FSRU 结构中的任意局部结构都有：当其处于热平衡时，结构与周围介质之间的换热量总和一定为零，即保持热平衡。如图 3-84 所示，该模型热量传递过程为：热量从空气或海水通过对流与外板外壁进行换热→外板进行热传导→外板内壁与中间空气对流换热→中间空气与内板外壁对流换热→屏壁层（将多层平壁简化为单层）进行热传导→屏壁层与 LNG 对流换热。

将上述过程联立方程进行求解可求得局部封闭舱室的温度情况。

② 液货舱围护系统的热传导系数。根据资料显示，薄膜型 LNG 液货舱货物围护系统是由多层结构组成的，从内至外分别是主屏壁薄膜、主绝缘箱、次屏壁薄膜、次绝缘箱、树脂层。树脂层紧挨结构内壳板，液货舱货物围护系统具体结构形式如图 3-85 所示。

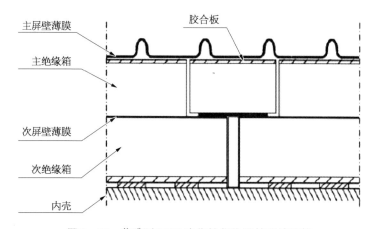

图 3-85　薄膜型 LNG 液货舱货物围护系统结构

主/次绝缘箱为胶合板材质木箱,内部隔热材料干为燥膨胀珍珠岩。常温下珍珠岩的热传导系数在 0.000 021～0.000 062 W(mm·K)范围内,胶合板的热传导系数约为 0.000 15 W(mm·K)左右,根据 LR 的推荐值来选取绝缘木箱材料热物理属性。多层结构各层材质(按顺序排列)的主要尺寸及热物理属性见表 3 - 34。

表 3 - 34　围护系统各层结构尺寸及热物理属性表

名　称	厚度(mm)	热传导系数 λ[W/(mm·k)]	热膨胀系数 $\beta(10^{-6}/k)$
殷瓦钢	0.7	0.045 3	1.5
绝缘木箱	230	0.000 281	2.0
殷瓦钢	0.7	0.045 3	1.5
绝缘木箱	300	0.000 278	2.0
树脂	10	0.302	—

对于上述由不同材料层组成的多层结构,也称多层平壁。多层平壁截面上的温度分布是通过对每一层的导热分析求得的。为此,在实际分析时,将多层平壁简化为一层。根据能量守恒的原理,等效后的多层壁的热传导系数 λ 为:

$$\lambda = \Sigma_i \delta_i / \Sigma_i (\delta_i / \lambda_i) \tag{3-9}$$

式中,δ_i 代表各层平壁的厚度;λ_i 代表各层平壁的热传导系数。将上表中数据代入公式,可以求出多层平壁等效热传导系数:

$$\lambda = 0.002 85 \text{ W/m·k} \tag{3-10}$$

③ 简化计算结果。对于 LNG - FSRU 这种大型船体结构,由于结构内外板相对整个热传递系统所占的厚度较小,进行热传导分析时,将内板和外板当作是温度均匀的材料,不考虑其热阻,同时认为结构内空气层温度均匀,不考虑其流动产生的影响,将一维简化模型改写,进一步用传热热阻的方法研究。首先求解船体内壳的温度,由能量守恒可知热量从外部传递到船体内部 LNG 的过程中,需要克服对流热阻和屏壁层热阻。

将上述计算结果代入联立方程组中,可以求得局部温度结果。以下给出简化模型温度场 IGC 规则中的工况下的计算结果,将计算结果与 GTT 公司针对该船型的温度场计算结果进行对比,对比结果见表 3 - 35。

表 3 - 35　简化模型温度场计算结果　　　　　　　　　　(℃)

船体区域		简化计算结果	GTT 结果	结果差值绝对值	相对误差百分比
内壳	内甲板	−10.88	−11.5	0.62	5.4%
	斜旁板(顶边舱内)	−5.31	−5.1	0.21	4.1%
	内壳侧上部	−3.89	−6.8	2.91	42.8%
	内壳侧下部	−6.94	−6.8	0.14	2.1%

船体区域		简化计算结果	GTT 结果	结果差值绝对值	相对误差百分比
内壳	斜旁板（底边舱内）	−6.9	−5.9	1.0	16.9%
	船底内板	−6.16	−5.0	1.16	23.2%
外壳	外甲板	−2.1	−2.4	0.3	12.5%
	舷侧顶列板	0.1	1.5	1.4	93.3%
	水线上舷侧外板	−0.1	0.0	0.1	—
	水线下舷侧外板	−0.3	−0.3	0.0	0.0%
	舭部外板	−0.2	−0.2	0.0	0.0%
	船底外板	−0.2	−0.2	0.0	0.0%

从表 3-35 中可以看出，采用简化计算方法进行计算得到的结果与 GTT 公司计算结果差异较小，最大差值绝对值为 2.91℃，出现在内壳侧上部区域；最大相对误差百分比为 93.3%，出现在舷侧顶列板区域，该区域温度简化计算结果为 0.1℃，GTT 给出的温度结果为 1.5℃，结果差值绝对值为 1.4℃，由于温度基数较小，导致相对误差百分比较大。同时，由于温度基数较小的原因，在斜旁板（底边舱内）、内壳侧上部、外甲板和船底内板简化计算结果与 GTT 结果相对误差百分比较大，分别为 16.9%、42.8%、12.5% 和 23.2%，而温度差值绝对值较小，分别为 1.0℃、2.91℃、0.3℃ 和 1.16℃，在结构设计初期对结构选取等产生影响较小。因此综上可以得出，采用简化计算方法计算 LNG-FSRU 温度分布时，计算结果较为准确，可在 LNG-FSRU 概念设计或者初期设计阶段，作为温度选取方法快速给出温度结果。

2）双排舱稳态温度场分析

（1）数值方法。

① 导热微分方程。傅里叶定律可确定温度梯度和热流密度矢量的关系，某一单一节点物体内的温度场可表示为：

$$T = f(x, y, z, t) \tag{3-11}$$

为了确定这一温度场，需要找出描述这个温度场的微分方程，即导热微分方程。

假设在研究中的物体是各项同性的连续介质，其导热系数为 λ，比热容为 c，密度都为已知项，并且物体内有均匀恒定的内热源，如果内热源释放出热量，则内热源为正值；如果内热源吸收热量，则内热源为负值。在导热过程的物体中取出一个微元体 $\mathrm{d}V = \mathrm{d}x\mathrm{d}y\mathrm{d}z$。根据热力学第一定律分析，微元体在单位时间内增加的热能等于微元体内热源的发热量与导入微元体的净热流量之和。

② 边界条件。传热过程中，在物体的表面上可以建立以下边界条件：

在 Γ_1 边界上，给出物体边界上的温度：

$$T = T(\Gamma, t) \tag{3-12}$$

在 Γ_2 边界上,给出物体边界的热流密度:

$$\lambda_x(\partial T/\partial x)n_x + \lambda_y(\partial T/\partial y)n_y + \lambda_s(\partial T/\partial z)n_s = q \tag{3-13}$$

在 Γ_2 边界上,给出边界层的对流:

$$\lambda_x(\partial T/\partial x)n_x + \lambda_y(\partial T/\partial y)n_y + \lambda_s(\partial T/\partial z)n_s = h(T_f - T) \tag{3-14}$$

若考虑热辐射的影响,在 Γ_4 边界上给出边界层的对流边界条件:

$$\lambda_x(\partial T/\partial x)n_x + \lambda_y(\partial T/\partial y)n_y + \lambda_s(\partial T/\partial z)n_s = \delta\varepsilon(T_f^4 - T^4) \tag{3-15}$$

式(3-12)称为第一类边界条件;式(3-13)称为第二类边界条件,当 $q=0$ 时就是绝热边界条件;式(3-14)称为第三类边界条件;式(3-15)称为第四类边界条件。

$\Gamma_1 + \Gamma_2 + \Gamma_3 + \Gamma_4 = \Gamma$,$\Gamma$ 是整个域 Ω 的全部边界。

(2) 数值计算分析。

① 计算模型及其简化。典型的薄膜型双排舱 LNG-FSRU 结构采用双排共 8 个液货舱的结构布局,具体形式如图 3-86 所示。

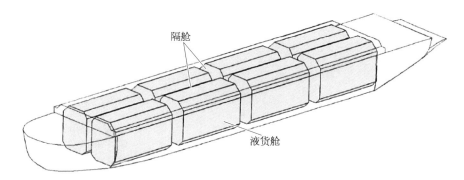

隔舱

液货舱

图 3-86 典型 LNG-FSRU 示意图

以 270 000 m³ 双排舱 LNG-FSRU 为例,结构的主尺度见表 3-36。

表 3-36 270 000 m³ LNG-FSRU 主尺度

项　　目	数　　值	项　　目	数　　值
总长(m)	341.600	设计吃水深度(m)	11.440
两柱间长(m)	336.000	结构吃水深度(m)	12.000
型宽(m)	58.000	压载吃水深度(m)	9.100
型深(m)	27.534	最大航速(kn)	15.0

典型的 LNG‑FSRU 的剖面如图 3‑87、图 3‑88 所示,主要结构为隔舱、机舱、双排液货舱等舱室。

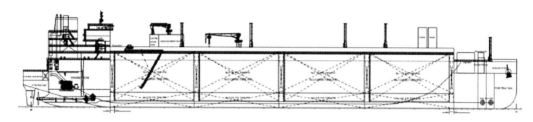

图 3‑87 典型 LNG‑FSRU 的纵剖面图

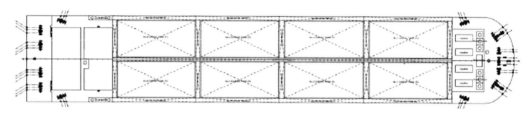

图 3‑88 典型 LNG‑FSRU 的横剖面图

② 有限元模型。在研究船体结构温度场时,将液货舱区完整建模之后进行温度场分析是最为准确的办法,但这样的弊端是建模工作量及软件分析的计算量巨大。通常在进行温度场分析时,可采用建立二维模型和三维模型的方法。在二维模型中,通常选取液货舱的中部一个肋距的范围为计算范围,在其水平方向和垂直方向上按照肋骨间距进行划分,在船长方向上只划分一个单元,在三维模型中,一般是对单一液货舱进行建模,通常情况下应当建立完整的液货舱模型,但如果舱室结构形式比较规整,则可以考虑其对称性,建立 1/2 或者 1/4 液货舱的模型进行计算分析。

在建模过程中,LNG‑FSRU 船体结构分析与其他常规船型类似,使用二维板单元和一维梁单元建立,可忽略肋骨的模拟,但是在计算过程中应将其考虑到对流换热中。

基于以上分析,由于 LNG‑FSRU 结构形式的特殊性,为了准确地体现其受超低温作用的情况,选取中间 3 个舱段作为研究对象,把主次绝热层结构都建立到模型中,更加真实地模拟 LNG‑FSRU 热交换过程中的热传导和热对流两种热交换形式。

利用 MSC/PATRAN 软件建立三舱段立体模型,如图 3‑89~图 3‑91 所示,模型的尺寸单位采用 mm。

③ 模型热边界条件分析。大型的 LNG‑FSRU 在实际海域作业时,该热系统十分复杂,很多因素都会对其热传递过程产生影响,主要的换热过程包括:LNG‑FSRU 结构水线面以上外壳部分与空气之间的对流换热;结构自身之间的热传导;海水之间与结构水线

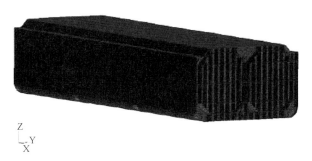

图 3 - 89　LNG - FSRU 三舱段有限元模型

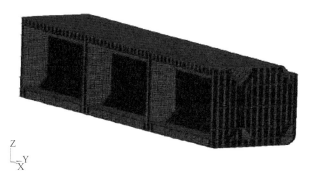

图 3 - 90　LNG - FSRU 三舱段有限元模型剖视图一

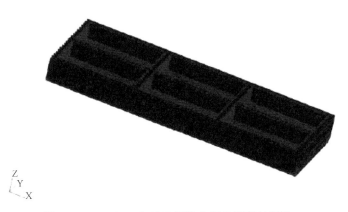

图 3 - 91　LNG - FSRU 三舱段有限元模型剖视图二

面以下外壳部分的对流换热;结构双层壳体之间空气的自然对流换热;液货舱屏壁层与 LNG 之间的对流换热;结构内壳与屏壁层之间的热传导;方腔内的辐射换热;结构外表面的太阳辐射换热,等等。可以看出 LNG - FSRU 处于作业工况时,其热传递过程受诸多因素作用导致其十分复杂,在进行热分析时若将所有影响统统进行考虑分析,则该热传递问题将变得极其复杂甚至无法解决。因此,出于对工程实际需要的及计算分析可行性的考虑,需要在合理范围内对该复杂问题进行相应的简化处理,简化的热传递过程如图 3 - 92、图 3 - 93 所示。

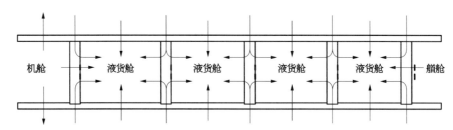

图 3－92　纵剖面上舱室之间热传递示意图

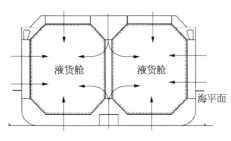

图 3－93　横剖面上热传递示意图

由以上热传递分析可见,每个舱室之间的热系统都是相互独立的,液货舱之间的热影响可以不予考虑。机舱的温度高于外界温度,可以当作一个热源来处理,显然可见靠近机舱部分的船体结构受超低温影响相对较小,而其他货舱之间都是相互独立的热传递系统,因此在研究超低温对船体的作用时,选取其中的 3 个舱段作为研究对象即可以充分说明问题。

（3）数值计算流程(稳态温度场分析流程)(图 3－94)。

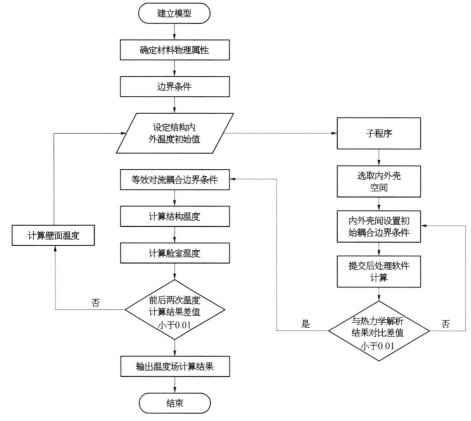

图 3－94　数值计算流程

上述计算过程将以往在结构温度计算中反复迭代以等效对路换热耦合边界条件的计算代替,将反复迭代过程转移到局部进行,节省了大量计算时间。在舱室温度计算过程中,反复迭代使用内外壁面温度作为修正条件,对等效对流换热耦合边界条件进行修正,最后得到结构稳态的温度分布情况。

(4)对流换热等效耦合系数程序实现对比分析。

船体中不同位置对流换热系数及内壳温度计算结果见表 3 - 37。

表 3 - 37　对流换热系数和内壳温度热力学解析计算结果

位　　置	结构对流换热系数[$W/(m^2 \cdot \text{℃})$]	内壳温度(℃)
侧壁水线上	2.06	−3.89
侧壁水线下	2.94	−6.94

按照船体结构特点及热传递规律,在进行局部结构有限元热分析时,内外壳之间的传热作用可以通过设置模拟对流换热过程的等效对流换热耦合边界条件来进行处理。建立有限元局部模型,模拟局部的热传递情况如图 3 - 95 所示。

设定船体外壳温度为 5℃,内壳为−163℃,内壳和外壳之间设定温度耦合边界条件,根据反复计算得到温度场结果如图 3 - 96 所示。

从图 3 - 96 中可以看出,用此方法设置对流换热耦合边界条件得到的内壳温度场结果为水线上最低温度−3.89℃,水线下最低温度为−6.94℃,将该结果与热力学解析方法计算结果对比,见表 3 - 38。

图 3 - 95　局部有限元模型

表 3 - 38　热力学解析计算结果与数值计算结果对比

位　　置	热力学解析计算结果(℃)	数值计算结果(℃)
侧壁水线上	−3.89	−3.89
侧壁水线下	−6.94	−6.94

通过将热力学解析计算结果与设置对流耦合边界条件的数值计算结果进行对比,可以看出,该数值计算方法可以较为准确地模拟温度场分布结果。

(5)稳态温度场数值计算工况及结果。

① 计算工况的选取。双排舱 LNG - FSRU 需要在不同季节、不用的海域作业,因此需要对其在不同温度环境条件下的温度场问题进行研究,目前主要的环境温度有 IGC 规则中的工况和 USCG 工况,另外为了增加对于我国的适用性,还考虑了南海工况。具体环境温度工况见表 3 - 39。

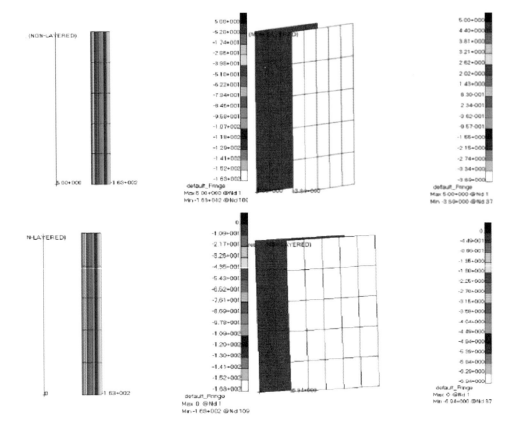

图 3 - 96　局部有限元计算结果示意图

表 3 - 39　环境温度工况

项　　目	USCG	IGC	南　海
外界温度(℃)	−18	5	21.9
海水温度(℃)	0	0	14.13
LNG 温度(℃)	163	−163	−163
风速(kn)	5	0	0

　　由工况环境设定可知,IGC 设定的工作环境温度差大于 USCG,即在 IGC 环境下的货舱内部和外界的温度差分别为 168℃和 163℃,而 USCG 的液货舱内部和外界的温度差分别为 145℃和 163℃。而且相对于 USCG 环境温度设定,IGC 空气和水温差较小,因而更能反映出超低温 LNG 对船体结构的影响,便于进一步研究绝热层破损对于船体安全的影响。在我国大型 LNG - FSRU 的主要作业区为南海,南海工况与 IGC 规则中的工况有较大不同,因此为了研究的全面性,以 IGC 规则中的工况和南海工况为研究背景。

　　② 屏壁层失效工况。

　　a. 屏壁层局部失效工况。液货舱局部位置由于屏壁层结构破损等原因,造成局部位置出现零星微小破损,在模型中考虑为一个单元大小位置失效,单元大小为肋骨间距,大约在 800~900 mm 范围内。将随机选取的位置处主屏壁层单元删去,本研究中,将失效部位设置在液货舱顶部,假设双排液货舱顶部都有失效部位出现,具体模拟失效情况如图 3-97 所示。

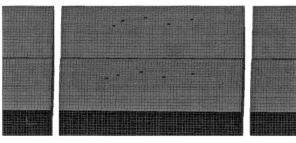 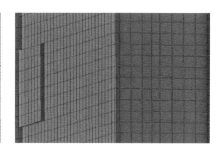

图 3-97 主屏壁层局部出现少量失效   图 3-98 主屏局部出现一片区域失效

液货舱局部由于外力破坏造成 LNG 渗透扩散,影响区域较上一种进一步扩大,变为一小块区域失效。失效范围选择 7×7 个单元范围,大概为 6 000 mm,本文将失效部位设置在液货舱侧壁中部,具体失效情况如图 3-98 所示。

液货舱侧壁与顶边斜板连接角部受到液货舱晃荡动载荷长期作用,殷瓦钢出现破坏,导致该部位主屏壁层失效,失效范围选择三舱段整个液货舱长度——3×54 000 mm,本研究假设液货舱屏壁层结构靠近舷侧的上角屿部位主屏壁层失效,具体失效情况如图 3-99 所示。

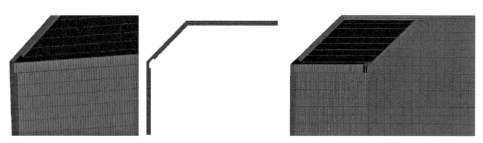

图 3-99 主屏角部出现一排区域失效   图 3-100 主次屏角部同时出现
                                              一排区域失效

液货舱侧壁与顶边斜板连接角部由于主屏失效,长时间作用后导致次屏壁层发生失效。失效范围选择与主屏失效时相同,假设液货舱屏壁层结构靠近舷侧的上角屿部位主次屏壁层均失效,LNG 直接作用于液货舱钢结构外壳上,具体失效情况如图 3-100 所示。

b. 主屏壁层整体失效工况。由于液货舱局部失效,LNG 进入主屏壁层内流动,导致某一单独液货舱主屏壁层失效,在模型中删除单一液货舱主屏壁层单元进行模拟,失效情况如图 3-101 所示。

[]

图 3-101 单一液货舱主屏壁层整体失效

双排液货舱中主屏壁层间隔失效情况如图 3-102 所示。

双排液货舱中主屏壁层全部失效，失效情况如图 3-103 所示。

在主屏壁整体失效时由于横向传热相互影响而纵向传热互不影响，因此计算时将两种工况分别计算，但讨论分析时要合在一起。

（6）稳态温度场计算结果。

在稳态温度场计算分析时，通常认为液货舱内部充满 LNG，因此这里考虑内部整体温度边界条件为−163℃，外部以环境温度作为边界条件，用 MSC Nastran 软件进行计算分析，得到了在 IGC 规则中的工况及南海工况下温度场的计算结果，如图 3-104 所示。

图 3-102 双排液货舱间隔主屏壁层整体失效

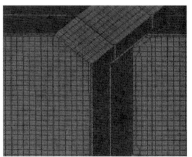

图 3-103 双排液货舱全部主屏壁层整体失效

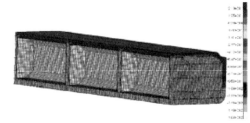

图 3-104 IGC 规则中的工况（左）与南海工况（右）温度场计算结果示意图

IGC 规则中的工况和南海工况下内壳区域主要温度分布如图 3-105 所示。

从内壳结构温度分布情况可以看出，双排舱结构的低温主要出现在内壳中部上下斜旁板处，IGC 规则中的工况下该部位温度为−19.8℃，而南海工况下该部位温度为−16.1℃，该区域受液货舱内低温液体影响较大，除中横隔舱区域外，内壳其他部位由于直接与外壳对流换热，受外界环境影响温度有较大变化。IGC 规则中的工况和南海工况下横向强框架和横向隔舱温度分布如图 3-106 和图 3-107 所示。

图 3 - 105　IGC 规则中的工况(左)与南海工况(右)内壳温度分布示意图

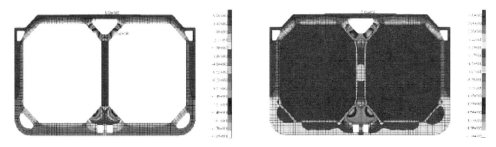

图 3 - 106　IGC 规则中的工况横框及隔舱温度分布示意图

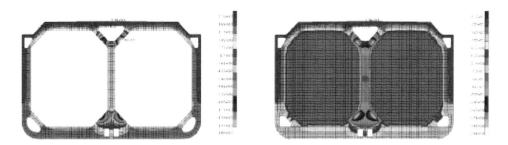

图 3 - 107　南海工况横框及隔舱温度分布示意图

从图 3 - 106 和图 3 - 107 中可以看出,横框部位由于跟内外壳接触,最低温度同样出现在中横隔舱部位的上下斜旁板处,但由于横框还受到热传导作用的影响,与内壳接触部位最低温度高于内壳该部位最低温度;隔舱由于有加热器的作用,温度受低温影响较小。

根据 IGC 规则中的工况和南海工况下温度场计算结果,在横向设置如图 3 - 108 所示位置关键节点,节点温度见表 3 - 40。

从温度结果来看,船体外壳温度分布变化较小,内外壳在热流平衡条件作用下温度基本保持稳定,在甲板中部和船底中部出现温度降

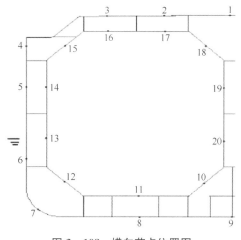

图 3 - 108　横向节点位置图

低部位,这是由于双排舱结构在液货舱横向中顶部和底部斜旁板处出现低温区域,因此会对该区域附近的甲板及船底板产生对流和导热,导致该区域温度降低。

表 3-40　船体各部分温度情况表　　　　　　　　　　　(℃)

位　　置	IGC 工况温度	南海工况温度
1	−2.4	17.8
2	1.3	18.2
3	1.3	18.2
4	1.3	17.9
5	0.0	16.8
6	−0.3	13.8
7	−0.2	13.9
8	−0.2	13.9
9	−0.5	5.86
10	−17.6	−13.4
11	−3.7	3.16
12	−5.8	2.12
13	−3.4	1.65
14	−3.0	3.24
15	−6.3	3.46
16	−11.5	3.72
17	−11.5	3.73
18	−19.8	−16.1
19	−3.5	−2.98
20	−3.8	−3.12

(7) 屏壁层局部失效温度场计算结果。

① 主屏壁整体失效工况 1、工况 2。

a. 中横隔舱加热器工作。主屏壁整体失效工况 1 情况下,单一液货舱主屏壁层失效,超低温液体直接作用在次屏壁层上,这会对横向另一侧液货舱产生影响,但对纵向结构没有直接影响,内壳温度场分布情况如图 3-109 所示。

主屏壁整体失效工况 2 情况下,液货舱主屏壁间隔失效,超低温直接作用在次屏壁上,这对横向另一侧液货舱温度分布产生影响,对纵向结构没有直接影响,工况 2 内壳温度场分布情况如图 3-110 所示。

从图 3-109、图 3-110 中可以看出,温度分布整体趋势一致,液货舱主屏壁层失效仅会对横向另一侧液货舱温度分布产生影响。

图 3‑109　单一液货舱主屏壁失效温度场分布示意图

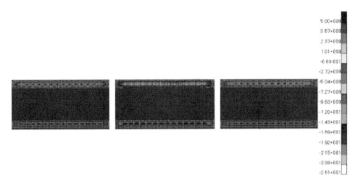

图 3‑110　液货舱主屏壁间隔失效温度场分布示意图

b. 中横隔舱加热器故障失效。当中横隔舱加热器失效时,对主屏壁整体失效工况 1 进行计算,中横隔舱工作时维持常温 5℃,失效后中横隔舱内仅靠对流传热。加热器失效后在工况 1 下船体内壳温度分布如图 3‑111 所示。

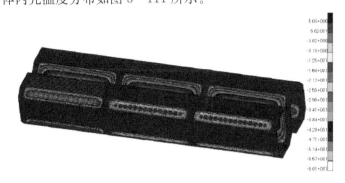

图 3‑111　单一液货舱主屏壁及加热器失效温度场分布示意图

从图 3‑111 中可以看出,当中横隔舱加热器失效时,对纵向没有影响,低温区域出现在中横隔舱区域,最低温度达到－60.1℃。

根据加热器工作与失效情况并考虑单一液货舱主屏失效工况下的温度场计算结果,在横向如图 3‑112 所示位置设置关键节点,节点温度见表 3‑41。

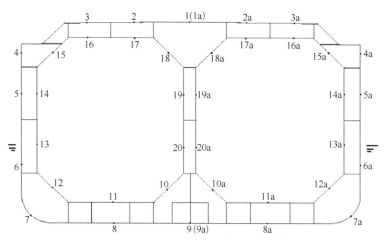

图 3-112 横向节点位置

表 3-41 船体各部分温度结果 （℃）

加热器工作				加热器故障			
节点	主屏完好	节点	主屏失效	节点	主屏完好	节点	主屏失效
1	−2.4	1a	−2.4	1	−4.1	1a	−4.1
2	1.3	2a	1.3	2	1.3	2a	1.3
3	1.3	3a	1.3	3	1.3	3a	1.3
4	1.3	4a	1.2	4	1.3	4a	1.2
5	0.0	5a	0.0	5	0.0	5a	0.0
6	−0.3	6a	−0.3	6	−0.3	6a	−0.3
7	−0.2	7a	−0.2	7	−0.2	7a	−0.2
8	−0.2	8a	−0.2	8	−0.2	8a	−0.2
9	−0.5	9a	−0.5	9	−3.72	9a	−3.72
10	−18.8	10a	−21.2	10	−24.7	10a	−25.3
11	−3.7	11a	−4.2	11	−3.7	11a	−4.2
12	−5.8	12a	−11.9	12	−5.8	12a	−12.1
13	−3.4	13a	−4.2	13	−3.4	13a	−4.3
14	−3.0	14a	−3.7	14	−3.0	14a	−3.7
15	−6.3	15a	−10.6	15	−6.3	15a	−10.6
16	−11.5	16a	−12.8	16	−11.5	16a	−12.9
17	−11.5	17a	−12.8	17	−11.5	17a	−12.9
18	−21.2	18a	−26.1	18	−28.1	18a	−32.3
19	−3.5	19a	−4.3	19	−56.6	19a	−60.1
20	−3.8	20a	−4.7	20	−55.2	20a	−58.6

通过对比分析上述计算结果可知,横向单一液货舱主屏壁层失效时,该液货舱外部内壳区域温度会降低,但整体降幅在 1~2℃左右,对外壳结构温度分布几乎无影响;同时,隔舱加热器的故障失效,仅对中部区域产生影响,对中横隔舱影响最大(温度降低5.8℃),对其他区域几乎无影响,但隔舱加热器故障后在中横隔舱区形成的低温区域会对该区域产生较大温度应力,同时该区域钢材低温脆性断裂也会对结构安全产生较大影响,因此应对此问题予以重视。

② 主屏壁整体失效工况 3。当处于主屏整体失效工况 3 时,液货舱主屏壁全部失效,超低温液体直接作用在次屏壁层上。由于热阻减小,且结构左右工况对称,结构温度与液货舱温度场计算时同样在中横隔舱两侧对称分布,但整体温度有所下降。这里同样在中横隔舱加热器工作和失效两种工况下对液货舱温度场进行模拟计算,船体内壳温度分布如图 3-113 所示,节点温度见表 3-42。

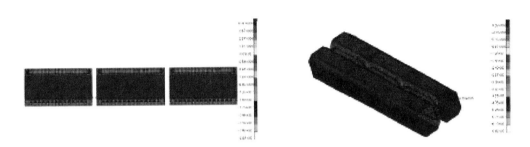

图 3-113　液货舱主屏壁全部失效温度场分布示意图:
加热器工作工况(左)、加热器故障工况(右)

表 3-42　船体各部分温度结果表　　　　　　　　　　　　　　（℃）

加热器工作		加热器故障		加热器工作		加热器故障	
节点	主屏失效	节点	主屏失效	节点	主屏失效	节点	主屏失效
1	−2.7	1	−4.7	11	−4.2	11	−4.3
2	1.3	2	1.3	12	−11.9	12	−12.0
3	1.3	3	1.3	13	−4.2	13	−4.3
4	1.2	4	1.2	14	−3.7	14	−3.7
5	0.0	5	−0.1	15	−10.6	15	−10.6
6	−0.3	6	−0.3	16	−12.8	16	−12.9
7	−0.2	7	−0.2	17	−12.8	17	−12.9
8	−0.2	8	−0.2	18	−28.4	18	−34.2
9	−0.9	9	−4.47	19	−4.3	19	−66.5
10	−22.5	10	−27.6	20	−4.7	20	−62.1

通过对液货舱主屏全部失效工况的计算结果可以看出,当隔舱加热器工作时,与横向单一液货舱主屏失效工况相比,对整体结构温度分布影响很小,仅对中部上下斜旁板及横向甲板中部、横向船底板中部有一定的影响(温度降低 0.4～2℃左右),对其他区域几乎无影响;当加热器故障失效后,对横向中部区域影响较大,中横隔舱最大温度降低 6.4℃,中部上下斜旁板也有 2℃左右的降低,横向中部最低温度达到 −66.5℃,但整体温度与单一液货舱主屏壁失效差别不大,因此在研究主屏壁失效问题时,为了减小工作量、节约分析时间,可以主要对单一液货舱主屏失效工况进行研究。

3)双排舱晃荡分析

有很多因素会对液货舱晃荡产生影响,如浮体结构的运动周期和运动幅值、流体的自然振动周期、液货舱内部构件所产生的阻尼、舱内流体的黏性、舱内气体的气垫效应等。随着科技的进步,在实际工程中,对结构的要求越来越高,尤其是大型 LNG 船中的液货舱结构,其建造难度大、附加值高,需要较高的安全性,所以更应全面地考虑影响其液货舱结构设计的因素。

(1)船舶频域水动力特性研究。

① 计算分析理论。采用三维势流理论求解浮体在波浪中的运动时,需要假设流体为理想流体——不可压缩且作无旋运动,并忽略流体黏性及旋涡效应的影响。理想流体满足拉普拉斯方程。

② 线性波理论。速度势的自由面边界条件是非线性的,且波面方程 $\eta(x, y, t)$ 也为未知量,因此求解拉普拉斯方程非常困难。此外,对瞬时波面的不确定性,可以应用泰勒级数展开式来求得在静水面 $z=0$ 处的自由水面条件。

线性波理论可以解决线性波浪问题。通过对其进行简化,只考虑一阶近似的控制方程和边界条件,将解出一阶速度势代入一阶伯努利方程中,即可求得一阶波浪力。

在海洋结构水动力分析中,通常采用绕射理论对大型结构进行分析,但对于结构复杂的大型结构很难得到解析解,因此需要用数值计算的方法来求解。在 AQWA 软件中使用的数值解法为边界元法,也称三维源分布法。边界元法在浮体结构表面进行适当的源分布,可表示流场中任一点的速度势。

当求出源强分布函数 $f(x, y, z)$ 以后,就可以求出浮体的速度势 $\phi(x, y, z)$,从而确定整个流场速度势。

由于浮体在流体中的运动会带动流场产生辐射势,同时由于力的相互作用,辐射势也会对浮体产生影响,这就是浮体的辐射效应。辐射势的确定,需要对其拉普拉斯方程和边界条件进行联立求解,这就是辐射势的定解条件。在线性波假设情况下,辐射势的定解问题同样也是线性的。

在水动力计算分析中引入两个坐标系,固定的全局坐标系 $o-xyz$,其坐标原点 o 固定在静止的水面处某点,oz 垂直于静水面向上,ox 沿浮体船长方向指向艏部,oy 垂直于两轴指向船体左舷。当船体处于平衡位置时,其坐标轴平行于全局坐标系;当浮体运动时,坐标系随浮体一起做六自由度运动。如图 3 - 114 所示。

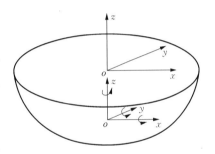

位移的虚部和实部代表浮体运动的相位差和幅值,可以根据频率计算在单位波幅的作用下浮体运动的幅值 RAO 和相位 RAO。

(2) 船舶频域 RAO 结果及水动力频域计算。

使用基于三维势流理论的 AQWA 软件在频域范围内对双排舱型 LNG - FSRU 实船进行水动力分析,

图 3 - 114　浮体计算坐标系

得到结构在各个浪向及不同载液率下的船体运动幅值响应算子。之后对各工况下的船体运动情况进行对比分析。

研究的 270 000 m³ LNG - FSRU 实船采用双排液货舱结构形式,共计 4 对 8 个 NO.96 薄膜型液货舱,该船主尺度见表 3 - 43。

表 3 - 43　270 000 m³ LNG - FSRU 主要参数　　　　　　　　　　　（m）

总　长	垂线间长	总　宽	型　深	吃　水
341.6	336	58	27.534	11.440

首先建立 LNG - FSRU 几何模型,之后导入 ANSYS 软件 Workbench 平台进行网格划分,由于本部分计算不涉及该 LNG - FSRU 结构应力分析,只对其在海洋环境中的运动特性进行计算,因此只建立其湿表面模型,同时船体材料的参数和内部结构对水动力性能计算也不会产生影响。建立的 LNG - FSRU 频域水动力分析模型如图 3 - 115 所示。

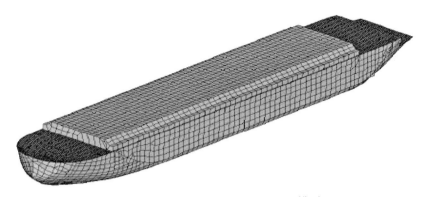

图 3 - 115　LNG - FSRU 水动力分析模型

在进行水动力分析时,分别选取载液率为 10%、20%、30%、40%、50%、60%、70%、80%、90% 的工况作为计算工况。在 LNG - FSRU 频域水动力模型建好以后,需要设置环境参量。计算水深取无限,海水作业海域的密度取 1 025 kg/m³。由于 LNG - FSRU 常年固定作业,因此计算速度取 0 m/s,计算浪向分布如图 3 - 116 所示。

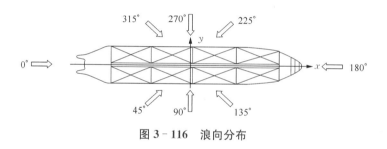

图 3 - 116　浪向分布

LNG - FSRU 的 RAO(幅值响应算子)：

一般情况下,在船体水动力频域分析中,船体在波浪中的动态特性通常以频率响应来研究。假设一阶波浪力与入射波幅是成正比的关系,因此作为线性系统的 LNG - FSRU,其在规则波中的运动响应与入射波幅也应该是成正比的关系。通常,类似于一阶波浪力,浮体运动响应算子是关于频率响应的函数形式,即 RAO 表示单位波高下的浮体运动响应。下面给出 LNG - FSRU 在不同载液工况下横浪和迎浪时船体的单位 RAO,如图 3 - 117、图 3 - 118 所示。

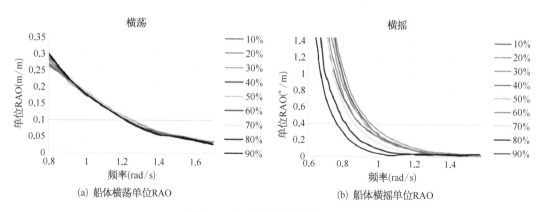

(a) 船体横荡单位RAO

(b) 船体横摇单位RAO

图 3 - 117　横浪下的单位 RAO

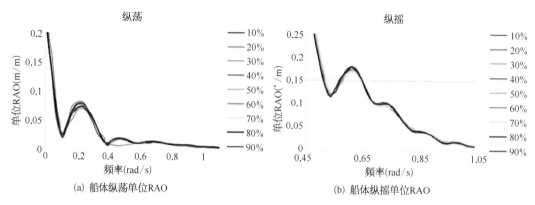

(a) 船体纵荡单位RAO

(b) 船体纵摇单位RAO

图 3 - 118　迎浪下单位 RAO

图 3 - 117 表示横浪下各载液工况时 LNG - FSRU 横荡和横摇的 RAO,图 3 - 118 表示迎浪下各载液工况时 LNG - FSRU 纵荡和纵摇的 RAO。从这两图中可以看出该 LNG - FSRU 的运动特性:对于该 LNG - FSRU 的横荡运动,RAO 随着入射波频率的增加而呈现线性的减小,在不同载液工况下,RAO 曲线变化不明显;对于其横摇运动,RAO 随着入射波频率的增大而迅速减小,可以明显看出低载液率工况的 RAO 曲线略高于高载液率工况,说明载液率降低会加剧 LNG - FSRU 的运动;对于其纵荡运动,RAO 的整体趋势依然是随着入射波频率的增大而降低,在频率 0.2 rad/s 附近 RAO 幅值出现一波明显增大,之后则一直维持较低水平,船体运动稳定,表现为明显的低频特性;而对于其纵摇运动,趋势与纵荡运动相似,RAO 随着入射波频率在 0.6 rad/s 附近有一波明显升高,之后几乎成线性降低。由此可得,无论是纵荡运动还是纵摇运动,液货舱载货率对 RAO 都不会产生明显影响。同时,低频时的 LNG - FSRU 在水平方向上的位移较大,这与船体结构受到的二阶慢漂力有关,整体上该 LNG - FSRU 在高频入射波下的运动响应幅值都比较小,整体运动状态比较稳定。

(3) 液货舱一阶晃荡分析。

数值计算方法:

纳维-斯托克斯方程为不可压缩黏性流体动量守恒的运动方程,简称 N - S 方程。

RANS 方程:

通常流体在液货舱内运动时处于湍流状态,引入 Reynolds 平均法,将液体湍流运动当作是时间平均流动和瞬态脉动流动两个流动叠加而成的,任意一个变量的时间平均值由下式来定义:

$$\bar{\phi} = \frac{1}{\Delta t} \int_t^{t+\Delta t} \phi(t)dt \tag{3-16}$$

导致方程组变得不封闭是因为有六个 Reynolds 应力项的增加,所以要使方程组封闭,需要引入湍流模型。

湍流模型:

流体的一种复杂的、高度非线性的流动是湍流,Launder 和 Spalding 在 1972 年引入湍流动能 K 的耗散率 ε 的方程,提出使用 K - ε 湍流模型进行湍流计算。

自由表面处理:

在自由表面捕捉时,由于界面的 VOF 方法中的法向量不能够准确地计算,而界面的 Level - Set 方法质量守恒性较差,根据两种方法各自的优缺点,此处使用近年来新兴起的一种界面捕捉耦合方法。

求解二相或者多相介质问题的 Level - Set 方法一般求解步骤为:初始化→求解 Level - Set 方程→重新初始化→求解物理量的控制方程→重复第2～第4步,进入下一时间步的计算。

Hirt 和 Nichols 在 1981 年,首次提出了一种自由液面液体运动界面捕捉的方法——VOF 方法。该方法的基本原理是给出一个网格单元内流体与网格的体积比的函数

F(Ω，t)，通过这个函数来确定液体自由表面捕捉液面的变化。主要计算思想是，用定义的函数 F(Ω，t)表示流体体积在计算网格区域体积中占据的比例份额，用气体和液体两种介质对函数 F(Ω，t)进行描述。

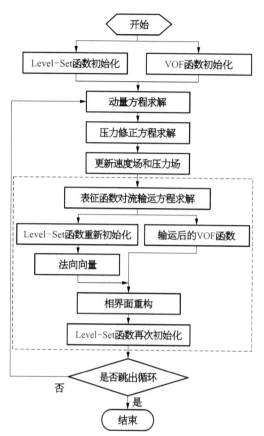

图 3-119　CLSVOF 方法计算流程

已有研究表明，Level-Set 方法便于法向的向量、相界面的曲率等几何参数的计算，但其最大的问题是在 φ 函数的输运及其重新初始化的过程中方程无法保持质量守恒；VOF 方法中体积函数的不连续性将会导致数值计算存在误差。而用 Level-Set 方程计算 VOF 的体积份额，又用 VOF 体积份额来修正 Level-Set 方程时，可以用 CLSVOF 方法弥补计算中的不足，提高界面捕捉的精度。

CLSVOF 方法捕捉两相流界面的主要过程包括函数的初始化、相函数对流输运方程的求解、流动控制方程的求解、函数的再次重新初始化及界面重构等，计算流程如图 3-119 所示（虚线内表示 VOF 方法与 Level-Set 方法耦合的部分）。

（4）数值方法的实验验证。

① 实验装置及工况。为了验证 CLSVOF 方法模拟具有自由表面液货舱晃荡实际问题的精确性和可行性，将其与大连理工大学矩形液货舱水平晃荡试验结果进行对比。

该矩形液货舱水平晃荡实验在大连理工大学工业装备结构分析国家重点实验室内进行，主要设备如图 3-120 所示。

该试验采用横荡激励，平台运动位移公式：

$$X(t) = A\sin(2\pi, f_t)$$

选择的实验矩形液货舱如流程图中所示，内壁长 L 为 970 mm，宽 B 为 158 mm，高 H 为 927 mm，矩形液货舱的压力监测位置及主尺度如图 3-121 所示。实验对比具体选择工况如下：载液率 $h/H = 0.2$，该液位对应的横荡激励幅值为 $A = 30$ mm，激励频率选择最低阶固有频率为 $f_1 = 0.660$ Hz，其中 $f_n = \omega_n/2\pi$。

② 数值计算模型及方法。近年来，CFD 技术飞速发展，其理论在处理流体流动问题上具有很大的适用性，在液货舱晃荡的数值研究上也有很大的进步。对液货舱晃荡的数值模拟使用 CFD 软件 Fluent 计算，计算中使用有限体积法实现控制方程的离散和求解。

控制系统平台

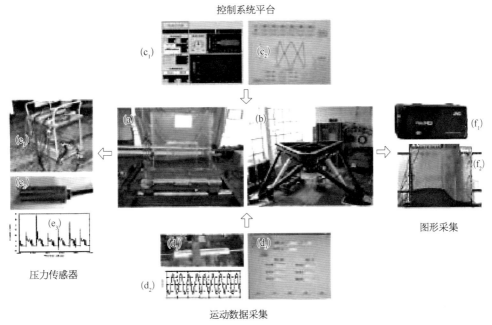

图形采集

压力传感器

运动数据采集

图 3－120　晃荡模型试验系统

　　按照图 3－121 所示的实验矩形舱尺寸，在 GAMBIT 前处理器中建立液货舱晃荡三维模型，之后对其进行网格划分，网格划分质量会对数值模拟的精度和效率产生直接影响。为了准确地对晃荡进行模拟，需要划分 113 960 个网格单元，数值计算模型如图 3－122 所示。

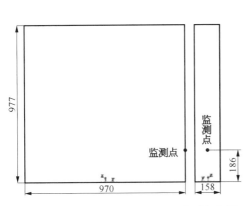

图 3－121　矩形液货舱主尺度及监测点位置

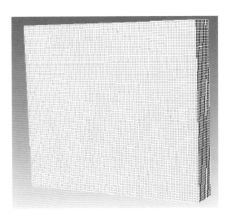

图 3－122　矩形液货舱数值计算模型

　　计算中，压力速度耦合选用 PISO 算法，动量、湍流能及湍流耗散率均选择二阶迎风插值格式（second order upwind），体积分数的插值方法使用几何重构方法（GEO），时间离散格式选择一阶隐式离散方法，使用滑移网格技术模拟液货舱运动。

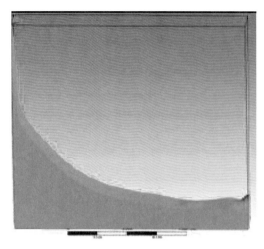

图 3‐123   数值模拟液面运动示意图

③ 数值计算结果与实验对比。通过上述模型及方法,本文得到了载液率 20％时矩形液货舱的数值模拟结果,数值模拟液货舱晃荡液面运动如图 3‐123 所示。

从图 3‐123 中实验结果与模拟结果的对比可以看出,在最低阶固有频率矩形液货舱横荡激励作用下,液体在晃荡达到最大幅值并稳定后会发生冲顶现象,到达左侧液货舱顶部后液体发生翻卷,同时右侧低位液面发生波动,在液货舱数值模拟的液面运动情况与实验中液面运动现象整体基本一致。

同时在计算模型中设置与实验监测位置相同的自由液面处压力监测点,监测时长为稳定后的 20 个波峰周期,实验中监测的压力时程曲线与数值模拟压力时程曲线对比结果如图 3‐124 所示。

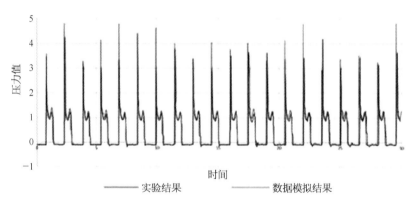

图 3‐124   实验与数值模拟中监测点压力时程曲线对比

在图 3‐124 中,蓝色线表示数值模拟结果,红色线表示实验结果,从图中可以看到数值模拟结果与实验结果整体趋势基本一致,载荷峰值发生的时刻基本重合,载荷极值大小稍有不同,这是由于液体运动的强非线性造成的,即使完全相同的两个工况计算结果峰值也无法完全一致。但是数值模拟结果的载荷峰值量级、发生时刻及载荷波动情况与实验结果都基本保持一致,且实验中监测点的最大晃荡载荷为 4.38 kPa,数值模拟中监测点的最大晃荡载荷为 4.82 kPa;20 个晃荡周期内实验监测的平均载荷峰值为 3.48 kPa,数值模拟监测的平均载荷峰值为 3.88 kPa,相对差值较小。同时,数值模拟晃荡载荷结果较实验结果略保守,数值结果可以用于结构晃荡载荷的选取。

基于以上原因,采用 CLSVOF 方法的数值模拟方法可以更为准确地模拟液货舱晃荡现象,因此在本文后续研究中,可以使用该方法对液货舱晃荡现象进行研究分析。

（5）液货舱晃荡问题分析。

对双排舱型 LNG－FSRU 液货舱晃荡问题的分析中,以 270 000 m³ 薄膜型双排舱 LNG－FSRU 为例,采用 CLSVOF 方法对该结构液货舱晃荡进行数值模拟,典型的双排舱 LNG－FSRU 液货舱结构如图 3－125 所示。

图 3－125　典型的 LNG－FSRU 液货舱结构

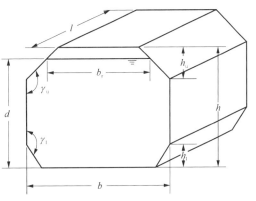

图 3－126　八边形液货舱结构几何模型

① 液货舱模型的建立。在液货舱晃荡分析中,为了更准确地模拟液货舱晃荡现象,选择建立液货舱结构三维模型进行计算分析,模型按照该 LNG－FSRU 的液货舱实际尺寸进行建立,该液货舱结构为典型的八边形结构,其几何模型如图 3－126 所示。

该液货舱结构内部主要几何参数见表 3－44。

表 3－44　八边形液货舱结构几何参数

参　　数	数　　值	参　　数	数　　值
l(m)	54 236	h_1(m)	4.839
b(m)	28 024	h_u(m)	4.839
h(m)	24 024	γ_1、γ_u(°)	135

根据上述 LNG－FSRU 液货舱结构几何尺寸参数,在 GAMBIT 前处理器中建立液货舱结构三维计算模型,模型建立时不考虑屏壁层结构尺寸。建立液货舱模型后对其进行网格划分。在网格划分时,网格的质量和数量的好坏将会直接对计算时间和数值模拟结果的精度产生影响,经过反复的对比计算,研究中采用六面体结构化网格技术划分 123 200 个网格单元,建立的三维实船液货舱模型如图 3－127 所示。

液货舱内的 LNG 密度选取为 474 kg/m³,黏度选取为 0.000 118 kg/(m·s)。

② 危险晃荡区域的选取。研究的目的是找出液货舱晃荡最大激励的参数,首先需要

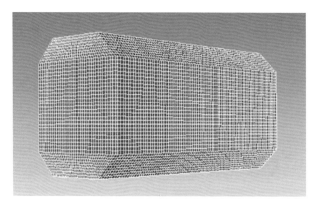

图 3‑127 LNG‑FSRU 液货舱三维数值模型图

对船舶运动海域的波浪幅值进行确定,选取作业水域的极限海况重现期分别为 10 年、50 年和 100 年,其波浪参数见表 3‑45。表中,H_s 代表有义波高,T_p 代表谱峰周期。

表 3‑45 极端海况数据表

极端海况	波浪参数	
	H_s(m)	T_p(s)
10 年重现期	6.1	11.2
50 年重现期	6.4	11.5
100 年重现期	6.5	11.5

    LNG‑FSRU 液货舱晃荡的主要影响因素是结构的横向和纵向运动,在船舶结构横向运动时正横浪对其影响最大,在其纵向运动时迎浪影响最大,基于以上原因,确定液货舱晃荡危险区域时,需要满足两点:波浪的浪向角处于最大影响范围;液货舱的固有频率与船舶的波浪遭遇频率一致。由于 LNG‑FSRU 常年处于固定作业状态,因此波浪遭遇周期即为波浪周期。

    在确定液货舱装载率后,液货舱晃荡的固有周期和固有频率是可以确定的。对于薄膜型液货舱结构,在 CCS《薄膜型液化天然气运输船检验指南》(2011)中已经给出其固有周期计算公式。根据对液货舱的固有频率进行计算得到其一阶固有频率之后,以这个频率作为结构的运动频率,在 RAO 中进行匹配,寻找到在共振情况下船体运动响应幅值算子的最大值。通过进行匹配寻找时可以发现,在液货舱纵向运动中,固有频率下液货舱纵荡运动幅值非常小,而液货舱纵摇在低液位时较大,高液位时非常小;在液货舱横向运动中,固有频率下液货舱横摇运动幅值非常小,液货舱横荡幅值相对其他情况较大。由于主要研究液货舱横向结构受液货舱晃荡载荷的作用的影响,因此主要对横荡工况不同载液率下横向平移的液货舱晃荡问题进行研究。横荡下液货舱晃荡固有频率及运动激励幅值选择见表 3‑46。

表 3 - 46 横荡作用下结构固有频率及激励幅值表

载 液 率	横向运动固有频(rad/s)	单位幅值响应算子(m⁻¹)	运动激励幅值(m)
10%	0.80	0.293	1.905
20%	0.894	0.227	1.801
30%	1.013	0.170	1.105
40%	1.073	0.148	0.962
50%	1.103	0.146	0.949
60%	1.118	0.138	0.897
70%	1.125	0.137	0.891
80%	1.129	0.130	0.845
90%	1.242	0.093	0.605

通过上述研究,得到了不同载液率下 LNG - FSRU 结构固有频率及运动激励幅值,然后在计算模拟中采用 C++ 语言编写用户自定义函数(UDF),扩展 FLENT 的程序代码后,将动态加载到环境中去,以实现模拟计算液货舱晃荡的目的。

(6) 液货舱晃荡数值计算结果。

① 横摇工况下摇摆轴位置对晃荡载荷的影响。在固有频率与 RAO 匹配时,可以发现双排舱 LNG - FSRU 横摇运动幅值非常小,由于该双排舱型结构横摇时摇摆轴位置与单排舱结构不同,因此针对不同摇摆轴位置对横摇晃荡造成的影响进行研究,选取的不同摇摆轴位置如图 3 - 128 所示。

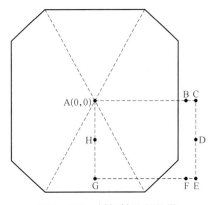

图 3 - 128 摇摆轴不同位置

研究中设置的不同摇摆轴位置如图 3 - 128 所示,位置 C 表示横坐标与摇摆轴相同,纵坐标为 0;位置 E 代表正常摇摆轴位置;位置 G 代表横坐标为 0,纵坐标与摇摆轴相同,位置 D、H 分别代表纵坐标为摇摆轴纵坐标的 1/2;位置 B、F 代表 C、E 位置与液货舱侧壁距离的 1/2 处。

有研究表明薄膜型液货舱 30% 载液率时液货舱晃荡现象最剧烈、载荷最大,因此本研究中选择 30% 载液率进行摇摆轴位置的计算。通过模拟计算分析,得到了 8 种不同工况下液货舱自由液面波动情况,如图 3 - 129～图 3 - 136 所示,图中左侧代表面对艏部指向船舷左侧的方向,右侧相反。

首先对纵坐标都为 0 的工况进行对比,从以上图中可以看出工况 B、工况 C 不同于工况 A,左侧液面冲击高度略高于右侧,这是摇摆轴位置偏离中心造成的;对纵坐标与摇摆轴相同、横坐标不同的工况 E、工况 F、工况 G 进行对比,可以看出工况 E、工况 F 液面冲击高度基本一致且左侧冲击较高,工况 G 冲击现象强于工况 E、工况 F;对横坐标与摇摆轴相同,纵坐标不同的工况 C、工况 D、工况 E 进行对比可以看到,三种情况左侧液面冲击

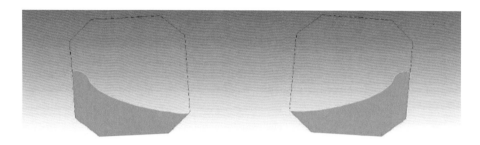

图 3‑129 工况 A 液货舱自由液面运动情况

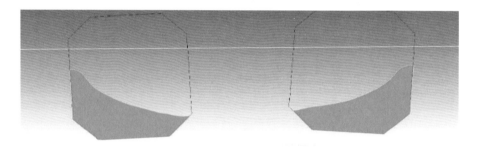

图 3‑130 工况 B 液货舱自由液面运动情况

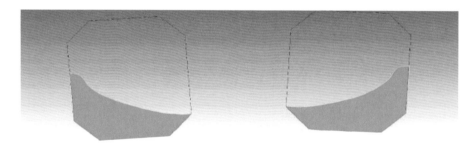

图 3‑131 工况 C 液货舱自由液面运动情况

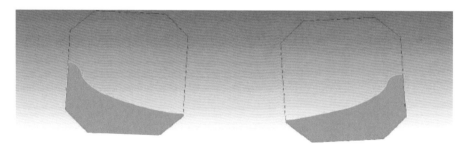

图 3‑132 工况 D 液货舱自由液面运动情况

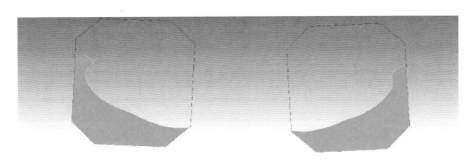

图 3 - 133　工况 E 液货舱自由液面运动情况

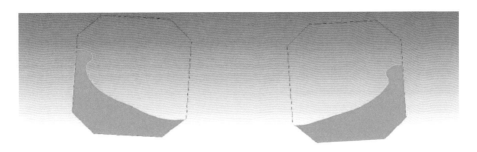

图 3 - 134　工况 F 液货舱自由液面运动情况

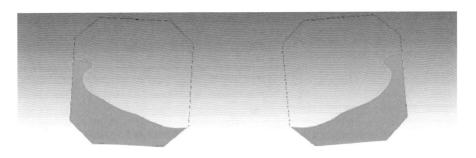

图 3 - 135　工况 G 液货舱自由液面运动情况

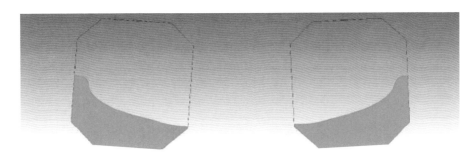

图 3 - 136　工况 H 液货舱自由液面运动情况

高度均高于右侧,且随着纵坐标的降低,工况 C、工况 D 冲击现象区别较小,但工况 E 明显强于工况 C、工况 D,左右两侧冲击差别逐渐增大;比较横坐标为 0、纵坐标不同的工况 A、工况 G、工况 H,随着纵坐标的降低,工况 A、工况 H 变化不明显,但工况 G 液面运动加剧;最后对纵坐标相同、横坐标不同的工况 D、工况 H 进行对比可以看到,工况 D 左侧液面运动略高于工况 H,右侧略低于工况 H。

在液货舱左右两壁自由液面处,计算时设置了压力监测点监测压力变化情况,图 3 - 137～图 3 - 144 给出摇摆轴不同位置的工况 A～工况 H 自由液面处左右壁面的压力时程曲线。

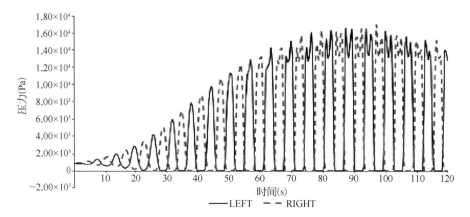

图 3 - 137　工况 A 自由液面处压力时程曲线

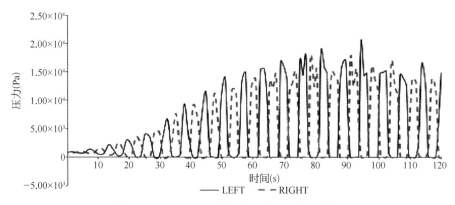

图 3 - 138　工况 B 自由液面处压力时程曲线

对比图中工况 A、工况 B、工况 C 可以看出,工况 A 左侧压力极值为 1.65×10^4 kPa,右侧压力极值为 1.68×10^4 kPa,两侧压力极值基本相同,工况 B、工况 C 则左右压力不同,工况 B 左侧压力极值为 2.03×10^4 kPa,右侧压力极值为 1.77×10^4 kPa,压力差值为 2.6×10^3 kPa,工况 C 左侧压力极值为 1.75×10^4 kPa,右侧压力极值为 1.56×10^4 kPa,

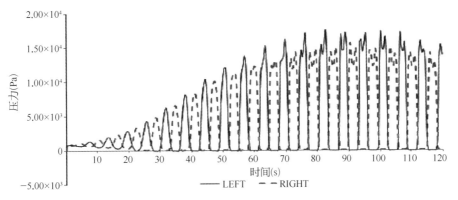

图 3 – 139　工况 C 自由液面处压力时程曲线

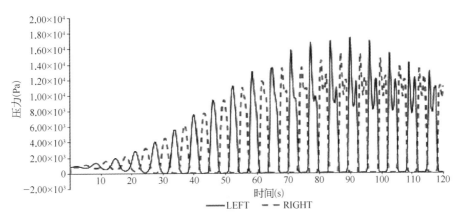

图 3 – 140　工况 D 自由液面处压力时程曲线

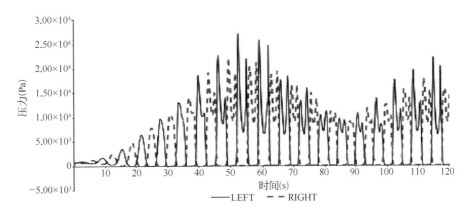

图 3 – 141　工况 E 自由液面处压力时程曲线

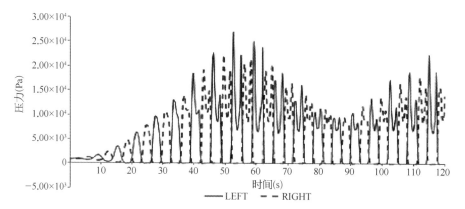

图 3‑142　工况 F 自由液面处压力时程曲线

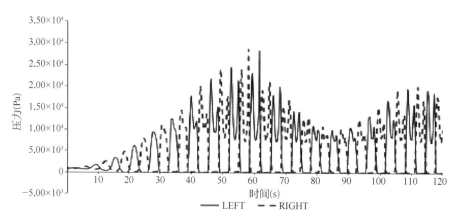

图 3‑143　工况 G 自由液面处压力时程曲线

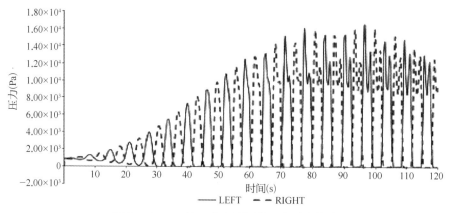

图 3‑144　工况 H 自由液面处压力时程曲线

压力差值为 1.9×10^3 kPa,从工况 A、工况 B 对比可以看出随着距原点的距离增大,左右压力极值及差值均增大,但工况 C 的压力差值与压力极值均有一定的降低;对比工况 E、工况 F、工况 G 可以看出,工况 E 左右压力极值分别为 2.71×10^4 kPa、2.21×10^4 kPa,工况 F 左右压力极值分别为 2.70×10^4 kPa、2.22×10^4 kPa,工况 G 左右压力极值分别为 3.03×10^4 kPa、2.95×10^4 kPa,从压力结果可以看出,工况 E、工况 F 左侧监测点压力大于右侧,但工况 E、工况 F 压力值趋势及压力差值几乎相同,工况 G 监测点压力时程曲线趋势与工况 E、工况 F 相同,但左右压力值均明显高于工况 E、工况 F;对比工况 C、工况 D、工况 E,工况 C、工况 D 随着左边降低,左右侧监测点压力差值逐渐增大,在工况 E 处压力表现出非线性,压力极值明显大于工况 C、工况 D;比较工况 A、工况 G、工况 H,工况 H 相比工况 A,压力极值有所下降,压力趋势变缓,当摇摆轴在工况 G 时,表现为非线性,且压力增大到工况 A、工况 H 压力极值两倍左右;最后比较工况 D、工况 H,工况 D 左侧壁压力波动与工况 H 几乎一致,但工况 D 右侧压力值明显低于工况 H。

通过上述分析可知,摇摆轴位置会对横摇晃荡产生一定的影响,在一定范围内降低摇摆轴的位置可以减缓横摇对结构带来的冲击影响,但是当降低到一定程度后液货舱横摇加剧,表现出非线性特征;双排舱结构将摇摆轴位置布置在液货舱外部,这样可以使远离摇摆轴一侧的左侧舱壁压力稍大于摇摆轴一侧的右侧舱壁压力,但是同时摇摆轴近侧压力有明显降低。

② 横荡工况下不同载液率对晃荡载荷的影响。为了研究 LNG－FSRU 液货舱横荡运动时液货舱晃荡的特点,计算工况选取表 3－46 中 10%～90% 不同载液率,使用不同载液率下的船体运动激励幅值及固有频率,通过 UFD 的编写实现液货舱横荡的模拟,最后计算得到不同载液率下液货舱内自由液面运动变化,液面运动变化情况如图 3－145～图 3－147 所示。

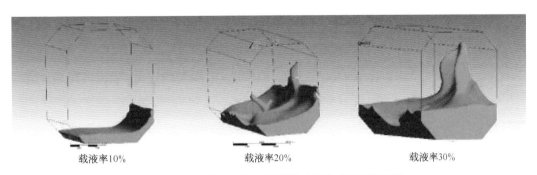

载液率10%   载液率20%   载液率30%

图 3－145　10%、20%、30%载液率下自由液面的变化

从图中可以看出,液货舱发生一阶共振时,液货舱晃荡的现象都较为明显,除 10% 载液率由于液体较少波动较小外,其他载液率情况下,随着液位的增高,自由液面液体运动现象变得非常剧烈,表现出强烈的非线性特点。

在液货舱模型自由液面处设置压力监测点,得到不同载液率下自由液面处的压力时

载液率40%　　　　　　　载液率50%　　　　　　　载液率60%

图 3‑146　40%、50%、60%载液率下自由液面的变化

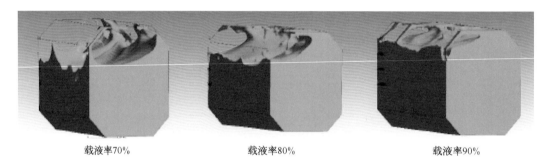

载液率70%　　　　　　　载液率80%　　　　　　　载液率90%

图 3‑147　70%、80%、90%载液率下自由液面的变化

程曲线,由于液货舱侧壁沿船长方向的自由液面冲击高度有较大差别,因此首先在液货舱侧壁中部坐标原点处设置压力监测点,之后在朝向艏部和艉部方向每间隔 5 m 设置一个压力监测点,共 11 个压力监测点,以 30%载液率为例,监测点位置如图 3‑148 所示。

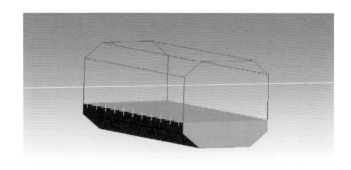

图 3‑148　压力监测点位置(黄色十字)

通过设置压力监测点可以得到不同载液率下的压力时程曲线,之后选取不同载液率下压力极值出现的监测点位置,由于重点研究的是液货舱晃荡压力极值情况,这里给出不同载液率时自由液面处压力极值位置监测点的压力时程曲线,如图 3‑149～图 3‑153所示。

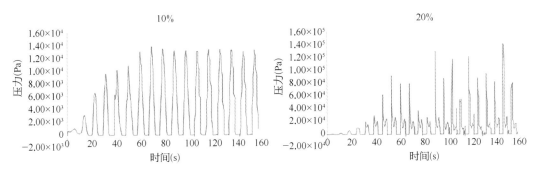

图 3 - 149 10%与 20%载液率压力时程曲线

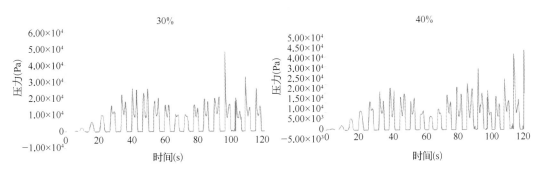

图 3 - 150 30%与 40%载液率压力时程曲线

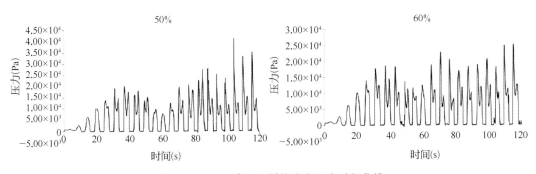

图 3 - 151 50%与 60%载液率压力时程曲线

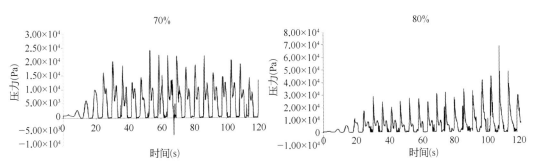

图 3 - 152 70%与 80%载液率压力时程曲线

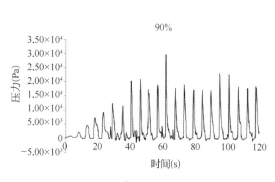

图 3‐153　90%载液率压力时程曲线

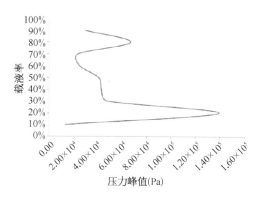

图 3‐154　不同载液率下压力峰值

从以上各图中可以看出,自由液面处压力极值为 1.38×10^4 kPa,10%低液位液货舱晃荡非线性表现不明显;除 10%载液率外,20%～90%载液率时液货舱晃荡表现出强烈的非线性特点,20%载液率下自由液面处监测点的液货舱晃荡压力极值最大,液货舱侧壁压力监测点压力极值可达到 1.39×10^5 kPa;当载液率逐渐增大时,压力极值逐渐降低,至 30%、40%、50%载液率时压力极值差值较小,分别为 4.81×10^4 kPa、4.31×10^4 kPa、4.09×10^4 kPa;当载液率为 60%时,压力极值降至 2.53×10^4 kPa;当载液率为 70%时,压力极值进一步降低至 2.40×10^4 kPa;但当载液率为 80%时,压力极值再次出现增大,达到 6.72×10^4 kPa;当载液率为 90%时压力再次降低到 2.98×10^4 kPa。

图 3‐154 给出了不同载液率下压力峰值的变化情况。

从图 3‐154 中可以看出,LNG‐FSRU 在横荡工况下,自由液面处压力峰值出现在 20%载液率,不同于以往 LNG 运输船压力峰值出现在 30%,且载液率 80%高液位时压力峰值依然较大。由于 LNG‐FSRU 结构作业时载液率变化范围较大,因此在研究中不同载液率的情况都应关注,尤其装载中,应尽量避免载液率 20% 和 80% 的装载工况。

对实船的液货舱晃荡进行研究时,为了研究液货舱极端晃荡问题,首先用固有频率与 RAO 进行匹配,得到了固有频率下船体运动激励幅值,然后在计算模拟中采用 C++ 语言编写用户自定义函数(UDF),扩展 FLENT 的程序代码后,将动态加载到环境中去,以实现模拟计算液货舱晃荡的目的。

针对双排舱特殊结构研究结果表明,摇摆轴位置降低会减小液货舱晃荡现象,同时双排舱结构摇摆轴位置在液货舱外部,可以减小液货舱对中横隔舱结构的冲击,该研究对液货船设计有一定的意义。

最后,对不同载液率下液货舱横荡进行计算分析,得到 LNG‐FSRU 在不同载液率下液货舱晃荡载荷极值分布规律,为结构分析载荷选取提供依据,同时在实际工程中提供液货舱危险载液工况。

在液货舱中,除了一阶共振对液货舱晃荡产生的影响比较大外,二阶共振问题对其影响也很重要。通过完全非线性理论、时域分析的方法,以及伪谱矩阵元法可以证明二阶共振的重要性。

目前对二阶共振现象进行研究多是采用模型试验及数值计算方法,而在理论上对二阶共振问题的研究还只局限于液货舱某一单方向上的振荡,例如纵荡运动或是横荡运动。对于大多数液货舱晃荡问题,在实际中应当考虑其所有运动模式。

单纯从线性理论出发,只能考虑简单的纵荡运动和横荡运动作用的叠加,无法考虑纵横荡运动之间的耦合作用。而对于液货舱二阶晃荡问题,其已不是简单的叠加运动问题,而是需要将两个方向的运动耦合在一起进行分析的。在研究中,这种由两个方向的耦合运动所产生的耦合项在理论分析所考虑的二维液货舱二阶单一方向的运动共振问题中是不存在的。因此基于以上原因,对三维的液货舱在横荡运动和纵荡运动耦合作用下的二阶共振问题进行研究。

为了研究二阶共振现象在实际液货舱晃荡中的问题,仍以 270 000 m^3 LNG - FSRU 液货舱为例,以二阶共振理论分析的结论作为液货舱晃荡的条件进行分析,研究横纵荡同时耦合作用带来的影响。

首先参考理论结果,考虑当 x 方向上的某个扰动频率与 y 方向上的某个扰动频率的和频或差频等于系统两方向自然频率的平方和的开方(ω_{mn})时,会发生二阶振荡。

计算以 $\Omega_x + \Omega_y = \omega_{11}$ 为例,随便选择两个方向的运动频率,$\omega_{11} = 1.132$ rad/s,$\Omega_x = 0.377$ rad/s,$\Omega_y = 0.755$ rad/s,横纵向频率均远离固有频率,以此进行研究,得到液货舱内液体运动情况如图 3 - 155 所示。

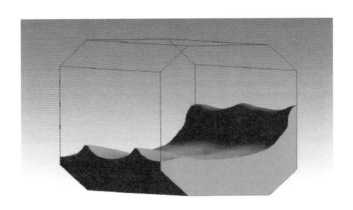

图 3 - 155　二阶晃荡液面波动情况

从图 3 - 155 可以看出,液面晃荡十分剧烈,但是没有单横荡时液面运动剧烈,这是由于纵向运动对横向运动有一定的减弱。

同样,如图 3 - 156 所示在液货舱自由液面处设置四个压力监测点,Point 1、Point 2、Point 3、Point 4。

四个监测点压力时程曲线如图 3 - 157 所示。

从图 3 - 157 可以看出,液货舱侧壁 Point 1 极值压力达到 3.17×10^4 Pa,但是与 30% 载液率单横荡相同位置处极值相比有一定减弱。虽然纵向运动频率及幅值都较小,但是

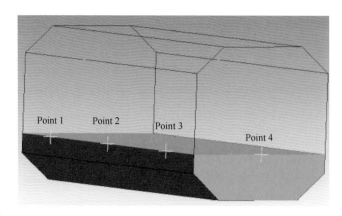

图 3 - 156 压力监测点位置示意图

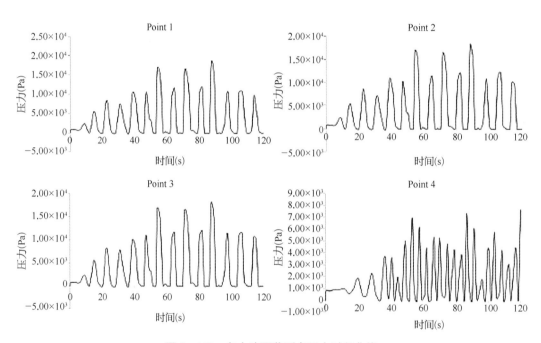

图 3 - 157 自由液面监测点压力时程曲线

可以认为横向和纵向运动会相互产生影响,起到削弱的作用,同时在 $\Omega_x + \Omega_y = \omega_{11}$ 情况下,液货舱达到二阶共振晃荡。

4) 液货舱晃荡及超低温联合作用下的局部结构分析

受到低温和液货舱晃荡载荷同时作用时,不同于常规船体的载荷会对结构产生一定的影响,若其影响过大,会威胁到 LNG - FSRU 系统的安全。基于以上原因,对极端情况下超低温和液货舱晃荡载荷联合作用下的局部结构优化问题进行研究,提出一种适用于LNG - FSRU 局部结构优化的更为简便的方法。主要研究内容为:针对 LNG 薄膜型的液货舱结构特点——屏壁层采用木箱填充珍珠岩,研究其屏壁层对液货舱晃荡载荷的缓冲作用,然后得到其等效缓冲系数;采用等效缓冲系数计算后的液货舱晃荡载荷并考虑温

度载荷联合作用,使用多目标优化的方法基于 ANSYS Workbench 软件对 LNG - FSRU
局部结构进行优化分析。

（1）薄膜型的液货舱舱室结构。

目前对于薄膜型液货舱结构,主要采用
的屏壁层系统为法国 GTT 公司的 TGZ
（Technigaz）MARK Ⅲ和 GT（Gaz Transport）
NO. 96 系统,合称为 GTT 系统。该系统最
大的特点是液货舱主屏壁采用一般厚度在
0.7～1.5 mm 的薄金属材料,同样使用了次
屏壁结构和绝缘木箱,但两种液货舱围护系
统的内部结构有所不同,薄膜型液货舱结构
如图 3 - 158 所示。

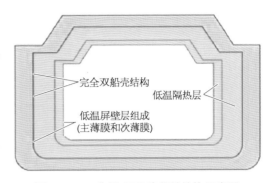

图 3 - 158　典型 GTT 液货舱结构示意图

Gaz Transport No. 96 围护系统的结构如图 3 - 159 所示,在图中可以看到,该系统主
次屏壁都采用殷瓦钢,这种材料在低温下的收缩率非常低,虽然其造价昂贵,但在重量上
的优势十分明显。有胶合板材质的绝缘木箱结构都设置在主次屏壁下,有不同方向的木
质隔板设置在主次绝缘木箱中,膨胀珍珠岩填充其中空隙。主次屏壁层与结构内壳之间
靠树脂绳连接在一起。

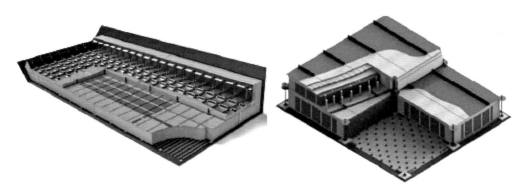

图 3 - 159　NO. 96 液货舱围护系统

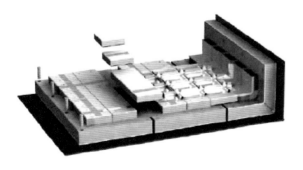

图 3 - 160　MARK Ⅲ液货舱围护系统

TGZ MARK Ⅲ 围护系统结构如
图 3 - 160 所示。从图中可以看出,该
系统同样设置两层屏壁层结构用以保
温隔热,不同之处在于第一层屏壁使用
不锈钢材质,用波纹型结构抵抗低温下
材质的收缩;次屏壁采用玻璃纤维和树
脂夹铝箔结构形式,设置在两层绝缘层
之间;绝缘层材质为用胶合板贴边的聚

氨酯泡沫板,同样靠树脂绳与内壳连接。

(2) 建立局部结构模型(参数化模型)。

根据结构分析目的的不同,参数化建模较为常用的方法是基于特征的建模方法,这种方法是将参数化技术结合基于特征的设计方法来进行建模的。使用这种方法,将典型结构的平面几何形状如肋骨桁材的截面定义为结构的特性参数,将截面上的厚度尺寸都定义成可以调用变化的参数。该方法通过对结构尺寸上的约束来控制结构几何形状,且结构模型的几何形状都可以通过尺寸参数的变化而发生变化,即在模型中某一参数值变化时,与其有关联的其他参数也会发生变化。

建立模型时,由于两层殷瓦钢的厚度太薄,其对结构强度的贡献可以忽略,主次绝缘木箱结构要全部建立出来,绝缘箱体结构参数参考 BV 的"Strength Assessment of LNG Membrane Tanks under Sloshing Loads"中给出的结果,具体结构如图 3-161 所示,绝缘箱材料属性见表 3-47,层合板厚度见表 3-48。

图 3-161 NO.96 主绝缘箱及次绝缘箱结构

表 3-47 绝缘箱材料属性

项 目	材 料 属 性		
	木 材	树 脂	船体结构
密度(kg/m³)	710	1 000	7 850
弹性模量(MPa)	7 000	500	206 000
泊松比	0.17	0.3	0.3

表 3-48 绝缘箱层合板厚度

位 置		厚度(m)
屏壁层主绝缘木箱	顶部木板	0.024
	箱体内部隔板	0.012
	箱体侧部封板	0.009
	底部木板	0.009

（续表）

位　　置		厚度（m）
屏壁层次绝缘木箱	顶部木板	0.012
	箱体内部隔板	0.012
	箱体侧部封板	0.009
	底部木板	0.006 5

在建立实际局部结构模型时，由于整个液货舱满铺绝缘层，因此在局部模型范围内将绝缘箱全部建出。计算时，对局部结构模型边界六自由度全部施加约束，屏壁层周围不施加约束。模型选取了 LNG - FSRU 结构中不同于单排 LNG 运输船结构的中横隔舱部位，在图 3 - 162 中，给出了带屏壁层局部模型及其内部结构。

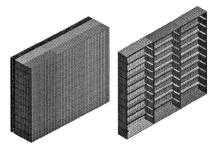

图 3 - 162　带屏壁层局部模型及其内部结构

（3）等效缓冲系数计算。

① LNG - FSRU 屏壁层动力响应分析。对局部结构进行缓冲系数的计算，缓冲系数可以降低在结构建模时的工作量，简化计算分析的步骤。在之前的计算分析中，我们得到 20% 载液率时横荡的效果最为严重，其载荷极值为 139 kPa，因此此研究中选取受液货舱晃荡影响最大的中横隔舱部位对问题进行分析，分析采用参数化建立的局部结构模型进行计算，计算时绝缘木箱材料属性参考《ABS 指南》，取膨胀珍珠岩密度为 50 kg/m³ 计算采用 ANSYS Workbench 瞬态动力分析模块进行直接计算。图 3 - 162 中，局部模型铺满屏壁层结构，为了确定该局部结构实际的位移和应力情况，研究时对有屏壁层和不带屏壁层的局部结构进行分析，分析后得出有屏壁层的局部模型在 0.035 s 时出现最大动力响应位移，最大响应应力稍延迟 0.003 s，相应的位移云图及应力云图如图 3 - 163 和图 3 - 164 所示。

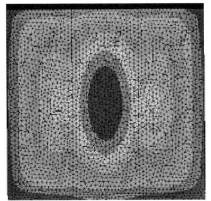

图 3 - 163　局部结构最大位移时刻位移云图示意图

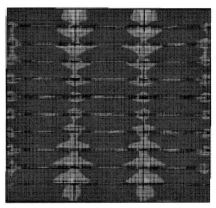

图 3 - 164　局部结构最大应力时刻应力云图示意图

从以上两图中可以看出,最大位移时刻的动力响应出现在模型中部区域,在相邻横框之间,而最大应力时刻的动力响应出现在模型横纵加强结构相交的位置。

在局部模型中,位移最大的位置和应力最大的位置其时间历程曲线如图 3-165 所示。

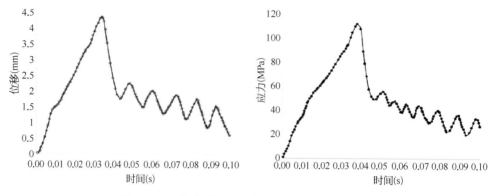

图 3-165　位移时间历程曲线与应力时间历程曲线

② LNG-FSRU 屏壁层等效缓冲系数范围。由于影响缓冲系数的主要因素为液货舱晃荡载荷的作用时间,因此计算分析时要对不同作用时间下的应力和位移进行计算,来确定局部结构屏壁层缓冲系数的范围。为之后结构分析中等效缓冲载荷工况提供依据。分析中采用的载荷工况为液货舱横荡自由液面处最大载荷工况 139 kPa,作用时间变化范围从毫秒级脉冲载荷到与晃荡周期时间相同,考虑晃荡载荷极值不变,改变作用时间,变化工况见表 3-49。

表 3-49　横荡载荷作用时间变化工况

工　况	作用时间(s)	工　况	作用时间(s)
T-1	0.117	T-9	5.85
T-2	0.234	T-10	7.02
T-3	0.585	T-11	8.775
T-4	1.17	T-12	10.53
T-5	1.755	T-13	12.87
T-6	2.34	T-14	14.625
T-7	3.51	T-15	17.55
T-8	4.68		

采用与图 3-162 同样的局部结构模型直接进行计算,计算得到结构动力响应位移及应力结果见表 3-50 所示。

通过对上述工况的计算,可以得到有屏壁层局部模型和无屏壁层局部模型的最大动力响应位移与最大动力响应应力随冲击载荷作用时间变化的曲线,如图 3-166 所示。

表 3‐50　动力响应位移及应力结果

工　况	最大位移(mm)		位移缓冲系数(%)	最大应力(Mpa)		应力缓冲系数(%)
	有屏壁层	无屏壁层		有屏壁层	无屏壁层	
T‐1	2.91	4.19	69.45	68	99	68.69
T‐2	3.93	5.91	66.49	85	151	56.29
T‐3	5.42	9.15	59.24	118	216	54.63
T‐4	5.06	8.38	60.38	116	199	58.29
T‐5	4.01	6.83	58.71	102	162	62.96
T‐6	4.09	6.85	59.71	108	171	63.16
T‐7	4.17	6.91	60.35	98	166	59.04
T‐8	3.86	6.92	55.78	107	163	65.64
T‐9	4.20	6.81	61.67	107	167	64.07
T‐10	4.03	6.82	59.09	100	164	60.98
T‐11	3.99	6.79	58.76	99	161	61.49
T‐12	4.38	6.95	63.02	112	165	67.88
T‐13	4.31	6.89	62.55	105	162	64.81
T‐14	4.14	6.91	59.91	103	163	63.19
T‐15	3.87	6.72	57.59	99	161	61.49

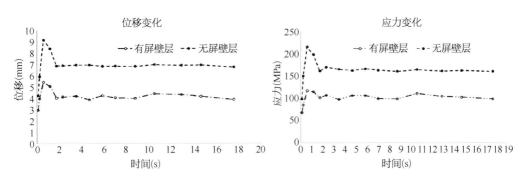

图 3‐166　两种模型最大响应位移与应力随作用时间变化曲线

从图 3‐166 中可以看出,有屏壁层和无屏壁层结构最大动力响应随作用时间长短变化的曲线趋势一致——先升高后下降,之后在载荷作用时间达到一定后趋于平稳,说明作用时间达到某一值之后,对结构响应的影响会降低。

同时,可以得出位移及应力缓冲系数随作用时间变化的曲线如图 3‐167 所示。

从图 3‐167 中可以看出,缓冲系数在作用时间变化初期变化范围相对较大,整体上缓冲系数都是在一个较小范围内波动。在液货舱横荡载荷作用下,位移等效缓冲系数范围为 55.78%~69.45%,应力等效缓冲系数范围为 54.63%~68.69%,整体波动范围都在 70% 以内。

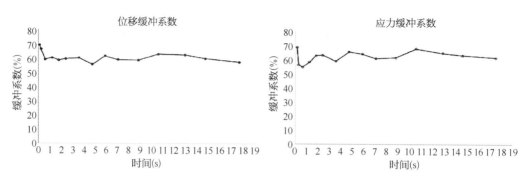

图 3‑167　位移与应力缓冲系数随作用时间变化曲线

（4）晃荡载荷和低温共同作用下的局部结构优化。

在 LNG‑FSRU 结构中,通过前面的研究已经知道了中横隔舱部位是受温度影响较大且受液货舱晃荡载荷作用较大的区域,并通过计算得到了在晃荡载荷作用下结构的受力情况。通过对屏壁层结构等效缓冲作用的研究,得到了其缓冲系数的范围在 70% 之内,为了保守起见,计算时按照 70% 缓冲系数来考虑。计算分析时结构温度考虑在单液货舱屏壁层结构失效工况进行设置。通过计算,得到其低温作用下的温度场,然后基于 ANSYS Workbench 将温度场导入考虑屏壁层缓冲效果的结构场进行计算得到低温和液货舱晃荡载荷共同作用下的局部结构应力。考虑局部模型舱内为 5℃,温度边界施加如图 3‑168 所示。

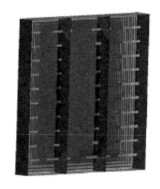

图 3‑168　局部结构的温度边界施加示意图　　图 3‑169　低温作用下应力云图示意图

随后将温度场导入结构场,计算得到单独温度作用时局部结构应力分布,如图 3‑169 所示。

最后将温度载荷导入液货舱晃荡载荷作用的分析中进行计算,得到温度和液货舱晃荡瞬态载荷共同作用下的结构受力及位移情况,如图 3‑170 所示。

从图 3‑170 中可以看到,在温度和液货舱晃荡载荷联合作用下,局部结构的最大应力为 132.21 MPa,最大位移为 5.271 mm。这个载荷是该局部结构考虑在极端情况下承

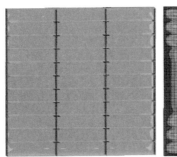

图 3 - 170　低温和液货舱晃荡载荷共同作用下结构应力与位移云图示意图

受的最大载荷,因此可将其作为优化的载荷条件对结构进行优化分析。

(5) 优化数学模型的建立。

局部结构如图 3 - 171 所示,两侧是船体内壳板,上下为水平纵桁,内壳之间为横框,在局部结构内部,分布着 T 型加强材和直肋。

在局部结构中,结构的外形、支承方式、加强材位置、外载荷、T 型材高度等都是给定的,无法改变,在优化中视为常数;结构钢板的厚度、横框架钢板的厚度及肋骨加强材的厚度等参数在优化中可不断修正。

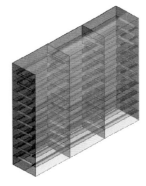

图 3 - 171　局部结构几何模型示意图

目标函数的确定:在局部优化设计中,我们追求的目标是在外载荷已知的情况下结构的重量最低,这种降低结构整体质量的处理结果作为我们的目标函数。目标函数是计算目标值的数学式,同时可使结构最大变形最小化。

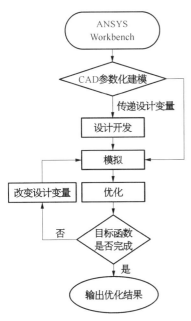

图 3 - 172　多目标优化流程

约束条件的确定:在 LNG - FSRU 局部结构优化设计中,各位置处钢材的最大计算应力必须不大于材料许用应力值。根据 CCS 钢制海船入级规范中要求,受晃荡液货舱结构材料许用应力系数为 0.8,钢材许用应力 $\sigma_1 = 188$ MPa,DH32 高强度钢许用应力值 $\sigma_2 = 252$ MPa。另外,根据局部结构强度计算分析结果,局部结构整体可承受的总应力不小于实际强度计算结果 $\sigma_s = 132.21$ MPa。

(6) 优化过程及结果分析。

根据建立的数学模型,使用 Workbench 优化设计模块,基于多目标优化遗传算法对结构进行优化,优化流程如图 3 - 172 所示。

首先按照约束条件设置约束,将肋板厚度及钢板厚度作为设计变量输入,如图 3 - 173 所示。

之后设置结构的最大等效应力值为目标参数值。

Input Parameters			
B (B1)			
P1	gangban1	15	mm
P2	leiban2	12	mm
P3	leiban3	12	mm
P4	leiban7	12	mm
P5	leiban4	14	mm
P6	leiban5	14	mm
P7	leiban6	14	mm
P8	leiban1	12	mm
P9	leiban8	12	mm

图 3-173　设计变量设置图

164.91 MPa 是模型的初始最大应力值，设置 132.21 MPa 为优化后的最大应力值。

将上述设置提交多目标遗传算法进行尺寸优化并进行计算，然后进行寻优求解，在样本中选取最优值后产生三组候选值，如图 3-174 所示。

Candidate Points	Candidate Point 1	Candidate Point 2	Candidate Point 3
P1-gangban1(mm)	16.125	16.125	16.125
P2-leban2(mm)	11.125	11.125	11.125
P3-leban3(mm)	11.611	11.611	11.421
P4-leban7(mm)	11.594	11.594	11.9
P5-leban4(mm)	13.571	13.701	13.536
P6-leban5(mm)	15.451	15.682	15.682
P7-leban6(mm)	14.251	14.251	14.251
P8-leban1(mm)	10.794	10.794	10.794
P9-leban8(mm)	10.237	10.237	10.237
P10-Equivalent Stress Maximum(Mpa)	132.21	132.698	133.996

图 3-174　优化候选值

在保证目标的前提下，选择第一组结果为最优方案。优化后参数与优化前参数对比见表 3-51。

表 3-51　优化前后参数对比　(mm)

参　数	P_1	P_2	P_3	P_4	P_5	P_6	P_7	P_8	P_9
优化前参数	15	12	12	12	14	14	14	12	12
优化后参数	16	11	12	12	14	15	14	11	10

根据优化后的参数修改局部结构模型,对其进行结构分析,局部模型的变形云图和应力云图如图 3 - 175 所示,最大变形值为 4.689 2 mm,最大应力为 132.21 MPa。

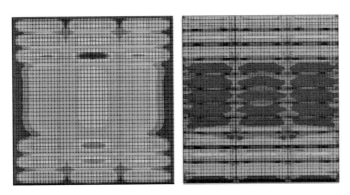

图 3 - 175   优化后模型位移与应力云图示意图

对结构模型优化前后的参数进行对比,分别将体积、质量和结构位移进行对比,对比结果见表 3 - 52。

表 3 - 52   优化结果

名　　称	优化前	优化后	优化效果百分比
体积(mm³)	$6.983\,4 \times 10^9$	$6.648\,2 \times 10^9$	4.80%
质量(kg)	54 819	52 174	4.82%
位移(mm)	5.271	4.689	11.04%

从上述优化结果可以看出,选取结构中 9 个参数作为设计变量对结构进行优化,结构的整体位移从优化前的 5.271 mm 减小到优化后的 4.689 mm,减小了 11.04%,大大降低了结构的变形,质量从优化前 54 819 kg 减小到优化后的 52 174 kg,减小了 2 645 kg,质量降低了 4.82%。由此可以看出,通过对局部结构多目标优化设计,说明在减轻结构重量的基础上同时降低结构变形的多目标优化是合理有效的,优化后局部结构实现轻量化,同时局部结构变形减小。本优化方法对该类结构分析优化设计具有重要的借鉴作用,同时为后续对结构优化提供了思路。

3.4   LNG - FSRU 的再气化系统

LNG 的再气化功能是 LNG - FSRU 的核心技术。

再气化系统可以划分为：海水净化加热子系统、丙烷循环子系统、BOG 子系统、LNG 气化子系统、辅助子系统等，其中辅助子系统又包含：水喷淋系统、泄放系统、空气系统、电缆托架系统等。

LNG-FSRU 上的再气化设备将丙烷作为中间介质，利用海水的热量加热来自液货舱中的 LNG，由此实现 LNG 的再气化，其包含的主要设备及参数见表 3-53 和表 3-54。

表 3-53　系统主要设备参数

设 备 名 称	干重(kN)	操作重(kN)	单组数量(个)	三组数量(个)
BOG 再冷凝器	5.439	5.566	1	3
LNG 增压泵	69.58	72.912	1	3
LNG 吸入罐	117.6	173.46	0	1
LNG 蒸发器	52.626	54.684	1	3
丙烷增压泵	30.968	34.3	1	3
丙烷缓冲罐	31.36	59.143	1	3
丙烷预加热器	59.114	66.444	1	3
丙烷加热器	83.19	85.848	1	3
补偿加热器	32.242	32.928	1	3

表 3-54　系统主要设备空间占用尺寸　　　　　　　　(mm)

设 备 名 称	长×宽×高
丙烷预加热器	1 990×1 400×2 778
丙烷加热器	3 990×1 400×2 776
LNG 增压泵	1 980×1 980×5 850
丙烷增压泵	1 770×1 770×4 491
丙烷缓冲罐	2 900×2 010×2 040

再气化系统的主要工作流程：LNG 吸入罐从液货舱内抽取部分 LNG 暂时储存以备气化使用，工作时，LNG 增压泵将 LNG 吸入罐中的 LNG 增压输入 LNG 蒸发器中，最终输出气态天然气的温度在 5℃。再气化系统工作流程如图 3-176 所示。

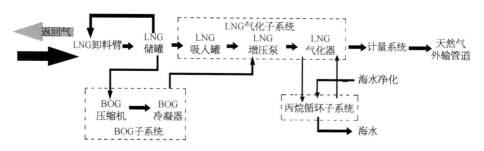

图 3-176　再气化系统工作流程

图 3 - 177 和图 3 - 178 分别是单组与三组再气化系统的三维模型示意图。

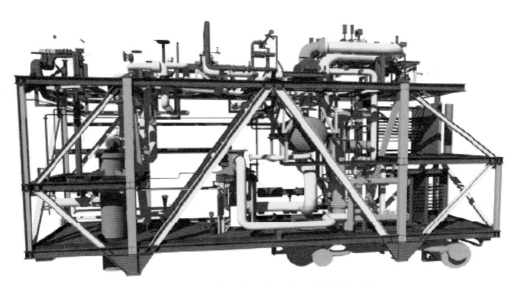

图 3 - 177　单组再气化系统模块三维模型示意图

图 3 - 178　三组再气化系统模块三维模型示意图

3.4.1　再气化系统布置与工艺流程

3.4.1.1　LNG 再气化系统组成

1）LNG 气化子系统

LNG 气化子系统的主要工艺流程：LNG 供给泵将液货舱内温度为－163℃的 LNG 泵送至 LNG 吸入罐存储，以备气化使用；LNG 吸入罐内的 LNG 通过 LNG 增压泵增压到气态天然气输出压力，输入 LNG 主蒸发器；将 LNG 气化后，经过气化天然气调温器升温到 5℃ 左右,经过流量计量器计量后,从艏部部高压气化天然气输出集管输送给城市管网或岸上的天然气发电站。

LNG 供给泵:相对于传统 LNG 运输船,每个液货舱内均增设一台 LNG 供给泵,其容量根据气化所需量来确定,设计压力一般不低于 3 bar,其作用是将液货舱的 LNG 泵送至 LNG 吸入罐。

LNG 吸入罐:是 LNG 增压泵吸入段的一个缓冲器,如果没有它,LNG 增压泵的性能会不稳定。吸入罐的液位及压力由集成控制系统集中控制。吸入罐内设置处理蒸发气与 LNG 混合的元器件,用以处置液货舱及管路系统中所产生的过量 BOG,兼作 BOG 的冷凝器。在大多数情况下,如果吸入罐超压,罐内的蒸发气将被减压后送回液货舱或通过安全阀进行释放。

LNG 增压泵:其功能是从 LNG 吸入罐中抽取低压 LNG,经过加压后输送至 LNG 主蒸发器进行气化。增压泵输出液体的压力决定了输出气体的压力,气体的压力由陆上城市管网所需压力来决定,通常都在 7～12 MPa 左右。增压泵一般设有自动启动程序和启动连锁保护、过电流和欠电流保护及震动监测保护,其排出端还设有安全释放阀,在增压泵正常工作时产生的蒸发气经泵筒顶部进行透气以保证增压泵的稳定运行。LNG 增压泵如图 3-179 所示。

图 3-179　LNG 增压泵示意图

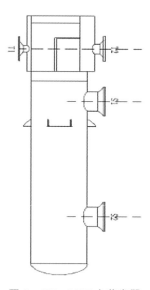

图 3-180　LNG 主蒸发器

LNG 主蒸发器:其功能是从 LNG 吸入罐中抽取低压 LNG,经过加压后输送至 LNG 主蒸发器进行气化,目前多采用不锈钢材质壳管式器,多采用立式安装以适应船舶甲板的有限空间。LNG 增压泵泵送的 LNG 在 LNG 主蒸发器中经水乙二醇溶液加热气化。LNG 主蒸发器的示意图如图 3-180 所示。船用再气化系统通常是由 3～6 个相互独立的具有相同气化功能的蒸发器系列并列组合而成,其中一个系列可做备用。其示意图如图 3-181 所示。

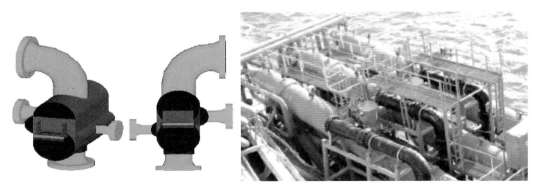

图 3-181　LNG 蒸发器三维模型图与壳管式蒸发器示意图

气化天然气调温器：气化天然气在调温器中以超临界流体的形态与水、乙二醇溶液进行换热。其示意图如图 3-182 所示。

图 3-182　气化天然气调温器

气化天然气流量计：由超声波流量计、气体成分分析仪、专用的流量计量计算机组成。相关检测计量信号传输到船上中央集成控制系统。

2）海水净化加热子系统

海水净化加热子系统由海底门、海水总管、海水滤器（可选用自清式滤器）、海水泵、板式热交换器及相关的管路阀件、附件组成。海水由海底门、海水总管吸入，经海水滤器净化后，由海水泵泵至板式热交换器，加热后直接排出舷外。

该子系统包含净化单元、净化加热管路、丙烷加热器、丙烷预加热器等，其结构如图 3-183 所示。

3）丙烷加热器

丙烷加热器是再气化系统进行热源交换的设备，处于第一级热交换，一般选取传热效果较好的管壳式加热器，其示意图如图 3-184 所示。

4）丙烷循环子系统

丙烷循环子系统包含了丙烷缓冲罐、丙烷预加热器、丙烷增压泵、丙烷加热器、LNG 蒸发器、丙烷循环管路等。通过 LNG 蒸发器气化后的 LNG 在输出之前，要通过补偿加热器进一步升温，达到规定的输出温度。其系统布置示意图如图 3-185 所示。

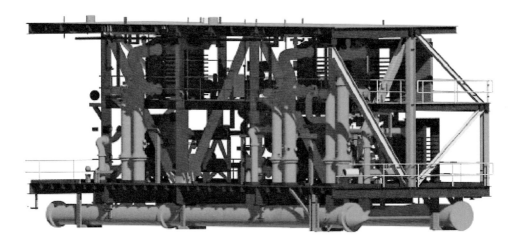

图 3 - 183　海水净化加热子系统三维模型

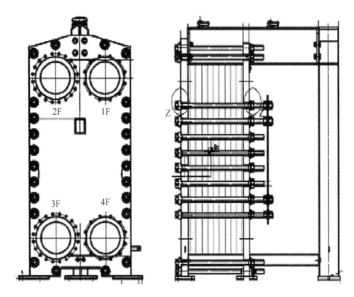

图 3 - 184　丙烷加热器示意图

图 3 - 185　丙烷循环子系统布置示意图

5）BOG 处理子系统

在 LNG 气化运行模式下,通常 BOG 经燃气压缩机组送到双燃料发电机组为船舶用电设备提供动力,或送到双燃料锅炉产生蒸气供船上蒸气加热系统使用,余下的 BOG 送至 LNG 主蒸发器或吸入罐进行冷凝,冷凝后的 LNG 经吸入罐、LNG 增压泵气化后外输。其系统工作流程、冷凝器模型示意图及布置如图 3‑186～图 3‑189 所示。

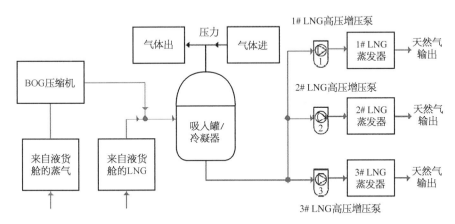

图 3‑186　BOG 采用吸入罐进行冷凝

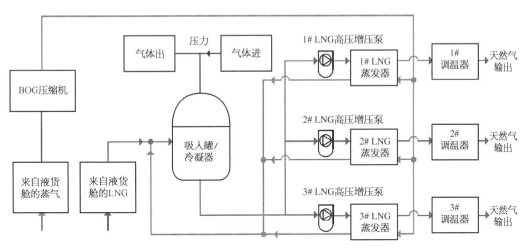

图 3‑187　BOG 利用 LNG 主蒸发器进行冷凝

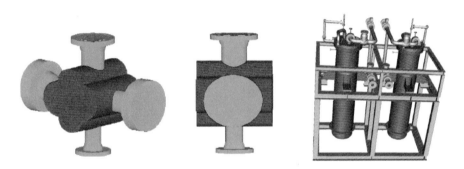

图 3‑188　BOG 冷凝器模型示意图与泵的典型设计仿真图

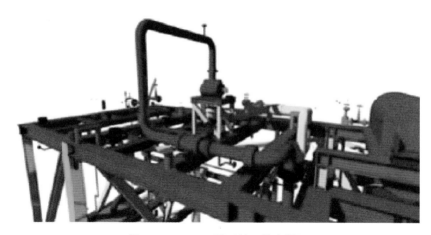

图 3-189　BOG 子系统三维布置图

6）辅助子系统

辅助子系统主要包括泄放管路系统、水喷淋系统、氮气系统等。辅助子系统对再气化模块的工作状态进行实时监控,保证模块的安全工作,能在出现危险时及时有效地将损失最小化。因此,对于 LNG 主蒸发器,要在加热介质进口设压力、温度低报警和压力、温度超低关断;在加热介质出口设温度低报警、温度超低关断及压力低报警;在天然气出口设压力高低报警、温度低报警、温度高报警及温度超低关断;在 LNG 进口设压力高低报警。

（1）泄放管路系统。

泄放管路系统是一种装设在压力容器上的,防止超压引起容器爆炸以保证压力容器安全运行的附属机构,其主要作用有:保证严密不漏——在容器超过限定压力时,使容器内的压力保持在规定范围;报警作用——在排空气体时,介质会高速喷出,发出较大的蜂鸣声,相当于报警讯号。

泄放管路系统包含放净与放空管道、可燃液体泄放管道与可燃气体排放管道。管道布置受限于船上距离,无法有效消除由高压安全阀起跳给低压安全阀背压带来的影响,因此,单独放空高/低压安全阀更为安全。

（2）水喷淋系统。

水喷淋系统是 LNG 再气化模块中非常重要的安全辅助保护系统,水喷淋系统在 LNG 再气化模块中主要应用于压力设备、工艺管汇和结构冷却,进行围蔽处所内的灭火、控火和形成隔离水帘。在发生火灾时可以自动发出警报并自动控制——自动喷水并与气体设备同时联动工作。

（3）氮气系统。

氮气系统主要用于在气化装置运行结束后惰性化相关 LNG 管路,排空管路中的可燃气体。

3.4.1.2　LNG 接卸工艺

LNG 运输船靠泊并通过悬浮式低温软管（图 3-190）与 LNG-FSRU 对接后,LNG

通过运输船上的液货泵输送到 LNG - FSRU,同时可通过一根支管对陆上小型 LNG 储罐卸货,由于对 LNG - FSRU 及陆上 LNG 储罐同时卸货,LNG 运输船、LNG - FSRU 和陆上小型储罐之间的压力平衡及 LNG - FSRU 和储罐之间的流量分配成为整个卸货系统的关键。

图 3 - 190　悬浮式低温软管在 STS 方式的应用图

卸货时分别通过一根气相平衡管和两根回气管路对 LNG - FSRU、LNG 运输船和陆上储罐之间进行压力平衡。BOG 回收系统与典型的液货系统管系如图 3 - 191～图 3 - 193 所示。

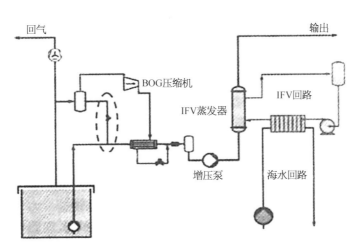

图 3 - 191　BOG 回收系统

通岸接头与低温软管对接时,LNG - FSRU 船上中间有快速连接/断开装置。可以快速切断 LNG 的输送,在发生紧急情况时可保证 LNG 的泄漏量在安全范围内。

图 3‑192　甲板上部的管系

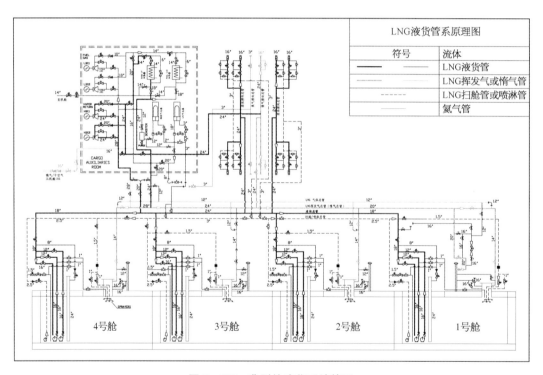

图 3‑193　典型的液货系统管系

卸船期间,应在操作人员的监控下作业,在卸船管线上设置有压力传感器和表面温度计,可及时监测其卸船、温度变化、控制预冷等作业。LNG‑FSRU 应维持较高的允许操作压力,以保证在无需额外加压设备的情况下,BOG 可直接返回到 LNG 运输船中。

卸船结束后,利用氮气吹扫残留在卸货管路低温连接软管前的 LNG 至 LNG 运输船,用 LNG - FSRU 上的氮气管线与 LNG - FSRU 卸货管路的氮气接口连接,使连接低温软管之后的 LNG 输送至 FSRU。

在无卸船的正常操作期间,通过一根从陆上 LNG 储罐来的循环管线,以小流量的 LNG 经卸货总管循环至 FSRU 上的 LNG 液货舱。LNG 保冷循环卸货时停止使用,以保证处于冷状态 LNG 卸货总管备用。

在 FSRU 卸货时,LNG - FSRU 与 LNG 运输船之间要用弹性护舷隔开,卸货方式通常采用串联方式(图 3 - 194)或旁靠方式(图 3 - 195)卸货。

图 3 - 194　串联卸货示意图

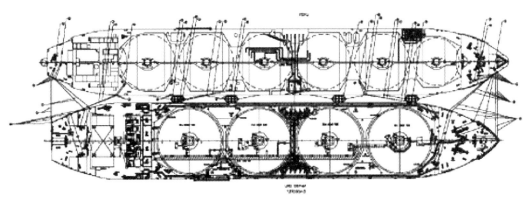

图 3 - 195　旁靠卸货示意图

如采用串联方式卸货,在 LNG - FSRU 的艉部设有 SYMO 卸货系统,如图 3 - 194 所示。接卸端(接卸船)与 LNG - FSRU 艉部的距离由动态定位控制在容许工作范围内,以避免在锚泊和卸货作业时出现危险。

LNG - FSRU 上的卸货臂与陆地终端的非常相似,区别在于 LNG - FSRU 的卸货臂要适应船舶之间的相对运动而进行了改造。旁靠时,LNG - FSRU 的卸货臂用于

LNG 运输船的 BOG 回气及旁靠卸货。卸货臂共有 3 根,1 根用于 BOG 回气,2 根用于液货传输。

2 个卸货臂的卸船工作时间为 16 h,LNG 运输船卸货、进港与离港共需约 24 h。LNG - FSRU 还装有可卸货臂与 LNG 运输船卸货接口相连的引导设备,当对接时船间的相对运动幅度超过±0.5 m 时,该引导操作可补偿相对运动。

3.4.1.3 LNG 气化输送工艺

1) 冷却

在 LNG - RV 到达再气化港之前,再气化系统通常应先进行冷却,冷却程序与常规 LNG 运输船液货操纵系统的冷却程序类似。再气化系统的冷却对于 LNG 增压泵的稳定运行非常重要。

2) 加压

在再气化系统进行充分冷却后,气化管路的压力通过一台 LNG 增压泵逐步建立压力,最终,达到城市管网所需压力后才能进行正常的气化操纵。

3) 气化输出

在气化输出前,水乙二醇溶液加热循环应先启动并运行起来,然后根据城市管网的需求,通过 LNG 增压泵将相应的 LNG 泵送至主蒸发器及调温器进行气化输出,气化天然气经流量计测量流量,加热后输出到城市管网。

4) 减压

在气化操纵结束后,输出阀关闭以与天然气主干管路隔离,气化天然气管路内残留的高压天然气通过吸入罐减压后返回液货舱。

5) 泄放/惰性化

在气化操纵结束后,残留的 LNG 通过泄放管路泄放至液货舱后,对再气化系统管路通过氮气或惰性气体进行惰性化。

LNG 运输船通过悬浮式低温软管输送 LNG 到 FSRU 液货舱后,经气液分离式吸入筒、舱内液货泵、高压增压液货泵升压后进入 LNG 气化器,气化后达到温度和压力要求的天然气经计量后,由高压气体外输臂输送至码头上的输气管道外输。

发电机发电时,如果液货舱内产生的 BOG 不足以满足蒸汽锅炉燃烧的要求,需要将液货舱内的 LNG 气化并加热后进入锅炉燃烧,此时要开启强制气化器,供发电机组发电,以满足 LNG - FSRU 的动力需求。气化流程如图 3 - 196 所示。

气化过程在高压泵后的 LNG 气化器中进行,饱和蒸气由船上已有的蒸汽锅炉产生,经过过热蒸气冷却器达到要求后进入气化器进行换热。

在工艺系统选择方面,气化系统的主要构成设备是管壳式热交换器和加热器。对于卸载系统,旁靠存在一定难度,应有单点系泊系统预备方案。

3.4.1.4 LNG 再气化装置的布置及设计特点

1) 模块设备布置原则

LNG 再气化装置通常为模块形式,其总布置是一个确定工艺流程、落实设备参数、协调结构设计、规划子功能区域等综合设计思路的过程。再气化装置通常安装在穹顶

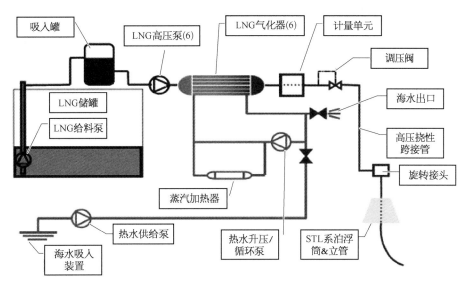

图 3－196　气化流程图

甲板或艉楼甲板上,如果 LNG－FSRU 采用传统的双燃料锅炉和蒸汽透平推进的形式,尤其在气化终端位于寒冷区域,海水温度不足以稳定加热水乙二醇溶液的情况下,一级加热介质常采用锅炉产生的蒸气进行加热。在这种情况下,再气化装置模块常布置在甲板机械处所与甲板储藏室之间的空间以减少蒸气输送距离,从而节省相关管路、动力电缆及监控电缆的敷设。具体布置应遵循以下原则:系统性原则——从全局出发确保稳性、吊装、拖航等技术性能,是安全性运行的根本;功能性原则——合理布置再气化模块设备,确保工作流程的合理性;可行性原则——选择合适施工工艺,在资源、技术可行并控制模块建造成本;稳定性原则——妥善考虑模块的重心、控制模块重量,合理规划各区域的重量分布;安全性原则——考虑防火及防爆等因素,总布置时既要降低成本费用又要降低在危险区域中设备增加所引起的安全隐患;高效性原则——确保安全高效,尽可能保留操作空间,注意为设备维护和升级预留空间;遵循相关设计标准和指南。

再气化设备布置设计方案关系到总布置区域划分、管线电缆阀门走向、电器仪表的安装位置、生产要求等等,也是后续管路布局和强度计算的主要依据。另外,再气化模块牵涉到施工和维修的方便性,应该注意:安装和检查空间——包括 LNG 吸入罐/LNG 增压泵贯穿甲板、丙烷换热器盘管的抽换和清洗、人孔吊架等;易操作性——包括阀门按钮操作、电机、仪表、消耗品的更换、设备大修、巡回检查通道等;逃生通道——包括安全集散地、封闭区域的逃生路线、应急通道等;消防及应急措施——包括喷淋嘴到消防设备的净空、消防水龙通道、消防设备放置点的通道等;重量较大的设备在荷载集中的区域应有足够的支撑,以利于优化甲板结构,减少结构及建造投资。

2) 模块设备布置基本类型

设备布置类型包括:工艺导向布置——按设备功能进行分组布置;产品导向布

置——工作中心按流水线形式安排;定位式布置——用于不能移动产品的项目;混合式布置——将两种布局方式结合起来的布置方式,较为常用。

LNG 再气化装置的设备空间向心关系如图 3 - 197 所示。

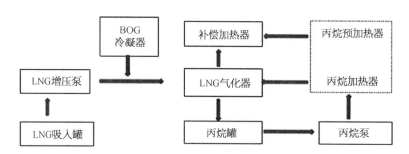

图 3 - 197　再气化装置设备空间向心关系

再气化装置的模块布置如图 3 - 198 所示。

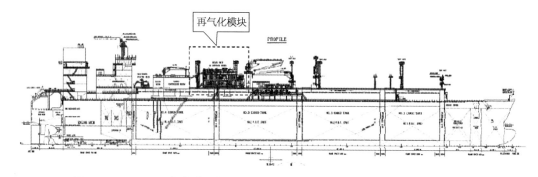

图 3 - 198　LNG 再气化装置模块布置位置(在甲板机械处所与甲板储藏室之间)

如果气化终端海水温度能保证水乙二醇溶液的稳定加热,再气化装置模块常布置在穹顶甲板及艉楼甲板上,同时充分利用艉部区域,分别布置艉部泵舱、再气化装置泵舱、再气化装置主配电间。具体布置如图 3 - 199 所示。

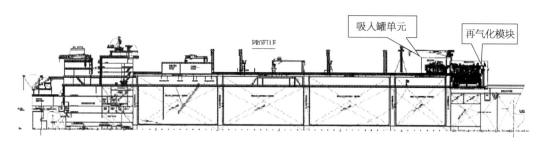

图 3 - 199　LNG 再气化模块布置艉部甲板

对于再气化装置模块,天然气输出总量不超过 200 MMscf,吸入罐单元与气化装置单元常整合为一个模块,若受限于甲板空间,则将吸入罐单元作为独立的模块来进行设计。

在 LNG-FSRU 的基本设计阶段,需根据接收终端城市管网的要求确定天然气气化需求总量和输出压力,根据城市管网在不同季节和时间段的需求及备用的要求来确定气化装置的单元分组输出的数量(通常分为 3~4 组),根据气化操纵时不同工况情况下需处理的过量蒸发器的量来确定气化装置的冷凝容量与冷凝的方式,需确定再气化装置工作的环境温度、海水温度等。整个再气化装置的监控系统,需集成到整船中央集成控制系统中。

3.4.1.5　LNG 再气化装置的调整

1) 按子系统划分

为了实现复杂系统中更好的布置,需要对子系统布置方式进行分析。

(1) 海水净化加热子系统布置方式。

海水净化加热子系统主要涉及的设备为丙烷加热器和丙烷预加热器。系统中海水管道管径大,为了降低整体模块重心和节省模块内部空间,海水管道布置在底部集液盘下方,丙烷加热器放置于中部平台,而丙烷预加热器则安放于底部集液盘,如图 3-200 所示。

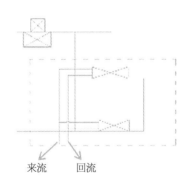

图 3-200　海水净化加热子系统布置

(2) 丙烷循环子系统布置方式。

丙烷循环子系统作为一个闭路循环参与模块工作,从图 3-201 可知丙烷管系的布置主要根据丙烷加热器、LNG 蒸发器和结构位置来进行。

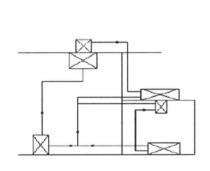

图 3-201　丙烷循环子系统布置

（3）LNG 气化子系统布置方式。

LNG 蒸发器为 LNG 气化子系统的核心，需要结合重量重心等进行布置。如图 3 - 202 可知，LNG 子系统管道主要布置于模块顶层平台左边，LNG 增压泵平台设置了利于工作人员进行设备检修的楼梯，设备底部贯穿底层集液盘平台。

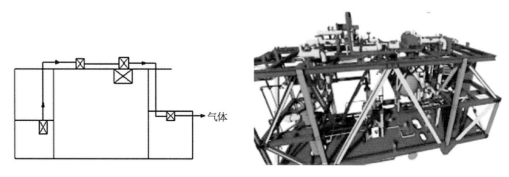

图 3 - 202　LNG 气化子系统布置

（4）BOG 子系统布置方式。

BOG 子系统主要是将 LNG 液货舱中的 BOG 进行收集压缩并通过 LNG 进行冷凝液化。其布置如图 3 - 203 所示。

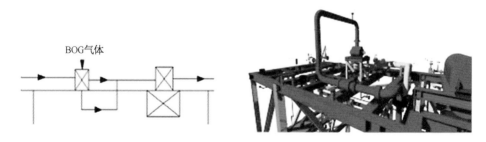

图 3 - 203　BOG 子系统布置

2）按平台位置划分

（1）顶层平台布置方式。

LNG 蒸发器位于主甲板，上层甲板空间不受层高限制，高度冗余度大，方便进行对重点设备的巡检维修。将蒸发器放置于上甲板也利于对 LNG 管路的泄放系统和辅助安全系统进行布置，如图 3 - 204 所示，在 LNG 蒸发器位置确定后丙烷罐的相对位置也会确定下来。

（2）中部平台布置方式。

中部丙烷加热器基座平台距基线的高度是由丙烷预加热器的高度决定，由于丙烷加热器空间占用大，为了丙烷加热器等设备盘管的抽换、管式加热器的清洗、满足重心平衡，在模块左边设置 LNG 增压泵平台。由于 LNG 增压泵的垂直尺寸较大，故允许其穿透集

图 3 - 204　LNG 蒸发器及丙烷罐布置

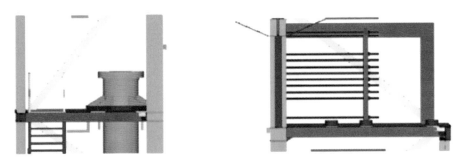

图 3 - 205　中部平台布置

液盘甲板。为了充分利用 LNG 增压泵平台空间,将人员通道悬梯放置于模块左边。布置如图 3 - 205 所示。

(3) 集液盘平台布置方式。

底层集液盘平台设备布置主要有丙烷增压泵、丙烷预加热器、补偿加热器等,其特点是各设备通过管汇输送丙烷或 LNG 到各下游设备,如图 3 - 206 所示,模块左边设有通往 LNG 增压泵基座平台的楼梯。加热后的天然气在通过最后一道补偿加热器后通过计量系统由天然气管道并入整体输送管道,集液盘轴线附近设有天然气管道的各种阀件仪表,对气化量进行监控。

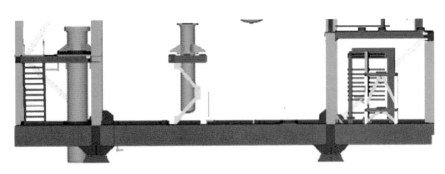

图 3 - 206　集液盘布置

（4）单组 LNG 再气化模块设备调整。

由于管系和重量较大的设备大多集中在模块右边，使得模块重心偏离模块中心线，同时模型空间整体尺寸又受丙烷预加热器和丙烷加热器设备形状限制，可针对 BOG 再冷凝器、LNG 蒸发器、丙烷加热器、丙烷预加热器、丙烷缓冲罐、丙烷增压泵等设备进行调整。模块布置要考虑整个模块重心和稳心位置。海洋环境恶劣，需尽可能地降低重心高度，合理布置、节约面积，缩短配管距离，提高模块稳定性。

设备综合调整如图 3‑207 所示，通过设备和主结构调整极大地利用了模块内部空间，为原有中部平台节省了较大面积。

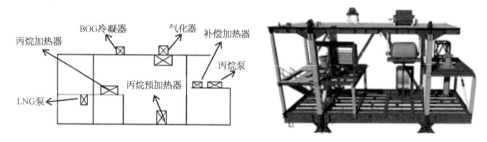

图 3‑207 单组再气化模块设备调整图：简化图(左)；三维模型图(右)

3）主结构适应调整

（1）结构调整。

对设备基座平台附近的相关结构需进行调整并做加强处理，如图 3‑208 所示。

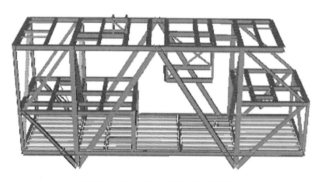

图 3‑208 主结构适应性调整

在进行设备调整时，为了利于安放丙烷加热器，在进行建模的同时，对中部平台结构截面向下调整一级，由 B9(300 mm×300 mm×8 mm×16 mm) 调整为 B7(260 mm×260 mm×8 mm×12 mm)，或由 B7 调整为 B5(200 mm×200 mm×6 mm×10 mm)。

（2）结构强度校核。

针对模块主结构适应性调整，对模块结构进行强度校核分析，调整不满足的杆件，调整后模块结构强度校核结果如图 3‑209 所示。

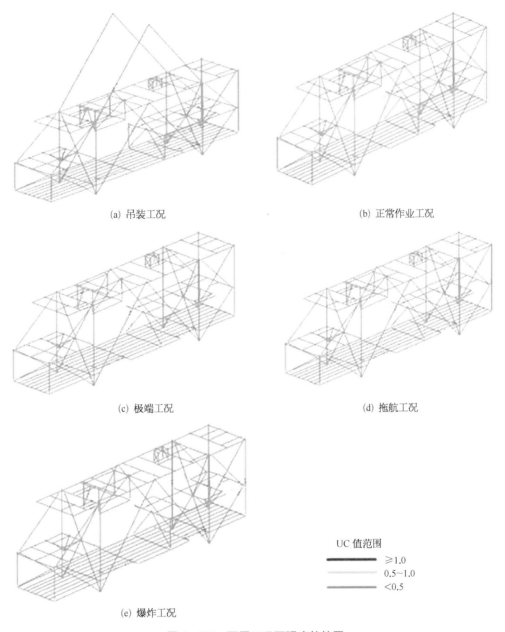

(a) 吊装工况

(b) 正常作业工况

(c) 极端工况

(d) 拖航工况

UC 值范围
≥1.0
0.5~1.0
<0.5

(e) 爆炸工况

图 3-209 不同工况下强度校核图

3.4.2 再气化模块结构分析

3.4.2.1 LNG 再气化模块载荷

1）再气化模块三维计算模型

（1）建立 SACS 模型。

SACS 软件可以进行海洋工程设计分析，利用这一系统软件可以对结构建模与分析。

确定坐标系：总坐标系根据模块轴线采用笛卡尔右手坐标系，坐标系的原点是再气化模块近艉部截面两根主支柱理论线在集液盘平面的中点。

有限元模型：单组再气化模块沿船长方向的总长为 5.195 m，沿船宽方向为 17.700 m，在 z 轴方向距船基线为 35.092～42.007 m，高 6.915 m。而三组再气化模块的主尺度沿船长总长为 19.90 m，其宽度和高度与单组再气化模块相同。模型中护栏、楼梯、设备支座等结构未进行建立，其自身重量以结构附属静载荷计入，对整体的刚度和稳定性起作用的主结构与次结构都建立在模型中。

边界条件：模块主要通过四个支墩与船主甲板连接，根据实际连接情况作为固定约束。边界约束如图 3-210 所示。

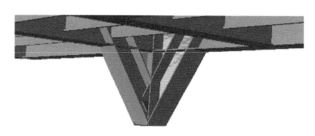

图 3-210　模型边界约束示意图

（2）再气化模块材料属性。

在有限元计算分析中主结构材料特性见表 3-55。

表 3-55　主结构材料属性

项　目	高强度碳钢材料特性	不锈钢 SS304 材料特性
杨氏模量	205 000 N/mm²	205 000 N/mm²
剪切模量	80 000 N/mm²	80 000 N/mm²
泊松比	0.3	0.29
最小屈服应力	205 N/mm³	205 N/mm³
密度	7 850 kg/m³	7 930 kg/m³

2）再气化模块载荷确定

在对再气化模块进行强度校核分析中，根据规范要求，结合模块制造、工作环境和业主相关要求，确定出再气化模块主要需要考虑如下载荷的作用：使用载荷、活载荷、环境载荷、由船体运动产生的惯性力及其他受力等。

3）使用载荷

使用载荷包括可变载荷和固定载荷。固定载荷在再气化模块中主要体现在结构自重、设备干重、管系干重、仪器仪表及相应管支架和格栅的自重等。

结构自重：主要是模块中构成空间桁架的各类型钢、板材和格栅等，此模块中材料主要为工字钢与方钢。格栅将以设备形式添加,重量大小通过计算为 0.53 kN/m²,为保证计算准确性,在模型重量基础上添加 10% 的不确定因素,模型重量见表 3-56,模型结构如图 3-211 所示。

表 3-56　模型重量表

名　　　称	单组重量(kN)	三组重量(kN)
模型模拟重量	486.7	1 487.15
估算重量	48.67	148.715
重量总计	535.37	1 635.865

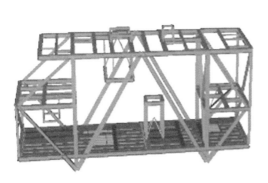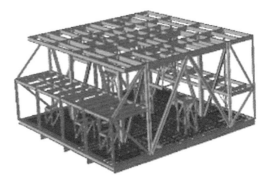

图 3-211　单组(左)和三组(右)再气化模块模型

设备干重:包括主要设备干重、仪器仪表干重、其他杂项干重等,以设备布置图中规定的位置及加载过程中按照设备供应商提供的数据加载,设备干重见表 3-57。

表 3-57　设备参数表

设 备 名 称	干重(kN)	操作重(kN)	单组数量(个)	三组数量(个)
BOG 再冷凝器	5.439	5.566	1	3
LNG 增压泵	69.58	72.912	1	3
LNG 吸入罐	117.6	173.46	0	1
LNG 蒸发器	52.626	54.684	1	3
内烷增压泵	30.968	34.3	1	3
丙烷缓冲器	31.36	59.143	1	3
丙烷预加热器	59.114	66.444	1	3
丙烷加热器	83.19	85.848	1	3
补偿加热器	32.242	32.928	1	3

再气化模块(单组/三组)中各主要设备空间三维实体模型如图 3-212 所示。

管系干重:模块中管路通过管支(吊)架装配在结构上,管系干重主要包括管材的干

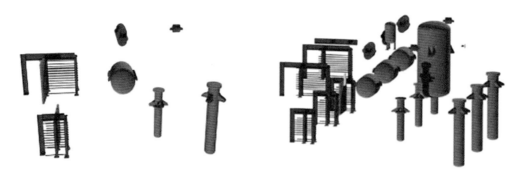

图 3‒212 单组(左)和三组(右)再气化模块设备空间分布

重、法兰的干重、绝缘层的干重、管支架干重等。

利用软件进行管支(吊)架处应力分析,选择适合计算且能满足管道所需条件的壁厚。

管系结构空间三维布置模型如图 3‒213 所示。

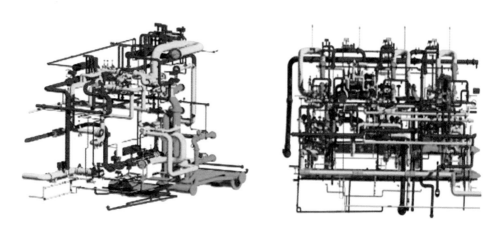

图 3‒213 单组(左)和三组(右)再气化管路布置图

再气化模块中的管系主要为海水管路、LNG 管路、BOG 管路、丙烷管路、天然气管路及辅助系统管路,单组与三组类似,表 3‒58 为各管路参数。

表 3‒58 管路参数表

管 系 名 称	干重(kN)	操作重(kN)	单组数量(个)	三组数量(个)
BOG 管路	6.657	6.670	1	3
LNG 管路	81.550	94.143	1	3
NG 管路	73.518	74.191	1	3
丙烷管路	105.316	133.632	1	3
海水管路	22.820	81.926	1	3
辅助系统管路	21.527	27.170	1	3

可变载荷：可变载荷是在作业期间作用在模块上的载荷。可变载荷一般是在模块工作中由物料、工具、人员等引起的，大小可能在用气需求不同时发生变化，主要来源有 3 种——可在模块上添加或移走的重量；LNG/丙烷储罐、管系、设备中的液体重量；由运输船停靠、装卸等作业时引起作用在结构上的力。

根据规范，维修平台、通道、货物平台的可变载荷定为 $3.0\ kN/m^2$。考虑由船体运动而引起的惯性力作用，可变载荷将以设备的形式添加在模型中。影响模块可变载荷的因素很多，一般不会同时作用在结构上，加载过程中会引入一定的折减系数。

4）环境载荷

风载荷：风速和风向在时间和空间上随时间在不断地变化。在体积较大的海洋结构物模块尺度上，1 小时持续时间内风在水平面内变化不大，但在垂直方向上却变化较大，并且与垂向高度有关。在长统计期内，会有暂时较高的平均风速，但持续时间较短。在计算时，需要限定风速值、风的持续时间。参考值 V 是在高为 10 m 处的 1 小时的平均风速。

风力形状系数 C_s：梁——1.5；建筑物的侧面——1.5；圆柱形杆件——0.5；总投影面积——1.0。

根据规范要求，以海平面上方 10 m 处的每小时平均风速为基准，计算模块不同高度上的结构所承受的风压，在强度分析中需要考虑到极端工况、拖航工况、正常作业工况下的风压变化。

根据设计任务书要求，在目标海域重现期 100 年的最大风速为 57 m/s，由模块管系设备的布置的疏密程度，风载主要考虑风向为 $+x$、$-x$、$+y$、$-y$，由公式 $F=(\omega/2g)V^2C_sA$ 得到。

垂直作业于任何投影面上的风力形状系数 C_s：梁——1.5；建筑物的侧面——1.5；圆柱形杆件——0.5；总投影面积——1.0。

计算中采用的风速应根据 LNG - FSRU 所处的对应海域收集的风力相关资料进行分析确定。风载荷和波浪载荷性质一样，本质上风载荷为动态载荷，但再气化模块的结构对风载荷的反应几乎表现为静态，相对模块总载荷，风载荷的比重很小，计算整个模块的风载荷主要用持续风速，而单个杆件的强度设计相应多用阵风风速。

目标海域重现期 100 年的最大风速为 57 m/s，由模块管系设备布置的疏密度，风载荷主要考虑风向为 $+x$、$-x$、$+y$、$-y$，由公式 $F=(\omega/2g)V^2C_sA$ 得到。

假定 x 方向覆盖密度为 30%，C_s 取 1.2，总风力为：单组 $F_x=87.69\ kN$，三组 $F_x=87.69\ kN$。

假定 y 方向覆盖密度为 50%，C_s 取 1.2，总风力为：单组 $F_y=42.9\ kN$，三组 $F_y=162.53\ kN$。

考虑环境载荷对重点设备基座的影响，现将重点设备在极端环境下承受的风力予以计算，所受的风力为：LNG 增压泵——$F=6.96\ kN$；丙烷增压泵——$F=3.72\ kN$。

根据总投影面积和设备面积的大小，计算出设备所受风力并将其施加在相应位置中，总风力减去设备分担的力，以节点载荷的方式分布到各层的主要强节点上。

爆炸载荷：再气化模块中管系和设备中储存有大量的 LNG 和丙烷，如果发生危险随时可能发生爆炸,在爆炸载荷的影响下可能会导致部分结构甚至整个模块遭到破坏,造成环境污染和生命损失,在结构设计过程中就应将此类影响降到最低。进行强度分析时,可把实际中的爆炸危险视为对模块结构的一种设计载荷,并假定爆炸载荷发生于模块内部。爆炸工况下主要考虑整体主结构框架的强度要求,对次要结构可不需要考虑爆炸载荷。

惯性载荷:LNG - FSRU 在波浪力的作用下由于惯性作用,其在运动过程中会对再气化模块产生一定的加速度,这个惯性加速度又与主船体运动的幅度、周期和模块距船体摇摆中心的距离有关。根据船用再气化模块设计任务书,船舶在不同工况下传递的加速度见表 3 - 59 和表 3 - 60。

表 3 - 59　重现期 100 年的风暴传递的加速度

方　　向	加　速　度
x(纵向方向)	0.13g
y(横向方向)	0.05g
z(垂直方向)	0.15g

表 3 - 60　拖航工况下传递的加速度

方　　向	加　速　度
x(纵向方向)	0.102g
y(横向方向)	0.541g
z(垂直方向)	0.357g

5) 施工载荷

施工载荷是指在制造、吊装、安装过程中,再气化模块所受到的载荷。在设计过程中这些载荷尽管不是控制载荷,但也要进行结构强度校核,有问题的部分需做相应调整。施工载荷主要包括安装力、吊力。安装力是指在再气化模块制造过程中对大型设备安装、管制件舾装时,或完整的模块从模块制造区域到预定地点的移动期间在结构上所产生的力。在进行强度校核时,安装力产生的动力载荷应该以适当的动态放大系数通过静力载荷加载,从而达到等效载荷的效果。吊装力要通过由因吊装作用到结构上所产生的静力、动力和结构本身自重来确定,吊点和吊索上的吊装力可分解为水平和垂直两个分量,水平方向的分量是由于吊索不垂直作用而产生的。

3.4.2.2　LNG 再气化模块结构优化分析

在特定环境下,应确保再气化模块结构系统在正常使用期间的主结构完整性,材料细部构造、质量控制和制造方法的选择均会影响其完整性。

1) 载荷条件

结构及其杆件应根据预期的用途来设计、建造和维护,特别是要具有合适的可靠度。按照 CCS 的钢质海船入级规范,需要满足下列要求:

① 最终极限状态(ULS)要求——在建造和预期使用中能抵抗可能出现的外力作用。

② 使用性极限状态(SLS)要求——在所有预期的外力作用下能正常发挥功能。

③ 疲劳极限状态(FLS)要求——在载荷重复作用下不会失效。

④ 事故极限状态(ALS)要求——在灾害发生时(偶然或非正常事件),不会发生与原灾害不相称的次生破坏。

⑤ 合理的可靠度——取决于失效的原因和模式,需要降低失效风险的投资和措施。

在设计再气化模块时应计算对结构产生最恶劣影响的适当载荷条件。载荷条件应包括加载合理的使用载荷和按下面的形式进行组合的环境条件:

① 对应于再气化模块正常操作的最大可变载荷和固定载荷相组合的作业环境条件。

② 对应于再气化模块正常操作的最小可变载荷和固定载荷相组合的作业环境条件。

③ 对应于极端条件,固定载荷和最大可变载荷相组合的设计环境条件。

④ 对应于极端条件,固定载荷和最小可变载荷相组合的设计环境条件。

对于 ULS 应采用以下两种组合:

① ULS - a 正常作业组合:可变作用和正常环境作用的组合。

② ULS - b 极端作业组合:指定重现期的气候条件正常环境作用和可变作用的组合。

结合吊装工况、正常作业工况、极端工况(重现期 100 年风暴条件)、拖航工况、爆炸工况等不同工况下环境载荷,对这些基本载荷依据规范进行组合,得到结构强度分析的组合工况。

2) 工况计算分析

为了对再气化模块结构进行准确定位和描述,定义模块中的各截面与中心线:

PCK——集液盘上表面,距基线 0 mm。

MP1——丙烷加热器基座平台上表面,距基线 3 585 mm。

MP2——LNG 增压泵基座平台上表面,距基线 2 720 mm。

TP——不锈钢顶层平台工字钢上表面,距基线 6 915 mm。

F1——底盘第一根 H 型钢中心线,距原点 8 430 mm。

F2——底盘第二根 H 型钢中心线,距原点 5 050 mm。

F3——底盘第三根 H 型钢中心线,距原点 3 255 mm。

F4——底盘第四根 H 型钢中心线,距原点 500 mm。

F5——底盘第五根 H 型钢中心线,距原点 5 050 mm。

F6——底盘第六根 H 型钢中心线,距原点 9 270 mm。

G1——沿船长方向,距原点 0 mm 的截面。

G2——沿船长方向,距原点 5 195 mm 的截面。

G3——沿船长方向,距原点 6 505 mm 的截面。

G4——沿船长方向,距原点 11 430 mm 的截面。

G5——沿船长方向,距原点 16 575 mm 的截面。

G6——沿船长方向,距原点 21 280 mm 的截面。

G7——沿船长方向,距原点 26 205 mm 的截面。

以上各界面与中心线示意如图 3‑214 所示。

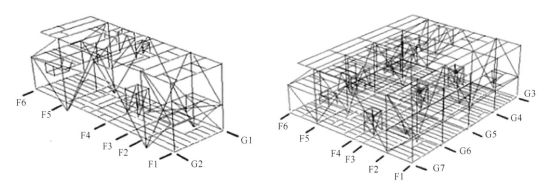

图 3‑214　单组(左)和三组(右)再气化模块截面定义

（1）吊装工况。

边界处理：为了与实际结构相符合,在结构模拟中吊扣被定为刚性杆件,杆件的一端约束条件为 000111(0 代表约束,1 代表释放),与结构的吊耳连接的一端的约束条件为 000011,吊点的约束条件为 111111。为了防止模块在起吊过程中位移太大,不符合实际情况,在模块最下端加两个弹簧约束,弹簧力沿水平面内两个方向加载,计算时,要根据规范要求在结构自重的基础上同时乘以 1.1 倍的质量不确定系数和 1.05 倍的动态放大系数。

在吊装工况下,载荷的加载方式为：吊装工况＝结构自重＋设备干重＋管系干重。吊装示意如图 3‑215 所示。

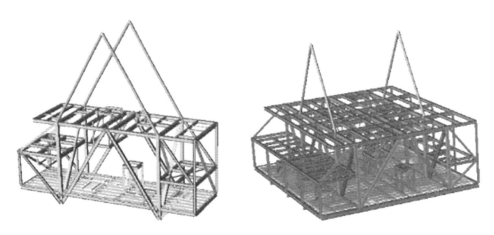

图 3‑215　单组(左)和三组(右)再气化模块吊装示意图

单组再气化模块吊装工况下的处理分析如图 3‐216～图 3‐219 所示。

通过以上各图中杆件 UC 值(结构实际应力与容许应力的比值)颜色视图可对全部杆件应力比值进行综合判断。

单组再气化模块吊装的整体模块重量较大,吊耳的位置布置在结构主要支撑梁上。分析可知,在吊装工况下,各杆件均能达到强度要求,并且整体 UC 数值较小,说明在吊装工况下模块整体结构较安全。较大的 UC 值集中在底部 PCK 和顶部 TP 平台。在重量

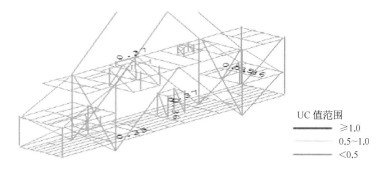

UC 值范围
——— ≥1.0
——— 0.5～1.0
——— <0.5

图 3‐216　吊装工况下 UC 值

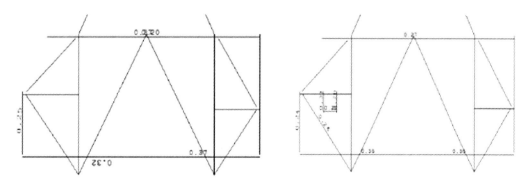

图 3‐217　G1(左)和 G2(右)截面 UC 值

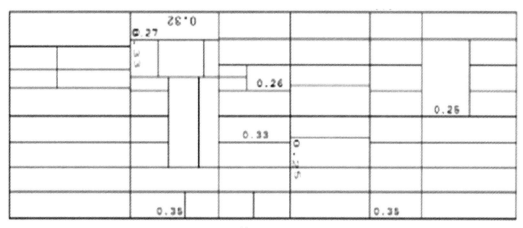

(a) PCK

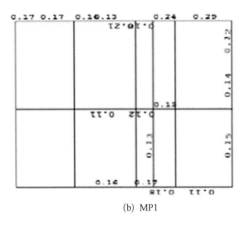

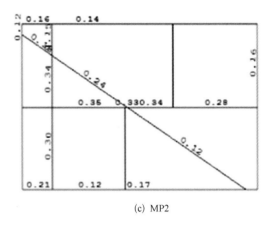

(b) MP1   (c) MP2

图 3‑218　PCK 截面与中部平台 MP1 和 MP2 截面 UC 值

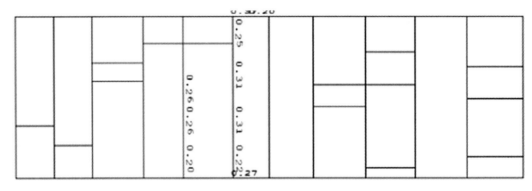

图 3‑219　TP 截面 UC 值

集中区域,各杆件的承受应力明显较高。在重量集中区,各杆件承受应力明显较高,UC 值最大的杆件在顶部斜撑节点处,最大值为 0.37。

三组再气化模块吊装工况下的处理分析如图 3‑220～图 3‑223 所示。

对于三组再气化模块的吊装,通过上图杆件 UC 值颜色视图和各截面详细计算结果的分析可知,各截面杆件 UC 值均小于 1 且强度余量较大,主结构均能达到强度要求。与

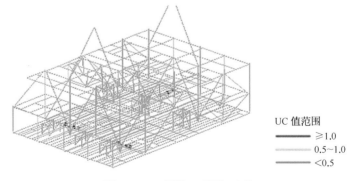

UC 值范围
　≥1.0
　0.5~1.0
　<0.5

图 3‑220　吊装工况下 UC 值

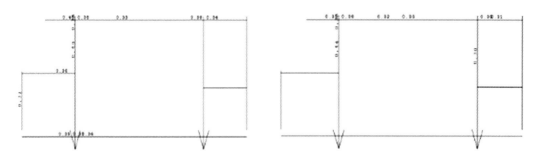

图 3－221　G4(左)和 G6(右)截面 UC 值

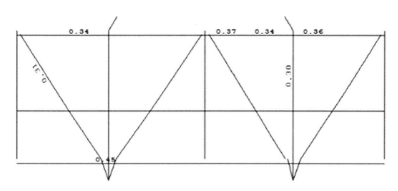

图 3－222　F2 截面 UC 值

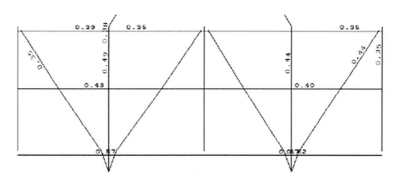

图 3－223　F5 截面 UC 值

单组再气化模块类似,底部 PCK 截面支墩处在吊装时承受较大应力,相应杆件 UC 值较大,且由于整个模块重心偏右,UC 最大值出现在右边支墩处,为 0.62。

（2）正常作业工况。

对于正常作业组合 ULS－a,使用载荷作用和环境作用的组合见表 3－61。

在正常作业工况下,载荷的加载方式为:作业工况＝结构自重＋设备干重＋管系干重＋可变载荷＋风载荷。组合系数见表 3－62。

单组再气化模块正常作业工况下的处理分析如图 3－224～图 3－228 所示。

表 3 - 61　正常作业工况下载荷组合

极限状态	荷载组合	固定载荷	可变载荷	环境载荷
ULS	a	1.3	1.3	0.7
ULS	b	1.0	1.0	1.3
SLS		1.0	1.0	1.0
ALS	破损工况	1.0	1.0	1.0

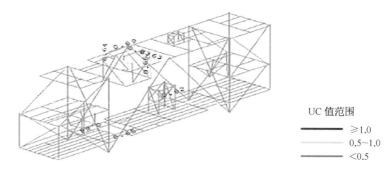

UC 值范围

━━━ ≥1.0
━━━ 0.5~1.0
━━━ <0.5

图 3 - 224　正常作业工况下 UC 值

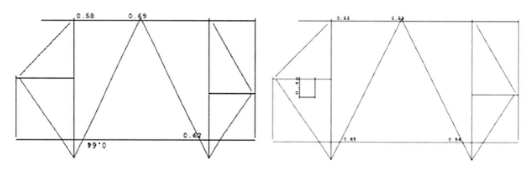

图 3 - 225　G1(左)和 G2(右)截面 UC 值

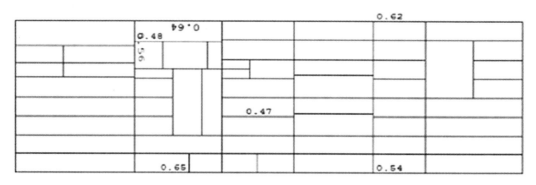

图 3 - 226　PCK 截面 UC 值

表 3 - 62　正常作业载荷组合系数

载荷名称	固定载荷			设备干重			管系干重			可变载荷			风载荷	
方向	X	Y	Z	X	Y	Z	X	Y	Z	X	Y	Z	X	Y
正常作业工况 ULS - a														
-Z+X	0.09		1.41	0.09		1.41	0.09		1.41	0.09		1.41	0.7	
-Z-X	-0.09		1.41	-0.09		1.41	-0.09		1.41	-0.09		1.41	-0.7	
-Z+Y		0.04	1.41		0.04	1.41		0.04	1.41		0.04	1.41		0.7
-Z-Y		-0.04	1.41		-0.04	1.41		-0.04	1.41		-0.04	1.41		-0.7
-Z+X+Y	0.07	0.03	1.41	0.07	0.03	1.41	0.07	0.03	1.41	0.07	0.03	1.41	0.49	0.49
-Z+X-Y	0.07	-0.03	1.41	0.07	-0.03	1.41	0.07	-0.03	1.41	0.07	-0.03	1.41	0.49	-0.49
-Z-X+Y	-0.07	0.03	1.41	-0.07	0.03	1.41	-0.07	0.03	1.41	-0.07	0.03	1.41	-0.49	0.49
-Z-X-Y	-0.07	-0.03	1.41	-0.07	-0.03	1.41	-0.07	-0.03	1.41	-0.07	-0.03	1.41	-0.49	-0.49

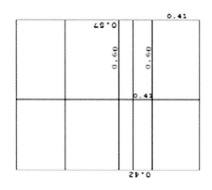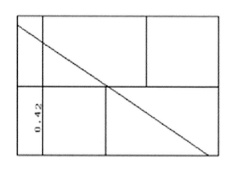

图 3-227　中部平台 PM1(左)和 PM2(右)截面 UC 值

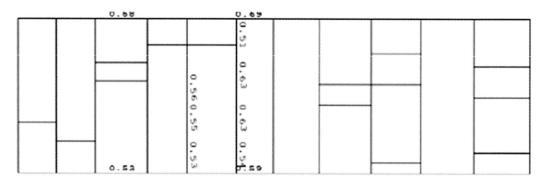

图 3-228　TP 截面 UC 值

在正常作业工况下的极限状态,由上图分析可知,应力较大的杆件集中在顶部平台中间部分及底部集液盘支墩附近,UC 最大值出现在顶部平台,数值为 0.69。TP 截面中间区域 UC 值较大的原因是由于在工作状态下,各设备管系充满液体,尤其液态丙烷储罐有较多的液体,并且丙烷罐上部布置有蒸发器,丙烷管道及 LNG 管道在平台中间部分相对比较集中,故此位置的杆件应力相对较大,由上图可知各杆件均能满足强度要求。

　　三组再气化模块正常作业工况下的处理分析如图 3-229～图 3-232 所示。

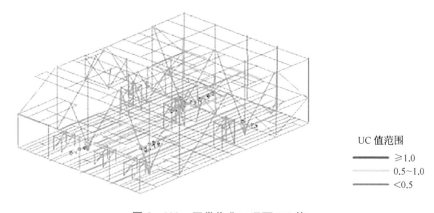

UC 值范围
━━ ≥1.0
─── 0.5～1.0
━━ <0.5

图 3-229　正常作业工况下 UC 值

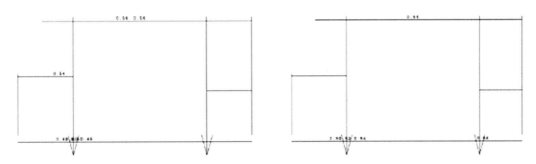

图 3 - 230　G4(左)和 G6(右)截面 UC 值

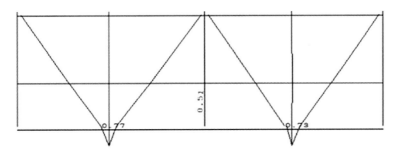

图 3 - 231　F2 截面 UC 值

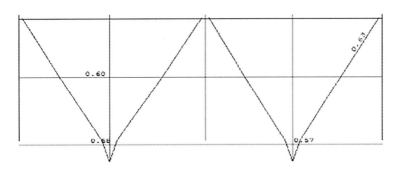

图 3 - 232　F5 截面 UC 值

由以上各图可知,三组再气化模块在正常作业工况下,主结构 UC 最大值出现在 F2 截面支墩处,为 0.77,各杆件均能达到强度要求。由于模块支墩承受整个模块受力,并且模块整体重心偏于模块右边丙烷加热器一侧,底部 PCK 截面右边支墩处结构承受较大应力,相应杆件 UC 值较大。

3) 结构优化设计

再气化模块结构优化应遵循的原则:对模块结构强度贡献不大的或不直接承受外载荷的结构可进行删除;在保证同一基线高度结构截面尽量一致的前提下,把相邻结构的截面向下调小一级,如果调成小一等级后富裕量还比较大,可以再下调一级;同一基线高度或相邻位置结构截面承受应力相差较大时,可进行交叉调整,并尽量保证结构整体的美观。

根据以上几种方法可进行综合调整,如把一个结构删除之后,其相邻结构承受应力变化较大,可对其相连的结构做加强处理,综合考虑结构强度和模块重量的变化,取经济性最优的方案。

根据模块的主结构强度校核,对模块中的结构进行调整,具体调整方法为:

① SACS 软件默认系数调整——在建模时,SACS 默认参数设置比较保守,对这些参数可以进行适当调整。

② 结构尺寸调整——对结构中梁截面形状进行调整,模块中工字梁截面有 12 种,方管截面有 7 种,角钢截面有 2 种,调整时应尽量保证单个截面与原形状尺寸相近,一般截面最大调整两个等级。

③ 适当增加斜拉筋——当结构杆件承受较大弯曲应力时,可添加斜拉筋,并且斜拉筋的截面尺寸要比相连的结构尺寸小。

(1) 单组再气化模块结构优化。

由上述可知,顶部平台周围框架具有很大的可优化空间,主要受力杆件多集中于平台中部区域,现结构截面为 B9(300 mm×300 mm×8 mm×16 mm),针对顶部平台截面结构冗余度可进行结构调节。框架中心应力较大,截面调整为 B7(260 mm×260 mm×8 mm×12 mm),而模块左右两侧向下调整两级为 B5(200 mm×200 mm×6 mm×10 mm),部分小杆件由 B5 调整为 B3(150 mm×150 mm×8 mm×12 mm),如图 3-233 所示。

单组再气化模块顶部平台调整后各工况下的 UC 值如图 3-234 所示。

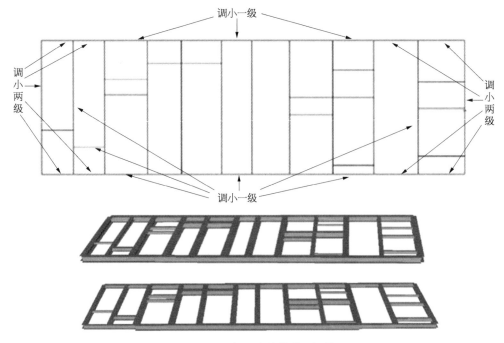

图 3-233　顶部平台结构截面调整图

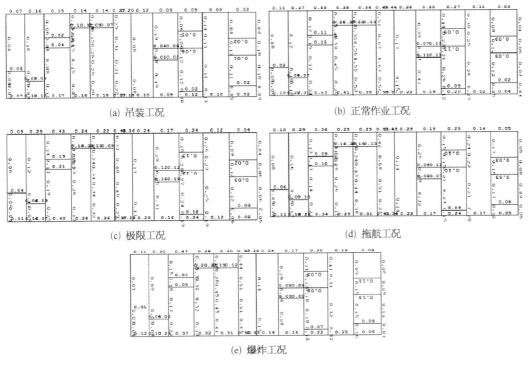

(a) 吊装工况　　　　　　　　　　(b) 正常作业工况

(c) 极限工况　　　　　　　　　　(d) 拖航工况

(e) 爆炸工况

图 3-234　不同工况下顶部平台 UC 值

顶部平台结构截面调整后,由图 3-234 可知,各个杆件均能满足结构强度要求,通过截面优化调整顶部平台结构重量减轻 1.54 t。顶部平台结构优化内容见表 3-63。

表 3-63　顶部平台结构优化内容

优 化 截 面	优 化 内 容	优化长度(m)
G1	B9 调 B7;B9 调 B5	10.1;5.78
G2	B9 调 B7;B9 调 B5	10.1;5.78
F1	B9 调 B5	5.195
F2+1 631	B9 调 B5	5.195
G2-1 055	B5 调 B3	1.2
F5-1 200	B5 调 B3	5.195
F6+1 820	B9 调 B5	5.195

中部平台杆件强度冗余度也较大,在满足平台结构强度的要求下,使平台截面保证杆件截面相同,F5、F6 截面结构保持原有设计,其余均各调小一个等级,MP1 截面由 B9 调整为 B7(260 mm×260 mm×8 mm×12 mm),MP2 截面由 B7 调整为 B5(200 mm×200 mm×6 mm×10 mm),如图 3-235 所示。

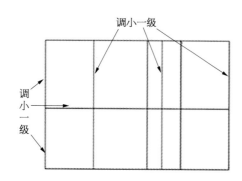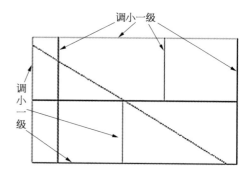

图 3‑235　中部平台结构 MP1(左)和 MP2(右)截面调整

单组中部平台结构调整后各工况下的 UC 值如图 3‑236～图 3‑240 所示。

中部平台结果截面调整之后,由图中的结果可知各个杆件均能满足结构强度要求并且还留有一定冗余强度,通过截面优化调整,中部平台结构重量减轻 2.03 t,优化内容见表 3‑64。

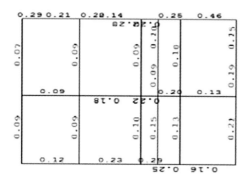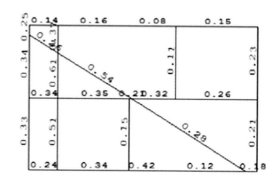

图 3‑236　吊装工况下 MP1(左)和 MP2(右)截面 UC 值

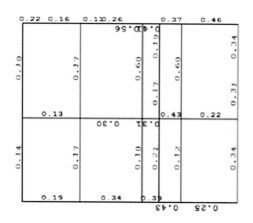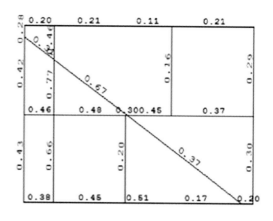

图 3‑237　正常作业工况下 MP1(左)和 MP2(右)截面 UC 值

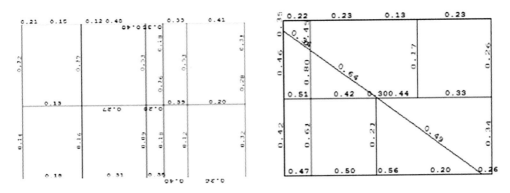

图 3－238　极端工况下 MP1(左)和 MP2(右)截面 UC 值

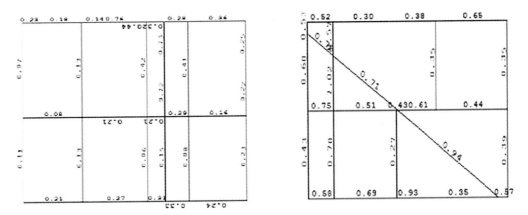

图 3－239　爆炸工况下 MP1(左)和 MP2(右)截面 UC 值

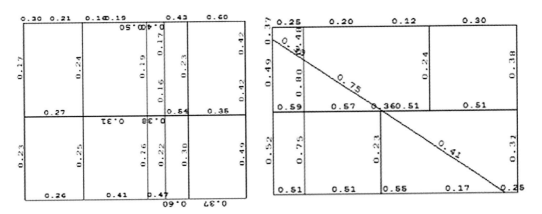

图 3－240　拖航工况下 MP1(左)和 MP2(右)截面 UC 值

表 3 - 64　中部平台结构优化

优 化 截 面	优 化 内 容	优化长度(m)
MP1	B9 调 B7	22.335 m
MP2	B7 调 B5	29.105 m

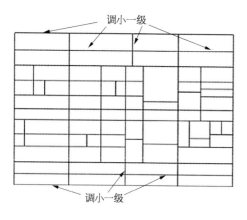

图 3 - 241　顶部平台截面结构调整

通过三个截面的优化调整,整个单组再气化模块结构重量减轻 3.57 t,原模块主结构重量为 54.637 t。

(2) 三组再气化模块结构优化。

参考单组再气化模块结构优化方案,对三组再气化模块杆件进行优化设计,主要针对三组再气化模块顶部平台和中部平台截面进行调整,调整如图 3 - 241～图 3 - 243 所示。

三组再气化模块结构调整后各工况下整体模型强度校核如图 3 - 244 所示。

顶部平台和中部平台结构截面调整之后,由图 3 - 244 分析可知,各个杆件均能满足结构强度要求,优化内容见表 3 - 65。

三组再气化模块整体重量大,在进行优化调整时,根据各个工况计算结构进行调整,同时需保证杆件还有较大的强度冗余,通过三个截面优化调整,整个三组再气化模块结构重量减轻 6.7 t,原模块主结构重量为 156.18 t。

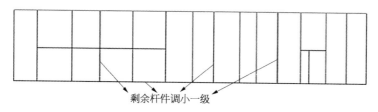

图 3 - 242　MP1 截面结构调整

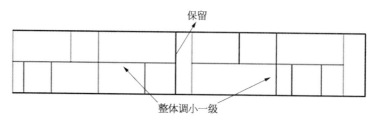

图 3 - 243　MP2 截面结构调整

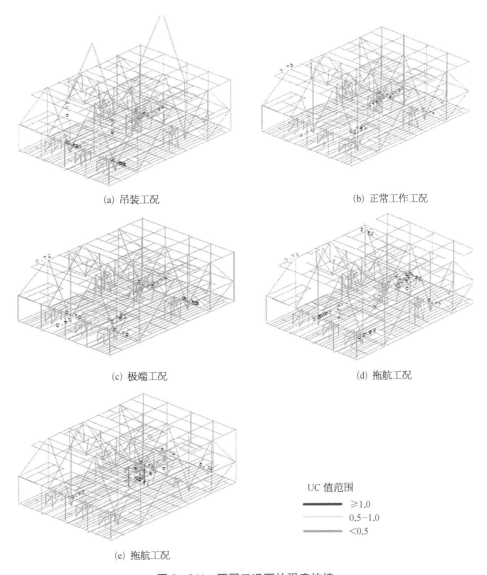

(a) 吊装工况　　　　　　　　　　　(b) 正常工作工况

(c) 极端工况　　　　　　　　　　　(d) 拖航工况

(e) 拖航工况

UC 值范围
≥1.0
0.5~1.0
<0.5

图 3‑244　不同工况下的强度校核

表 3‑65　三组再气化模块结构优化内容

优化截面	优化内容	优化长度(m)
TP	B9 调 B7	96.14
MP1	B13 调 B9；B7 调 B5	39.4;39.31
MP2	B7 调 B5	84.06

对单组、三组再气化模块采用 SACS 软件分别进行强度校核分析，在各个工况下针对强度冗余度较大的杆件进行的截面优化调整为此类结构设计提供了相关的经验。

3.5　LNG‐FSRU 的常用建造方式

3.5.1　建造方式

建造 LNG‐FSRU 有两种方式：将旧 LNG 运输船改装；新造。

不论改装还是新造，LNG‐FSRU 项目基本上都包括表 3‐66 的典型设备。

表 3‐66　LNG‐FSRU 项目的典型设备表

设 备 名 称	设 备 数 量	主 要 参 数
罐内潜液泵	5	1 100 m³/h
喷淋系统泵	2	50 m³/h
HP 压缩机	2	27 000 m³/h
LP 压缩机	1	6 700 m³/h
LNG 蒸气加热器	2	2 200 MJ/h(7 000 kg/h 蒸气)
LNG 气化器	1	7 500 MJ/h(8 800 kg/h LNG)
LNG 卸料臂	2	16″
蒸气回气臂	1	16″
惰性气体处理装置	1	5 000 m³/h
氮气处理装置	2	60 N·m³/h
LNG 增压泵	3	267 m³/h,1 980 MLC
LNG 外出气化器	4	80 000～150 000 kg/h

3.5.2　常用的建造方式——改装

旧船改造方案是目前建造 LNG‐FSRU 选择的主要方式。

3.5.2.1　系泊安排

系泊有两种：一是与码头一起永久停泊；二是单点系泊。

在第一种情况下，供应 LNG 运输船的系泊装置将取决于码头配置，FSRU 在靠码头一侧，另一侧是供应载体。

在第二种情况下，通常使用海上并排系泊配置，一般是 LNG 运输船由 FSRU 来供应 LNG。

显然，海上系泊系统的位置是一个特定于地点的问题，但是必须仔细考虑供应 LNG

运输船接近和离开 FSRU 的路径。对于风向问题,在 LNG 运输船的接近和 LNG 运输船在 FSRU 旁边靠泊期间时,需要 FSRU 船尾横向推进器来控制 FSRU 的方向。

正如上述有关恶劣天气情况下紧急断开情况的要求所述,需要尽早从气象信息中确定要求,以便采取适当步骤并选择系泊设备。

3.5.2.2　再气化设施

为了符合外输要求,气化设施是经过特殊设计的,一般位于 LNG - FSRU 甲板的中部。

在外输前,还需设有计量设施、应紧急火炬设施。目前有两种成熟的再气化设施系统:Hamworthy 系统——技术公开,没有商业限制;Energy Bridge 系统——由 Excellerate 公司与大宇船厂开发。气化方式有以下 3 种可供选择:

① 闭环模式。用 LNG - FSRU 的锅炉蒸汽加热循环管壳式换热器的淡水,可最大限度地减少对海水的使用。

② 开环模式。海水温度相对高的从取水口进入,作为加热源,通过管壳式换热器气化 LNG。在整个流程中,海水的温度将降低大约 7℃,基于这点,开环模式不适用于海水温度低于 25℃的海域。

③ 联合模式。海域海水温度为 25~32℃,可用锅炉蒸汽加热海水的方式气化 LNG。

LNG 从 LNG 储罐泵送到高压泵前的吸入罐,LNG 高压泵将 LNG 升压到要求值,在高压泵后的 LNG 气化器中进行气化过程,气化器为管壳式换热器,饱和水蒸气在壳程,LNG 在管程。由船上已有的蒸汽锅炉产生饱和蒸汽,达到要求后经过热蒸汽冷却器进入气化器进行换热。

再气化过程是:LNG 从 LNG 储罐泵送到容积约 20 m³ 高压泵前的吸入罐,LNG 高压泵将 LNG 升压到要求值。气化过程在高压泵后的 LNG 气化器中进行,气化器为管壳式换热器,LNG 在管程,饱和水蒸气在壳程。饱和蒸汽由船上已有的蒸汽锅炉产生,经过过热蒸汽冷却器达到要求后进入气化器进行换热。

3.5.2.3　LNG 输送设备

1)卸料系统

无论是改建的还是扩建的 FSRU,都需要 LNG 运输船将 LNG 运到 FSRU 旁边,停泊后将用卸料设备把 LNG 输送到 FSRU 上。FSRU 需要一套系泊系统。当向 FSRU 卸料时,FSRU 与 LNG 运输船之间要用弹性护舷隔开。通常采用旁靠或串靠方式卸料。卸料方式有传统的卸料臂卸料,OCT 系统研发的串靠软管卸料,HiLoad 卸料系统等。LNG 运输船停泊后,可选用适当的卸料系统设施卸料。

FSRU 还装有可引导卸料臂与 LNG 运输船卸料接口相连的设备,当对接时船间的相对运动超过±0.5 m 时,该引导操作可补偿相对运动。OCT 系统研发的串靠软管卸料,目前还没有工程应用实例,存在着一定争议,需要进一步的论证。

2)发电系统

FSRU 的发电系统采用现有设备。除已有的蒸汽轮机外,还需加装一台透平发电机给改建新增设施提供动力源。另外,还要新增柴油发电机作为应急电源。锅炉的燃料为天然气,部分来自蒸发器总管,部分来自经气化器气化后的天然气。

3)辅助设施

辅助设施的改造是旧船改造的小问题,但确是最烦琐和复杂的,因为从 LNG 运输船到 FSRU 有了功能性的改变,辅助设施是这种改变的一种具体体现。FSRU 辅助设施包括计量设施、安全放空火炬、海水系统、污水处理系统、辅助生活设施、控制指挥系统、消防系统。计量系统一般在船甲板的前部。水和乙二醇和混合液除了用于气化系统,还用于接收终端上的机器和设备冷却。

3.5.2.4　操作模式

在考虑 FSRU 的运行时,有两个主要问题:缓冲管理和蒸发气体管理。

在任何供应方案中,必须存在一些缓冲量的 LNG,以允许例如由于恶劣天气而导致供应船的延迟。在实际操作中,LNG 供应船应尽可能与 FSRU 具有相似的尺寸。

在考虑与蒸发气体管理有关的问题时,首先要考虑的是 FSRU 的设计沸腾率。较旧的 LNG 船舶(船龄＞20 年)通常设计为每天约 0.2%～0.25%的蒸发速率。在满载船舶的这些水平上,蒸发气体速率几乎与锅炉的满载燃料需求相匹配。对于更现代化的 LNG 船舶,蒸发率通常约为每天 0.15%,约占满载燃料消耗量的 2/3。在满额定容量的正常发送模式下,FSRU 可以吸收所有产生的蒸发气体。

另一种操作策略是调节蒸汽蒸发器的负载,使得来自液货舱的自然蒸发与锅炉的燃料需求相匹配。要使这种策略发挥作用,必须仔细分析负载曲线和蒸发器的尺寸。

如果自然蒸发超过燃料需求,那么过量可以注入再冷凝器。如果再冷凝器吸收过量蒸发气体超过其能力,替代方案是人工加载锅炉蒸汽倾倒到冷凝器。根据 IGC 规则 1,实际上所有 LNG 船舶都必须具有足以在主推进机械不使用时吸收所有蒸发气体的蒸汽倾卸系统。

第 4 章　LNG – FPSO

LNG-FPSO(即 FLNG,非 FPSO)是油气装备工程中技术难度最高、投资成本最大、价值最高的工程装备,因此我国对此相当重视,近十年来对此做过许多课题研究,但是目前还没有具体实施的项目。如果要开展实际工程项目,依靠独立自主开发研究是一条路,但是困难重重,因此要通过引进与开发相结合的道路,在关键难点上尽可能与国外相关机构合作,通过合作提升自己的能力。另外也应大力开展自主研发,走出一条新型产业化的道路。

4.1　研究的必要性

　　LNG 作为清洁能源越来越受到青睐,全球 LNG 的贸易和生产日趋活跃,FLNG 的出现将会成为天然气勘探领域的一大亮点。同时考虑到 LNG 转运的问题,其转运的关键设备和关键技术也成为海洋工程界关注的焦点。

　　目前使用传统方式开发的气田一般是近海或较大的天然气田,而对于边际气田,传统的开发方式并不适用,采用传统的方式会产生昂贵的费用,难以保证盈利,而 FLNG 则是开发海上边际气田及回收海上油田放空气的有效装备。面对全世界日益增长的天然气消费量,FLNG 相对于其他天然气生产方式体现出了巨大的经济优势,因此许多巨头油气公司(如壳牌公司、康菲石油公司、雪佛龙公司等)对使用 FLNG 开发海洋天然气田表现出浓厚的兴趣。

4.2　国内外 FLNG 技术发展

4.2.1　澳大利亚 Prelude 项目

　　澳大利亚的 Prelude FLNG 项目如图 4-1 所示。

　　该船长 488 m、宽 74 m,每年可以处理 360 t LNG、130 万 t 凝析油及 40 万 t LPG,其模块布置如图 4-2 所示。

　　在 Prelude 项目中,LNG 运输船在装载状况下采用并行模式,这种模式在波高超过 4.5 m 的海况下并不可行,在这种状况下装载模式可以采用前后布置或首尾布置,两船之间的距离约为 70～115 m。

图 4 - 1 Prelude 项目

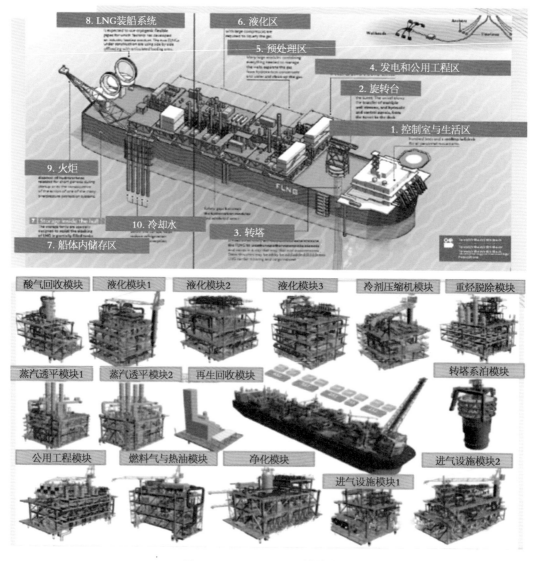

图 4 - 2 Prelude FLNG 模块布置

4.2.2　PETRONAS FLNG 项目

规模：一期 1.0 mtpa；二期 1.1/1.2 mtpa。

主尺度：长 330 m，宽 60 m。

重量：甲板以上 21 模块约 36 000 t；船体总重量 79 000 t。

储罐：4 对 LNG 储罐，总容积 177 000 m³；一对凝析液储罐，总容积 20 000 m³。

生活区：可容纳 100 人。

投产时间：2015 年年底。

PETRONAS FLNG 示意图及龙骨铺设如图 4 - 3 所示。

图 4 - 3　PETRONAS FLNG 示意图及龙骨铺设仪式

4.2.3　圆筒形 FLNG

挪威 Sevan Marine 公司研发的圆筒形 FLNG 能够应对严寒气候条件，在巴伦支海等环境恶劣的北极地区运营。Sevan Marine 希望这一新的 FLNG 解决方案能够在商业上得以实现，该型 FLNG 目前已入级 ABS，其示意图如图 4 - 4 所示。

图 4 - 4　圆筒形 FLNG

该 FLNG 拥有较高的 LNG 储存能力,在恶劣海况下有很强的适应性,作业水深超过 3 000 m,每年能够处理并液化 400 万 t 天然气,并能够储存 240 000 m³ LNG 和 226 400 桶冷凝水。

Sevan Marine 已经完成了该型 FLNG 的概念设计,并与一家韩国船厂进行研究,计划建造首艘圆筒形 FLNG。

圆筒形设计具有更好的稳定性、更多的存储空间和较高的甲板承载能力,全球绝大多数海域和海况都可以适用,在未来高端平台市场上将极具竞争力。

4.2.4 其他船型

国外其他船型的主要技术参数及项目相关信息见表 4 - 1～表 4 - 5。

表 4 - 1 船型参数

项 目	参 数	项 目	参 数
全 长(m)	336	结构吃水深度(m)	14.5
垂线间长(m)	328	设计吃水深度(m)	9.5
型 宽(m)	50	LNG 容积(m³)	200 000
型 深(m)	31.6	LPG 容积(m³)	50 000

表 4 - 2 FLNG JIP 项目表

项 目	Feasibility Study Large Scale LNG FPSO	Project Azure JIP	LNG FPSO Safety Study JIP
启动时间	1998 年	2000 年	2001 年
年产规模	3～4 mtpa	1～3 mtpa	3～4 mtpa
作业海域	澳大利亚西北海域	澳大利亚西北海域 & 西非海域	澳大利亚西北海域
研究目的	完成一型作业于恶劣海域的 FLNG 概念设计,掌握 FLNG 的设备选型及布置技术,船用液化技术,开展钢质船体和水泥船体方案研究等	完成 FLNG 概念设计,开发设计指南,验证设计方案,完成风险分析,完成工期编制和经济评价	在 1998 年 JIP 项目的基础上,进一步拓展安全风险相关的研究,开展安全风险评估分析工作,研究上部生产设备的最佳布置方式;开发安全分析设计的工具包
关键认识	火炬臂尺寸巨大,需进一步开展安全分析;需要进一步开展 LNG 处理设备适应性研究;需要进一步开展串靠外输的可行性论证	FLNG 方案可行(钢质船体和水泥船体方案均可行);串靠外输方案技术可行;GTT 液舱可以适应于所用海况条件;制定了安全分析准则	FLNG 的风险考虑更为复杂,根据风险分析结果对总布置进行巨大调整,进一步印证了 FLNG 概念技术可行

表 4 - 3　FLNG 合作联盟表

序号	合 作 联 盟	目 标 海 域	装载能力(万 m³)	年产量(万 t)
1	FLEX LNG 公司 三星重工 川崎汽船	尼日利亚、巴布亚新几内亚海域	17	150
2	SBM Offshore 公司 Linde 公司 石川岛播磨重工	澳大利亚西北海域	23	250
3	Höegh LNG 公司 大宇造船 ABB 鲁玛斯公司	地中海海域	22	200～240 LPG
4	Teekey 公司 Gasol 公司 Mustang 公司 美国船级社	西非几内亚湾海域	20	150
5	中海油研究总院 海洋石油工程股份有限公司 中国船舶工业集团第七〇八研究所 中国船级社	中国南海海域	30	200

表 4 - 4　FLNG 工程方案表

序号	作 业 者	设 计 单 位	处理量(mtpa)	液化工艺方法
1	Flex LNG	Kanfa/Costain	1.7	双氮膨胀
2	Höegh LNG	CB&I Lummus	1.6～2.0	丙烷 & 氮膨胀
3	SRM Linde	Linde	2.5	混合制冷剂
4	Shell	Shell	3.5	混合制冷剂
5	Aker/Statioil	Aker	5.8	混合制冷剂
6	Bluewater	Air Products	—	氮膨胀/混合制冷剂
7	BW Offshore	Mustang	1.0	氮膨胀
8	Hamworthy	Hamworthy	0.5～2.2	氮膨胀
9	Teekay	Mustang	0.5～1.0	氮膨胀
10	Exmar EBLV Excelerate	Black & Veatch	1.0～2.0	混合制冷剂
11	Saipem	Air Products	1.0～2.5	氮膨胀/混合制冷剂
12	TGE Marine	TGE	0.4～1.5	混合制冷剂
13	ConocoPhillips	ConocoPhillips	5.0	级联式
14	Sevan Marine	Kanfa	1.5	氮膨胀
15	Inpex	JGC/KBR	4.5	混合制冷剂
16	CNOOC	CNOOC RC/Marie	2.0	混合制冷剂

表 4 - 5　FLNG 新建工程项目表

序号	名　称	海域/气田	年产量(mtpa)	参 与 公 司	目前进度
1	PreludeFLNG	澳大利亚西北海域/Prelude	3.6	Shell,Technip,三星重工	EPCI
2	KanowitFLNG	马来西亚/Kanowit	1.2	Technip,大宇	EPCI
3	RotanFLNG	马来西亚/Rotan	1.5	JGC,三星重工	EPCI
4	CaribbeanFLNG	哥伦比亚/Caribbean	0.5	Black&Veach 惠生	EPCI
5	BrowseFLNG	澳大利亚西北海域/Browse	3.6×3	Shell,Technip,三星重工	FEED
6	TamarFLNG	地中海	3.0	HoeghLNG,KBR,大宇	FEED
7	LavacaFLNG	美国墨西哥湾/LavacaBay	3.0	ExcelerateEnergy,OGS	FEED
8	Cash - MapleFLNG	澳大利亚西北海域/Cash - Maple	2.0	HoeghLNG,KBR,泰国PTT	Pre - FEED
9	PNG1FLNG	巴布亚新几内亚	3.0	HoeghLNG,大宇,Petromin	Pre - FEED
10	PNG2FLNG	巴布亚新几内亚	2	FlexLNG,三星	Pre - FEED
11	AbadiFLNG	印度尼西亚/Masela	25	JGC Technip,Saipem	Dual - FEED
12	BonaparteFLNG	澳大利亚西北海域/Petel,Tern,Frigate	2.0	GDF SUEZ,Santos,KBR	Pre - FEED
13	CruxFLNG	澳大利亚西北海域/Crux	2.0	NexusEnergy,Shell	Pre - FEED
14	SunriseFLNG	澳大利亚西北海域/Sunrise	4.0	ConocoPhillips,Shell,oodside	Pre - FEED
15	ScarborughFLNG	澳大利亚西北海域/Scarborough	6.0	Exxonmobil,BHP	Pre - FEED
16	PetrobrasFLNG	巴西海域/Santos basin	2.7	Technip,Modec and JGC;SBM,Chiyoda;Saipem	FEED
17	HYSY - FLNG1	中国某深海	0.6 或 1.0	中海油研究总院、Kanfa,海能发公司	Pre - FEED
18	HYSY - FLNG2	中国某浅海	1.8 或 3.6	中海油研究总院、Technip,中船 708 所	Pre - FEED
19	MozambiqueFLNG	莫桑比克/Rovuma		HBR,大宇	FEED

4.2.5　全球十大 FLNG 项目

全球十大 FLNG 项目的相关信息如下:

1) Doughnut 项目

20 世纪 90 年代,美孚推出了第一个大型研究项目:Doughnut 项目。该项目具有每年生产、储存和卸载超过 600 万 t LNG 的能力。其自重超过 10 万 t,液货舱可储存 250 000 m³ LNG。Doughnut(意为"甜甜圈")项目因其方形甜甜圈状外壳形状而格外引人注目,这种形状构建了一个极为稳定的平台,中间部署有月池。

2) Azure 项目

在 Doughnut 项目推出后不久,欧盟很快推出了其主导的 Azure 项目。该项目是第一个使完整的浮式 LNG 链成为可能的项目,并于 2004 年前开工建造。该方案包括数艘 FPSO、一艘浮式再气化装置,以及 FLNG 在船舶间往返所需的穿梭船。

3) Prelude 项目

2009 年,壳牌与德西尼布三星联合体(Technip Samsung)签订合作协议。2017 年,壳牌推出了全球第一艘 FLNG:造价 12 亿澳元的"Prelude"号。"Prelude"号船长 488 m,建造时采用了约 26 万 t 钢材,共有超 600 名工程师参与设计。

4) PFLNG1 项目

2011 年,马石油(Petronas)与德西尼布(Technip)、大宇造船(Daewoo)签订了前端工程设计合同,催生了全球第二个 FLNG 建造项目:PFLNG1。该项目船长 365 m,满载重量超过 10 万 t。2017 年 4 月,PFLNG1 在马来西亚 Kanowit 气田投产,产能 120 万 t/年,成为全球第一艘投入运营的 FLNG。

5) "Hilli Episeyo"号 FLNG 改装项目

"Hilli Episeyo"号是全球第一个 FLNG 改装项目,由新加坡吉宝船厂承建改装。该船使用一艘建于 20 世纪 70 年代中期的 LNG 运输船进行改装,于 2017 年 7 月完工,当年 10 月从新加坡出发抵达喀麦隆,该船全长 300 m,重量 12 万总吨,产能 240 万 t/年。"Hilli Episeyo"号于 2018 年 3 月投产,成为全球第二艘投产的 FLNG。

6) PFLNG2 项目

2011 年,马石油将其第二艘 FLNG 前端工程设计合同授予韩国三星和日本日挥(JGC)。2014 年该项目作出最终投资决定,预计将部署于 Rotan 深水气田,并于 2020 年投产。PFLNG2 设计产能为 150 万 t/年,将使用外转塔系泊系统,采用无动力方案,可以持续生产 20 年并无需进干船坞检修。

7) Delfin 项目

在获得超 70 亿美元的投资后,Delfin LNG 集团正式开展美国首个 FLNG 项目。该项目将于 2021—2022 年投产,其将天然气从路易斯安那州沿岸现有的管道基础设施运输至停泊在墨西哥湾的 4 艘 FLNG 上。Delfin 已经从 Enbridge 手中收购了现有的管道系统,并计划将这些自 2011 年废弃的管道进行修改和重装。

8) Fortuna 项目

英国 Ophir 能源公司和 Golar LNG 航运公司正致力于其 FLNG 项目。该项目总成本为 21 亿美元,一旦融资完成,将可能于 2022 年投产。考虑到 Ophir 正在寻找继任 CEO,该项目当前充满了不确定因素。

9) Coral South 项目

莫桑比克政府正在建造一艘价值 100 亿美元的 FLNG,用于 2012 年发现的 Coral 气田。这将是非洲的第一个 FLNG 项目,预计将于 2022 年全面投入运营。Coral 气田位于 Rovuma 海盆,该地区储量可满足坦桑尼亚和莫桑比克未来 5 000 年的国内天然气需求。Coral South 项目有可能将显著改变非洲一些最为贫穷国家的经济现状。

10)New Age 项目

总部位于伦敦的 New Age 油气公司专注于非洲业务,目前正在寻求喀麦隆和刚果(布)的 FLNG 开发项目机会。然而,近期出现的一些动态(包括 New Age 公司高层裁员)可能将阻碍或延误项目的推进。

4.2.6 我国 FLNG 的技术发展

4.2.6.1 发展现状

我国很多深海气田的开发已经不适合管道输送,随着天然气市场越来越大,直接用管线连接所有用户也不现实,故需要采用 FLNG 开发海上气田。但是我国的 FLNG 在技术上还面临一些问题,主要集中在液化工艺技术、低温储存技术和外输技术上。

对于外输技术,目前适用于码头外输的旁靠式外输方式在风浪条件较好的海域可以使用,但在海况不好的远海,即在 FLNG 和运输船都在运动的情况下外输变得非常困难,安全风险较大。

2008 年,中海油研究总院承担 FLNG 重大专项技术攻关、关键技术研究,对船型、系泊技术、液化工艺技术、外输技术、存储技术等进行了深入研究,取得了重大进展。未来 FLNG 在我国的应用情况取决于天然气勘探开发的进展。如果能找到适合应用 FLNG 装置开发模式的气田,这项技术将会较快地得到应用。

总体而言,随着深远海勘探开发的快速发展,采用 FLNG 装置在海上直接处理、液化、外输将成为海上气田开发模式的重要选择。

中海油为促进我国南海深远海气田的开发,探索出深远海气田开发新模式,决定加快推进小型 FLNG 的研究工作。2013 年 12 月,总公司成立了多个下属单位参加的 FLNG 研究协调小组,开展小型 FLNG 开发模式探索研究。研究认为,采用 FLNG 装置工程开发模式在技术上可行,从经济性上看,对于周边无可依托的设施或依托设施较远的气田采用 FLNG 装置较为合适。

FLNG 船体上装有天然气液化系统,通常通过单点系泊系统定位于作业海域。天然气液化系统相当于在 FLNG 船体的甲板上安置了岸上的天然气液化工厂,但是该系统的工艺流程十分紧凑,因为甲板面积仅有岸上天然气液化工厂面积的 1/4。流程中主要包括液化及冷凝抽提系统、气体处理系统、制取制冷剂的氮膨胀机循环系统等。整个系统要对船体运动的敏感性低,并且要紧凑、安全性好。

FLNG 中文名为浮式 LNG 储存装置,顾名思义其结构中包括储存天然气或石油气的容器即 LNG 液货舱或 LPG 液货舱等装置。由于在储存过程中液货舱内会产生一定的蒸气压,而 LNG 必须始终处在常压和 $-163℃$ 左右的条件下,为了避免出现意外,液货舱的材料及绝缘性必须满足要求。LNG 液货舱一般可以分为 SPB 型、薄膜型、Moss 球罐型等,如图 4-5 所示。

图 4 - 5　Moss 球罐型、SPB 型和薄膜型

FLNG 技术是新型海上气田开发技术发展的一个趋势,我们要坚持相关研究,紧跟国际步伐,全面掌握 FLNG 的设计技术,形成自主开发设计的能力,培养出一支 FLNG 设计领域的核心技术队伍,逐步建立 FLNG 系列的自主设计品牌,并进一步应用于工程化生产,满足国内能源供应需求,同时积极开拓海外市场。

4.2.6.2　我国发展趋势

我国海域辽阔,资源丰富,已经探明的天然气储量为 $14 \times 10^{12} \, m^3$,占全国天然气总资源的 29%～42%。但是,我国海上天然气资源的已探明储量偏低,这是受到海上勘探、开发技术的限制,也由于常规的开采方案投资大、风险高、收益低,以至目前已经探明的一些边际气田迟迟得不到开发。

FLNG 作为一项经济效益显著、可行的新型气田开发技术系统,具有建造周期短、可重复使用、投资低的优点,采用浮式平台可以有效回收我国边际气田天然气资源,对解决日益严重的环境污染问题,缓解我国能源紧缺状况,对促进经济发展具有极为重要的现实意义。

4.2.6.3　我国与国外的差距

目前,我国缺乏足够的 FLNG 技术准备,研究机构对 FLNG 的研究甚少。我国企业与世界领先企业的差距除了建造能力外,还主要表现在研发能力方面。目前我国相关企业还只是消化吸收了 LNG 运输船的建造技术,而对于 FLNG,需要攻关的难点还很多。

FLNG 的研发共涉及以下 6 个方面:

① 基础技术。计算流体力学技术、螺旋桨设计技术、液货舱晃荡压力分析、FLNG 船体温度场分布仿真、与穿梭 LNG 船的多单元耦合数值分析与试验、FLNG 材料与设备国产化、FLNG 特殊管系的温度应力分析及水弹性力学技术等。

② 设计技术。FLNG 设计规范和标准、船体论证技术、船体结构对液货舱温度场的应力响应仿真分析、船体屈曲屈服疲劳强度和变形分析技术、双燃料动力装置设计技术、超大容量电站电网技术、集成自动化系统技术等。

③ 建造技术。超大型分段精度建造技术、总组和船坞总装技术、船体焊接技术、新型动力装置安装及实验技术、绝缘箱制造技术、泵塔制造及安装技术、殷瓦钢焊接技术规范、

液货舱围护系统密性试验技术等。

④ 管理技术。计划管理技术、质量管理中 CTI 计划标准化技术、HSE 管理技术、液货舱围护系统物流管理技术等。

⑤ 专用工装设计。液货舱围护系统殷瓦钢安装模板及工具、超低温阀门压力检测设备、泵塔制造专用工具装备等。

⑥ 相关制约。LNG 运输船及 FLNG 的设计、建造要求极为苛刻,目前我国制造业的整体水平及冶金、材料等相关行业的发展水平和工人技术水平等都是我国发展 FLNG 的制约因素。

另外,在 FLNG 建造专用设备中,绝缘箱生产流水线也是我国企业目前的一个弱项,因此必须专门引进绝缘箱生产线。

FLNG 的技术难度显然比 LNG 运输船更胜一筹,除了上述的问题外,上部模块的处理系统、系泊系统、环保问题、双燃料问题、主要机电系统的集成配置、卸货时与 LNG 运输船的船体结构耦合运动及其响应问题、结构的疲劳问题等都是极为棘手的技术难题。

4.3　FLNG 的主要研究内容和关键技术

FLNG 的研究设计与 FPSO 有许多相似之处,但又有本质的区别,前者是浮式 LNG 生产储存装置,后者是浮式生产储油装置,二者的比较如图 4-6 所示。由于应用目标、功能的不同,所以需要在 LNG 生产与 FPSO 的基础上进行综合分析研究,得到 FLNG 设计方案。

对于 FLNG,主要关注以下几个方面的问题:

① FLNG 性能与船体结构的安全性与可靠性。

② FLNG 上部模块的布置及其液化等系统的选择。

③ 由于长期停靠一个海区作业而需要确定锚泊系统。

④ 液货舱的选型与设计。

⑤ LNG 货物装卸系统。

⑥ 共性关键技术问题。

⑦ FLNG 的制造管理等问题。

⑧ FLNG 的运营。

典型的 FLNG 的构成包括:船体系统、系泊系统、液货舱系统、液化处理系统与生活楼等,如图 4-7 所示。

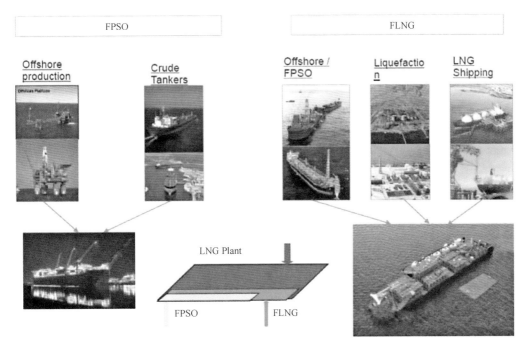

图 4 - 6 FPSO 与 FLNG 的比较

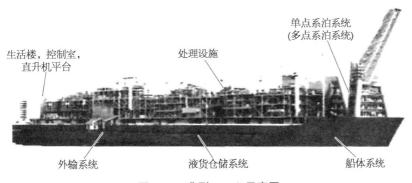

图 4 - 7 典型 FLNG 示意图

4.3.1 国外 FLNG 技术介绍

国外某公司 FLNG 设计总览见表 4 - 6。

表 4 - 6 FLNG 设计总览

项　　目	详　　情
LNG 生产能力	250 万 t/年(约 300 t/h)
供给气体成分	贫气(甲烷含量 80%,按摩尔计)
液化项目专利	单循环混合制冷剂

（续表）

项　　目	详　　情
液化舱形式	薄膜型
液货舱容积	193 800 m³ LNG
其他生产货物舱	液货石油气及冷凝物
船体尺度（长/宽/型深）	355 m/70 m/35 m
系泊形式	永久性内转塔式
卸载方式	LNG 与液化石油气旁靠

4.3.1.1　主要关注的问题

1）船厂关心的主要问题

① 船厂设施的能力：建造 LNGC/LPGC/VLCC/FPSO 的能力。

② 上部模块及模块支撑。

③ 上部模块安装方法。

④ 重量控制。

⑤ 调试（静态＋动态）。

2）设计问题

① FLNG 外形尺寸与船坞尺寸的匹配。

② 货物围护系统的形式。

③ LNG/LPG/冷凝物的产量。

④ FLNG 适应海域数据——环境条件。

⑤ 气体成分。

⑥ 液化装置。

⑦ 转塔系泊系统。

⑧ FLNG 至 LNG 运输船的装卸系统。

⑨ HSE 要求。

⑩ 船体和上部模块的界面。

⑪ 实施计划。

3）安全问题

船体与上部模块的界面如图 4 - 8 所示。

4）气体处理工作流程（图 4 - 9）

4.3.1.2　船体设计概览

船体设计如图 4 - 10 所示。

FLNG 上部模块设计情况如图 4 - 11 所示。

界面与舱内管系如图 4 - 12 和图 4 - 13 所示。

典型的 GTT MARK Ⅲ 液货舱系统如图 4 - 14 所示。

液体晃荡数字模拟分析如图 4 - 15 所示。

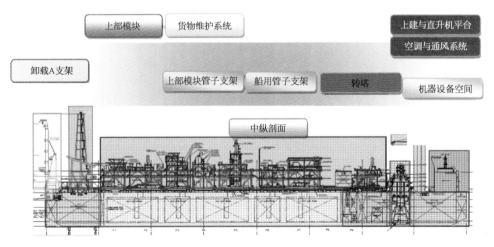

图 4 - 8　上部模块与船体界面示意图

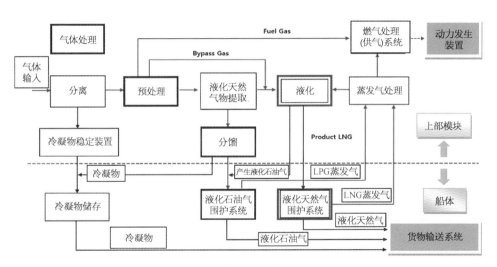

图 4 - 9　气体处理工作流程示意图

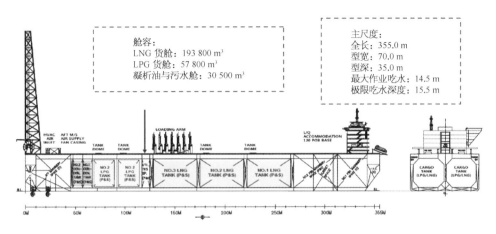

图 4 - 10　船体设计示意图

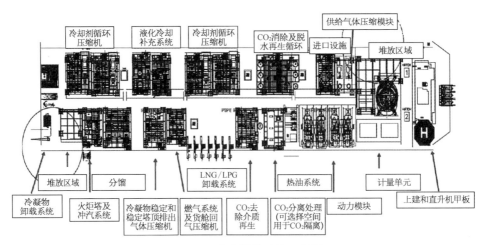

图 4-11　上部模块设计示意图

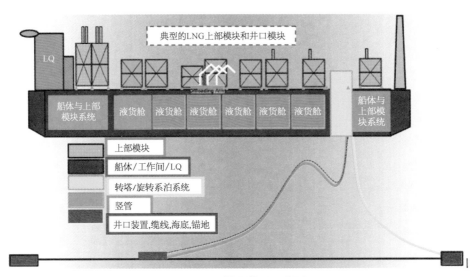

图 4-12　界面管系示意图

图 4-13　舱内管系示意图

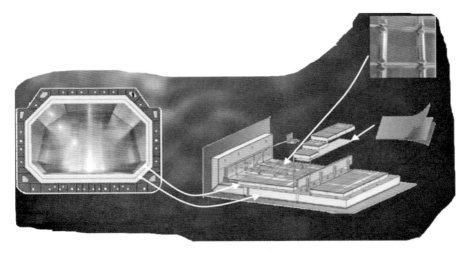

图 4 - 14　液货舱系统示意图

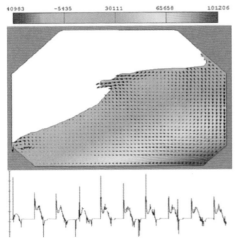
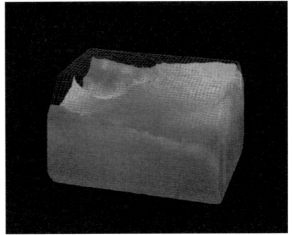

图 4 - 15　液体晃荡分析示意图

　　安全性分析需要进行危险源识别分析研究、安全间距研究、危险与可操作性分析研究、消防与爆炸/扩散与辐射问题研究、前端工程设计与风险评估方法研究等,如图 4 - 16

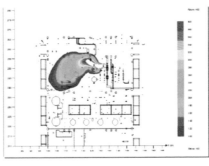
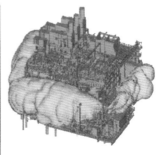

图 4 - 16　安全性分析示意图

图 4-17　安全性分析示意图

和图 4-17 所示。

　　船体设计分析包括船体与上部模块结构设计、上部模块操作性估算、直升机甲板停机时间估算等。如图 4-18 所示。

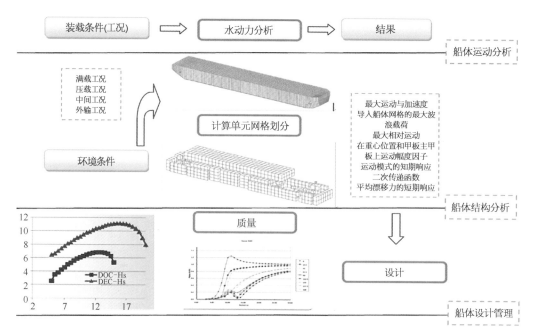

图 4-18　船体设计中分析流程

水池模型试验示意图如图 4 - 19 所示。

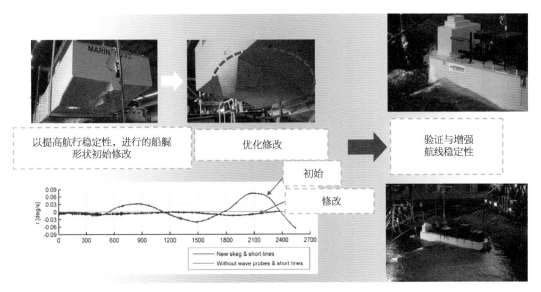

图 4 - 19　水池模型试验示意图

风载荷模型试验示意图如图 4 - 20 所示。

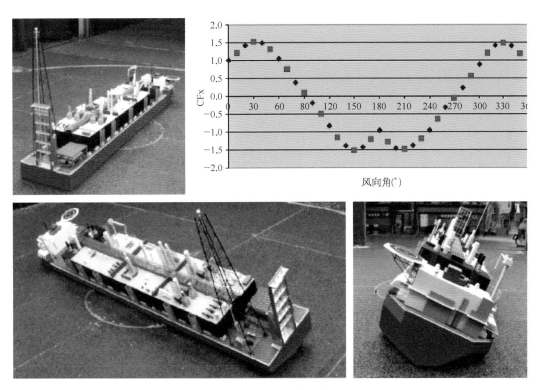

图 4 - 20　风载荷模型试验

烟雾试验示意图如图 4 - 21 所示。

图 4 - 21　烟雾试验

船体结构设计——估算船体强度的步骤:

① 基于船级社规范的初步结构尺寸确定。

② 基于船级社规范对应载荷的 3 个舱段的有限元分析。

③ 基于直接载荷的整船有限元分析。

④ 前面步序分析结果产生的尺寸不能因为后面计算结果而减少。

计算软件与模型示意图如图 4 - 22 所示。

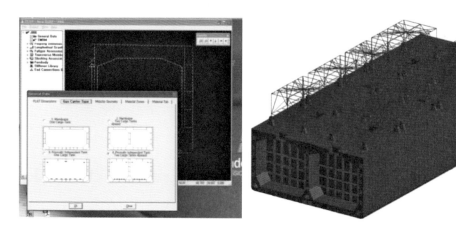

图 4 - 22　ABS 船级社计算软件与 FLNG 三货舱段计算模型

结构疲劳谱有限元分析示意图如图 4-23 和图 4-24 所示。

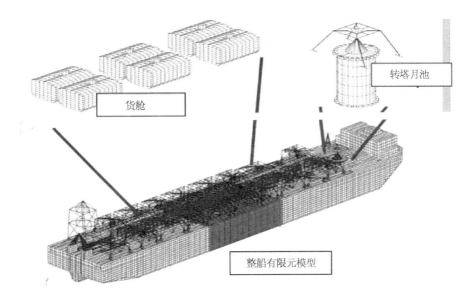

图 4-23　结构有限元分析

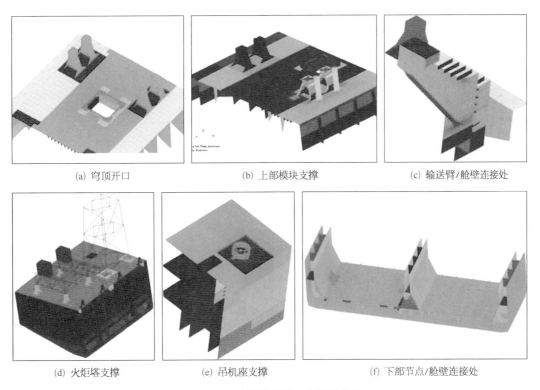

(a) 穹顶开口　　　　　　(b) 上部模块支撑　　　　　　(c) 输送臂/舱壁连接处

(d) 火炬塔支撑　　　　　　(e) 吊机座支撑　　　　　　(f) 下部节点/舱壁连接处

图 4-24　结构局部强度有限元分析

上部模块三维模型示意图如图 4-25 所示。

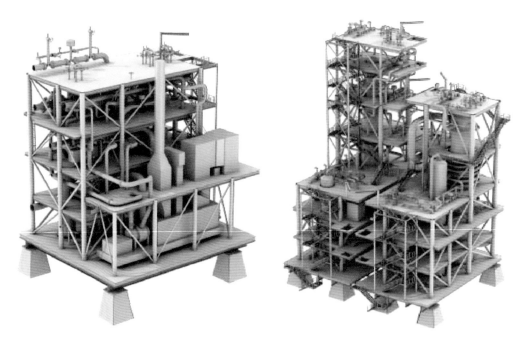

图 4-25 冷却剂循环压缩机(P5/P6/P8/P9 模块)与液化器中 P7 模块

4.3.2 总体设计

4.3.2.1 总体设计布置原则

1) 布置设计

设计 FLNG 要高度关注其所处的海洋环境,总体布置与安全问题是设计 FLNG 最关键的问题之一。

在设计 FLNG 时,需要具有对进气角塔、燃烧放散塔、卸货系统及生活设施进行一体化布置的思路。这里有两条重要的原则:一是在 FLNG 生产装置上受海洋运动影响最小的地方,布置对运动敏感的设备;二是从总体稳定性的角度考虑应保持重心较低。根据这两条原则,这就要将质量和体积较大的塔设备布置在船体中线上,其他一些重型设备如压缩机、燃气轮机发电机等,也应尽可能布置在低处。另外,考虑到狭小的空间尺寸,工艺设备尽可能采用模块化的设计方案。FLNG 总体布局如图 4-26 所示。

2) 模块化设计布置

FLNG 比 FPSO 更复杂,因此安全风险因素更多。为了应对风险因素,模块的设计、划分、制造和安装必须着重设计。

FLNG 模块化设计思想是根据 FLNG 的不同规模,采用大小不一的模块来实现特定功能。FLNG 的模块化及其布局不是简单地将传统 LNG 工厂切分成若干小单元后外包制造,模块化的过程需要应用成熟的 FPSO 工程理念,通过工程设计公司、成套设备公司、

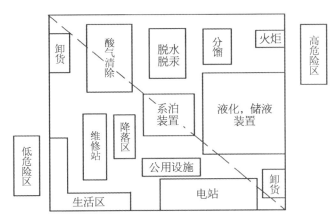

图 4 - 26　FLNG 总体布局示意图

模块化公司及制造船厂的合作,在确保安全与功能的前提下,优化模块的划分和设计,减少模块的尺寸和重量,提高制造和安装精度。

目前,FLNG 的船体设计基本被韩国的三大造船企业——三星重工、现代重工及大宇造船海洋所垄断,大部分 FLNG 都由他们设计制造与测试。FLNG 船体大致划分为三部分:进口和预处理单元、液化单元、公用工程单元。中间管廊、进口和预处理单元,以及液化单元和公用工程单元按照工艺流程的走向依次布置,这三大单元又细分为若干模块在中间管廊的上下方依次布置,构成一个完整的 FLNG。典型的布置如图 4 - 27 所示。

图 4 - 27　典型的模块划分布置图

3) FLNG 设计标准和相关规则规范

以什么规则标准和根据哪家船级社的规范进行入级审查，是 FLNG 设计制造的依据。国际上以 ABS、DNV 的规范为主要依据对象，在我国则必须兼顾满足 CCS 的规范。这些船级社的规范内容主要包括 FLNG 性能、船体结构设计规范、液化系统问题、货物围护系统、动力与机电系统技术规范、LNG 运输船的制造、涂装规范及关于建造过程控制规则规范等。图 4-28 是 ABS 的相关规范。

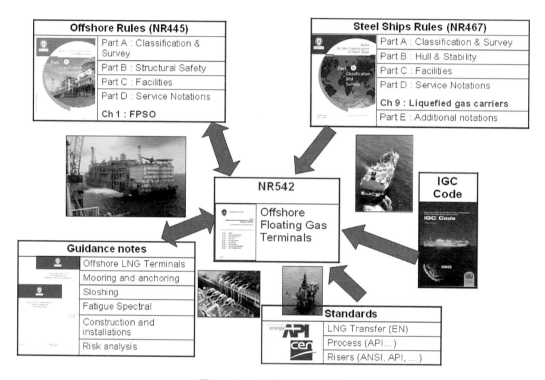

图 4-28　ABS 相关规范原文

4.3.2.2　总体设计内容

1) 总体设计概要

FLNG 的总体设计是在确定的海洋环境、目标任务下，运用三维设计系统和数值仿真分析系统软件进行性能、尺度、系统选型布置、结构强度与可靠性、锚泊系统设计、液化流程与设备确定、液货舱系统设计、装卸功能设计及动力机电的选型布置等，如图 4-29 所示。

空间利用和安全是海上 LNG 生产、储存的关键与难点，在陆地上进行设计布置可以使用二维方法，而设计海上装置必须用三维方法（图 4-30）。由于 FLNG 装置中设备众多，布置设计需要紧凑，实际工作环境还涉及颠簸、腐蚀等诸多问题，因此尽管 FLNG 设备的功能与陆地上的基本相同，但甲板上的生产装置与陆地上的设计完全不同。

FLNG 通过系泊系统定位于海上，具有开采、处理、液化、储存和装卸天然气的功能，并通过与 LNG 运输船搭配使用（图 4-31），实现海上天然气田的开采和天然气运输。

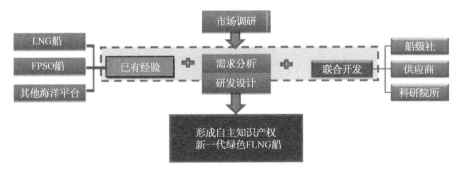

图 4 - 29　设计工作流程

图 4 - 30　FLNG 三维设计示意图

图 4 - 31　FLNG 串联卸货示意图

2）船型论证研究

FLNG 的设计论证主要包括：

① 船形与主尺度的分析计算与确定,确定液化技术方案、上部模块设备选型与布置。

② 要研究分析船舶运动的各种状况的影响,如：研究静态倾斜、动态摇摆倾斜、摇摆周期及相对高度等,进行各种情况下的稳性计算分析。

③ 要研究船舶运动对设备性能的影响,如：船体运动对液体分布的影响及液体不均匀分布对设备性能的影响等,以减少运动的影响,避免自由液面的产生。

④ 要利用 CFD 技术分析流体运动、性能、操纵性、快速性等流体力学问题。

3）结构设计与安全性、可靠性分析

结构设计要确定全船船体各个部分结构及构件的尺寸、布置,并利用 CAE 数值仿真工具,在基于风、浪、流及运动载荷影响下,确定全船及各类特殊结构的强度、振动、温度场、疲劳、腐蚀等各类问题。

大型 FLNG 在复杂海况条件下航行时,船体会承受较大的波浪诱导弯矩和剪力、外部砰击压力和湿表面水动压力。同时由于 FLNG 的大型化发展趋势,每一个液货舱尺寸的增加使货物在舱内相对舱体运动而产生的动载荷成倍放大,而由于船体在波浪中运动产生的动载荷将会影响液货晃荡载荷的计算。

准确预报大型 FLNG 所承受的水动力载荷是 FLNG 结构设计的基础,所以对大型 FLNG 的运动和波浪载荷预报必须具有足够的精度,传统的二维切片、三维线性绕射理论来计算船体的波浪载荷已经不能满足工程需要。

建立三维水动力模型,要根据船舶营运海域海况资料选择波浪散布图,进行船体运动长期预报,确立等效设计波,求得船体承受的各载荷分量;建立全船三维有限元模型（网格较粗）,动载荷通过程序直接施加到结构模型上,得到结构变形值;将变形值作为局部结构细网格模型的边界条件,求得精确结构应力;根据结构失效原则（屈服＋屈曲）,对强度进行评估。当然,在现在计算机能力足够强的情况下,也可以建立详细的全船结构模型,进行整体分析得到所需的响应。

对大型 FLNG 的总体结构强度进行评估,需要全面掌握大型 FLNG 全船有限元建模技术及波浪载荷三维非线性直接预报技术、基于液货晃荡的大型 FLNG 液货舱结构局部强度分析技术、大型 LNG 运输船疲劳强度评估与节点优化设计、泵塔结构强度评估及设计技术、大型 FLNG 全船振动分析和噪声预报技术研究、船体液货舱结构对温度场的应力响应及低温钢应用研究。同时这些研究分析的运动参数值可作为液货舱系统晃荡载荷模型试验的输入条件。全船有限元分析模型如图 4-32 所示。

大型 FLNG 除了遭受交变的波浪载荷作用外,其液货围护系统还受到液体晃荡冲击载荷作用。同时,由于液化 FLNG 是在超低温条件下运输的,所以还应考虑由于温度急剧变化而引起的热疲劳强度。

选定典型的热点结构,根据波浪的概率分布情况确定构件疲劳寿命的载荷工况,进行基于精细有限元模型的详细应力分析,最后运用线性累积损伤理论和实验的 S-N 曲线,

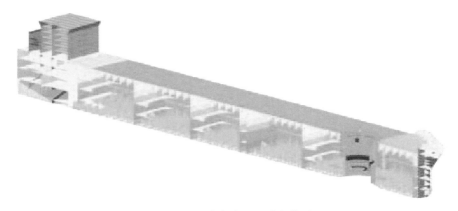

图 4－32　全船有限元分析模型

由热点应力的幅值分布和次数,计算结构的疲劳损伤和寿命。另外通过对大型 FLNG 典型节点连接方式的研究,可以建立符合国内主要骨干造船企业建造工艺要求的大型 LNG 运输船节点设计标准。

4.3.3　上部模块的设计

4.3.3.1　上部模块总布置

FLNG 上部模块的布置可参考澳大利亚 Prelude 项目,如图 4－33 所示。

4.3.3.2　天然气液化技术

商业化的陆上天然气液化技术已经诞生了半个世纪,有关海上 FLNG 技术的论证和研究也已经有 20 多年的时间。近年来,FLNG 得到了快速发展,随着首批 FLNG 投入运营带来的示范效应,未来可能会有更多的 FLNG 项目投入建造、运营。

1) 天然气液化技术

按照制冷循环原理,天然气液化技术可以分为两个大类:蒸气制冷循环;气体膨胀制冷循环。

制冷循环按照循环级数,又可分为三循环、双循环和单循环等。典型的液化技术见表 4－7。

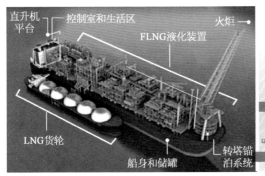

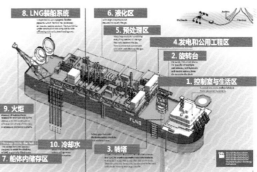

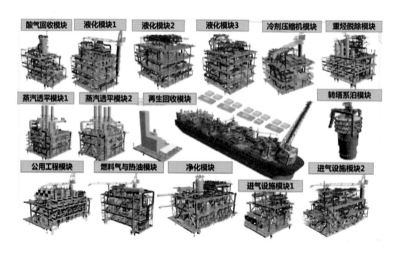

图 4 - 33　Prelude FLNG 模块布置

表 4 - 7　典型的液化技术表

名　称	单 循 环	双 循 环	三 循 环
蒸气制冷循环	SMR、PRICO、LIMUM 等	C3MR、DMR、OSMR 等	优化级联、MFC 等
气体膨胀制冷循环	单极氮气膨胀	双极氮气膨胀、氮气甲烷膨胀等	三级氮气膨胀等
组合		带预冷的氮膨胀等	AP - X、带预冷的双级氮膨胀

陆上天然气液化技术产能的占比情况见表 4 - 8。

表 4 - 8　陆上天然气液化技术产能占比

液 化 技 术	C3MR	C3MR/Split	MFC	AP - X	优化级联	SMR	DMR
相应液化技术产能比(%)	45.5	14.4	1.4	15.7	16.9	2.3	4.2

以丙烷预冷为基础的 C3MR、C3MR/Split 和 AP - X 技术产出的 LNG 占据国际 LNG 产能总量的 75.6%，占据主导地位，剩余部分的产能由优化级联、DMR、SMR 和 MFC 等提供。

（1）级联式流程。

级联式流程如图 4 - 34 所示，其优缺点为：

优点——制冷剂为纯物质，无配比问题；操作稳定，技术成熟；能耗低。

缺点——附属设备多，机组多，流程复杂；管道与控制系统复杂，维护不方便。

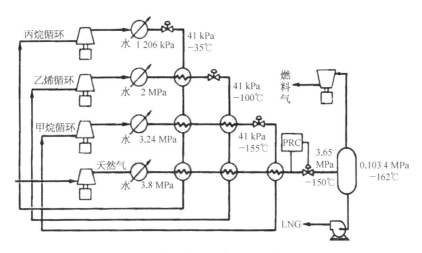

图 4 - 34　级联式流程图

（2）混合制冷剂液化流程。

MRC 闭式混合制冷剂液化流程中，天然气的液化过程与制冷剂循环过程是分开的，自成独立的一个制冷循环，流程原理如图 4 - 35 所示。

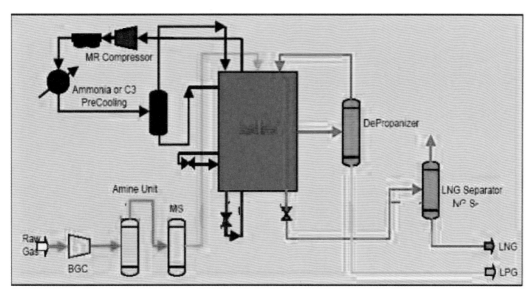

图 4 - 35　MRC 闭式流程原理图

MRC 开式混合制冷剂液化流程是：需要天然气（既是需要液化的对象，又是制冷剂），丙烷预冷混合制冷剂液化流程是结合了混合制冷剂流程的优点，流程既简单又高效，如图 4 - 36 所示。

带膨胀机液化流程（Expander - Cycle）是指利用高压制冷剂通过透平膨胀机绝热膨胀的克劳德循环制冷流程。根据制冷剂的不同，该流程可分为天然气膨胀液化流程和氮

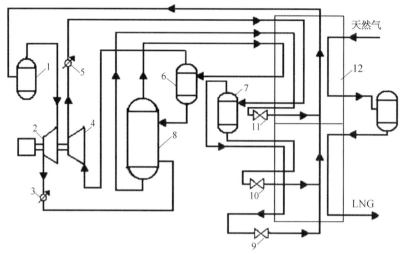

图 4‑36 MRC 开式流程示意图

1—气液分离器;2—低压压缩机;3—冷却器;4—高压压缩机;5—冷却器;6—气液分离器;
7—气液分离器;8—分馏塔;9—节流阀;10—节流阀;11—节流阀;12—冷箱

气膨胀液化流程(图 4‑37)。由于带膨胀机的液化流程投资成本适中,操作比较简单,特别适合用于液化能力较小的调峰天然气液化装置。

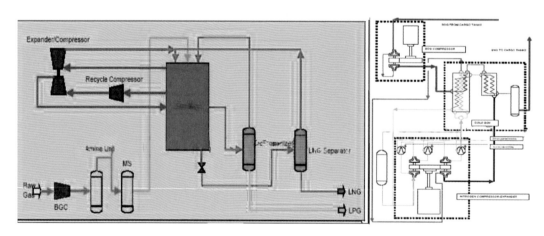

图 4‑37 天然气膨胀液化流程与氮气膨胀液化流程示意图

2) 影响液化技术选择的因素

根据近 20 年的 FLNG 研究,影响 FLNG 液化技术的选择因素有:液化技术的能耗、生产能力、制冷剂是否可燃,以及储存量、操作的难易程度、重量和空间的限制、设备维护的便捷性、工艺及设备对运动的反应等。

(1) 能耗。

液化工艺的能耗代表着液化装置运行的经济性。液化技术常用的能耗表示方法为比功耗,即单位产品的制冷压缩机功耗(kWh/t)。主要液化技术的比功耗见表 4‑9。

表 4-9　主要液化技术的比功耗表

液化技术	优化级联	C3MR	DMR	SMR	氮膨胀
比功耗(kWh/t)	298	302	313	339	443

（2）生产能力。

各种液化技术受技术本身及设备的限制，有各自技术的单线生产能力范围。对于生产能力确定的目标，通常是双线或单线的配置，三、四条线的配置较少。表 4-10 列出了典型的液化技术单线产能的范围。

表 4-10　典型的液化技术单线产能　　　　　（10⁶t/年）

液化技术	氮膨胀	SMR	级联、MFC
典型的单线产能	0～1.1	0～2.8	1.7～7.9
液化技术	C3MR	DMR	PMR、AP-
典型的单线产能	1.7～6.5	1.7～7.1	5.1～10.0

（3）制冷剂类型及可燃组分的储量。

对于 FLNG，一些业主希望在制冷循环中使用的易燃冷剂量达到所允许的最少值。考虑到丙烷的挥发气比空气重，且易挥发，在甲板容易聚集，因此首推专门为 FLNG 开发的 DMR 技术。

DMR 技术中通常也会部分使用丙烷组分，若要求丙烷储量最少，可以通过调整混合冷剂的配方，调整的前提应保证液化工艺技术的能耗不增加，而使丙烷的使用量达到最少。

（4）质量和空间的限制。

由于 FLNG 的液化设备建造在甲板上，因此这些设备占用的空间及质量受到船体建造尺寸的限制。为了减少设备的总量，一些专利商以重量轻的材料替换重的材料，如内部采用铝材料，外壳采用不锈钢材料。

（5）工艺及设备对运动的反应。

FLNG 船体设计和稳定控制系统虽然会将甲板上的运动最小化，但不能完全消除运动。主要在两个方面体现船体运动对工艺及设备的影响，一方面是对工艺性能的影响，另一方面是对机械的影响。

液体的晃荡会产生附加的机械应力，在极端海况下，设备要承受船体运动产生的极端应力，并且船体运动对工艺设备会产生附加的机械应力。在机械设计中需要共同考虑这 3 种运动产生的加速度和机械疲劳，才能保证设备的安全可靠。

船体运动会对带有两相流的工艺设备尤其是液化换热器的分配带来影响，分配的不均匀与工艺性能的降低会导致无法达到预期的工艺指标。船体运动对带有液体分布的工艺设备也会产生影响，导致分配效果变差。

氮气膨胀液化技术中使用气态制冷剂，该技术对船体运动的适用性较好。

（6）操作的难易程度及设备维护的便捷性。

从操作复杂性来看，对于选定的液化技术，采用单线技术比采用双线液化技术操作更简易。氮膨胀液化技术需要使用大量的氮气才能启动，生产的液氮储存于船体中可用于 FLNG 装置快速再启动。

（7）部分 FLNG 项目选择的液化技术。

FLNG 是一个新的领域，单纯就一个因素比较 FLNG 液化技术的优劣，往往难以得到准确的结果，许多因素都会影响浮式液化技术的选择。

壳牌公司的 Prelude FLNG 项目，液化技术采用单线 DMR，年产 LNG 360 万 t、凝析油 130 万 t、LPG 40 万 t，该 FLNG 长 488 m，宽 74 m。

马来西亚石油公司的 PFLNG 项目，采用双线并联氮膨胀液化技术，年产 LNG 120 万 t，该 FLNG 长 300 m，宽 60 m。

Exmar 公司的 FLNG 项目采用的是单线 SMR，年产 LNG 50 万 t，该 FLNG 长 140 m，宽 32 m。该 FLNG 是近岸的驳船型，采用多点系泊方式。

3）液化装置

（1）预处理设备。

在天然气液化之前必须对原料气进行预处理，预处理是指：脱除天然气中的二氧化碳、硫化氢、重烃、水分和汞等杂质，以避免这些杂质在低温状态下产生冻结而堵塞管道和阀门及腐蚀设备。直接从气井中出来的天然气杂质含量更高，预处理的工艺方案需要特别加以注意考虑。

（2）膨胀机。

透平膨胀机结构如图 4-38 所示，其设备参数见表 4-11。

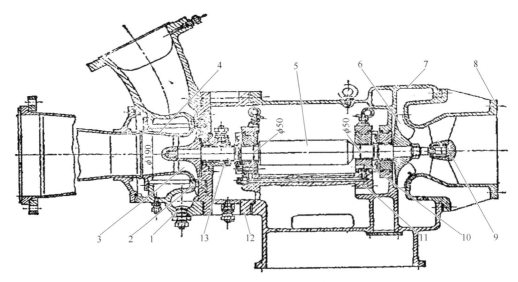

图 4-38　透平膨胀机结构简图

1—蜗壳；2—喷嘴；3—膨胀轮；4—扩压器；5—主轴；6—压缩机叶轮；7—蜗壳；
8—端盖；9—测速器；10—轴承座；11—机体；12—中间体；13—密封装置

表 4 - 11　国产带液透平膨胀机与压缩机设备参数

项　目	CL509	CL505	CL510	CL512	CL513
型号	LTQ - 6250	LTQ - 2000	LTQ - 20000 - 1	LTQ - 20000 - 2	LTQ - 20000 - 3
原料气处理 ($10^4 Nm^3$/天)	15±30％	50±20％	50±20％	50±20％	50±10％
原料气进气装置压力 (MPa)	0.52	4.021	3.478	3.92	0.292
原料气分子量	26	20	20	20	20
透平膨胀机代号	PT510	PT504	PT513	PT504	PT515
型号	PLPT - 78/ 13 - 7	PLPT - 300/ 39 - 14	PLPT - 300/ 33 - 13	PLPT - 300/ 19 - 14	PLPT - 250/ 37 - 13
进口压力(Mpa)	1.765	3.725	3.65	3.725	3.48
出口压力(Mpa)	0.392	1.47	1.25	1.47	1.38
进口温度(℃)	−53	−53	−45	−53	−50
出口温度(℃)	−97.5	−90	−79	−90	−85
压缩机					
进口压力(Mpa)	0.342	1.41	1.17	1.14	1.32
出口压力(Mpa)	0.435	1.73	1.56	1.73	1.6
进口温度(℃)	36	35	35	35	34
出口温度(℃)	0.392	1.57	70.3	1.47	1.272

（3）压缩机。

压缩机示意图如图 4 - 39 所示。

图 4 - 39　天然气压缩机

（4）换热器。

换热器示意图如图 4 - 40 所示。

图 4 - 40　板翅式换热器与缠绕管式换热器

4）国内浮式液化技术

我国天然气液化技术起步比较晚，2001 年建成了第一座天然气液化装置，其产能为 15 万 m³/天，采用丙烷、乙烯制冷加天然气节流膨胀的制冷液化工艺。之后一些小规模的 LNG 装置陆续建成，应用了氮膨胀液化技术、单循环混合冷剂技术、双循环混合冷剂技术等。我国的 LNG 装置除了采用国产液化技术外，也引进过一些国外的产能为 100 万～150 万 m³/天的单循环混合冷剂液化技术。

中国石油天然气集团公司为了拓展海外天然气项目，曾经进行过优化级联液化工艺、双循环混合冷剂的研究。这些研究面对的是大型气田的开发，装置产能规模在 200 万～500 万 t/年。中国寰球工程公司研发的产能 260 万 t/年的双循环混合冷剂液化技术，以及在山东泰安进行的产能 60 万 t/年的示范项目已经投产运行，装置能耗与国外相同技术的能耗相当，装备及技术都得到了验证。

多数的天然气液化技术都已经在我国国产化，并已经有陆上运行的装置，但是要将国产化技术应用于 FLNG，还需解决以下一些问题。

我国使用氮膨胀液化技术的装置规模小，将这种技术放大应用到 FLNG 中，需要解决工程放大效应，设备形式需要调整以适应装置规模。由于装置规模小，整体的能耗相对较高，随着装置加工能力的提高，设备的效率也会有所提高，能耗会有所下降。随着装置规模扩大，原有小装置上的经济方案会变得更具有吸引力，能耗可以进一步地优化降低。由于我国 FLNG 的研究起步晚，需要加强船体运动对液化工艺技术及设备影响的基础研究，这是亟待解决的薄弱环节问题。

5）浮式液化关键设备国产化

国内小型及中型规模的板翅式冷箱换热器已在陆上得到应用，国产绕管换热器虽在其他行业得到了应用，但在天然气液化上还没有应用。海上运动工况对这些液化换热器影响的研究也刚刚开始。

若将国产液化换热器用于 FLNG,还需研究船体运动对液化换热器影响。先进行基础研究,开发模型拟合基础研究数据,然后进行中试验证,最后得出结论。模型的开发要能够预测液化换热器的性能与几何尺寸、运动条件,以及换热器重心以上的高度和工艺条件的关系函数。

6) 发展展望

国际上使用氮膨胀技术、SMR 技术和 DMR 技术的 FLNG 已经陆续建成,但每种液化技术都有其各自的特点,没有一种液化技术能够满足 FLNG 的所有需求。在选择液化技术时,需要综合考虑能耗、生产能力、安全、船舶运动、占用空间情况及操作检修方面等因素的影响。

要将陆上已经应用与运行的国产化技术和装备应用于 FLNG 上,一方面要加快海上特殊环境(晃动)对液化技术及设备影响的研究,另一方面要进行液化装置长周期运行经验的总结和积累。

上部其他模块布置如图 4 - 41 所示。

图 4 - 41　上部其他各个模块设备布置情况

4.3.4　锚泊系统

4.3.4.1　转塔与旋转接头

FLNG 的关键组成部分之一是转塔和旋转接头,转塔通过一定的连接方式将 FLNG 固定于海上的系泊点,可进行 360°全方位的自由旋转。

转塔可分为可分离浸没式转塔、可分离立管式转塔、外转塔、内转塔。

采用转塔系泊方式,单点系泊系统由旋转系统、液体传输系统、转塔、界面连接系统四部分组成。其中,转塔不仅是立管和脐带系统经海底到达船体的通道,也是 FLNG 的系泊点。

几个典型的转塔系泊示意图如图 4 - 42～图 4 - 44 所示。

转塔布置在船体艏部、艉部、内部、中部均可。

图 4-42 设在艏部的内转塔系泊装置

图 4-43 设在外悬臂上的外转塔装置

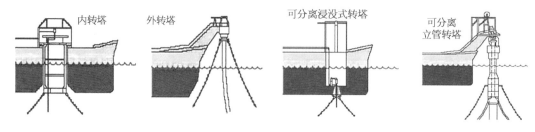

图 4-44 四类转塔

　　外转塔系统(图 4－45)：在艉部突出一部分作为承载结构,相对内转塔系统来说,成本低一些,适用于中等海况(最大浪高<10 m)。

图 4－45　外转塔系统

　　可分离浸没式转塔(图 4－46)：转塔可与船体分离,以躲避恶劣环境。

图 4－46　可分离浸没式转塔

　　可分离立管式转塔(图 4－47)：转塔端可与立管束端分离,以躲避恶劣环境。
　　旋转接头(图 4－48)：旋转接头是实现电信号或者流体在 FLNG 和脐带管、立管之间输送的一个关键部分。
　　旋转接头主要结构包括转动部分、轴承、静止部分,如图 4－49 所示。
　　旋转接头工作原理(图 4－50)：转动部分相当于转子,与系泊系统相连接的静止部分相当于定子,转子和定子紧密配合、旋转、密封,使流体得以输送。

4.3.4.2　系泊系统

　　FLNG 中最有特点的系统是系泊定位系统,系泊系统按系泊方式分为单点系泊和多点系泊。

图 4-47　可分离立管式转塔

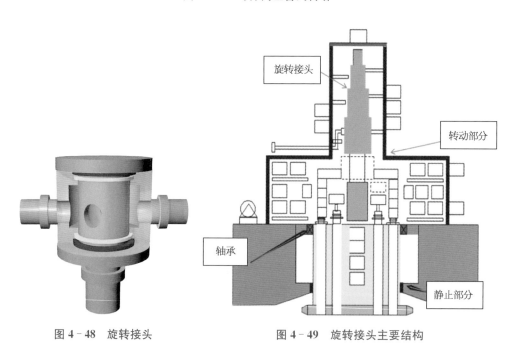

图 4-48　旋转接头　　　　　图 4-49　旋转接头主要结构

　　转塔系泊系统(图 4-51)：在转塔的底部设有对地静止的锚固连接板,FLNG 绕转塔转动。多用于恶劣环境下的固定。

　　海床固定方式：

　　① 吸力锚(图 4-52)。用大吸力泵将锚筒吸入海床,将锚链固定在海底。

　　② 固定锚(图 4-53)。将锚链连接到桩管上,用液压锤将桩管打进泥里,并固定锚链。

　　③ 拉力锚(图 4-54)。像普通船用锚那样,用布锚船将锚布置到设定位置。单个FLNG 系统一般会用 12～16 个锚固定。

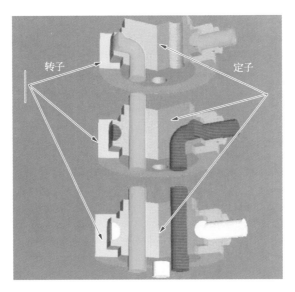

图 4‑50 旋转接头工作原理

图 4‑51 转塔系泊系统

图 4‑52 吸力锚

图 4‑53 固定锚

图 4‑54 拉力锚

Hi‑load 锚固系统(图 4‑55):该系统将结构用锚链缆绳复合机构固定于海床上,本身是一种浮式结构,流体从 FLNG 经由 Hi‑load 的管线输送到 LNG 运输船上。

4.3.4.3 立管系统

转塔立管系统(图 4‑56):FLNG 的转塔立管结构通常采用柔性立管,以确保海流对其影响最小化。立管要有较大的局部弯曲能力,柔性立管相比于刚性立管有更多的布置方式,可来减小外部载荷的影响。

多点系泊立管系统(图 4‑57):采用刚性立管,立管从左右舷侧上到甲板,实现流体输送。

混合立管系统(图 4‑58):混合了柔性立管和刚性立管,无论是多点系泊方式,还是转塔结构,混合立管系统都可以使用。

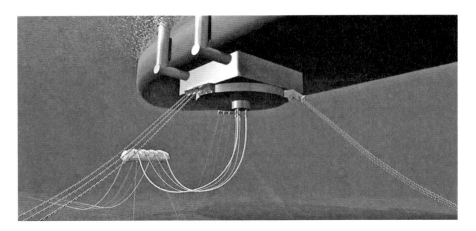

图 4 - 55　Hi‐load 锚固系统

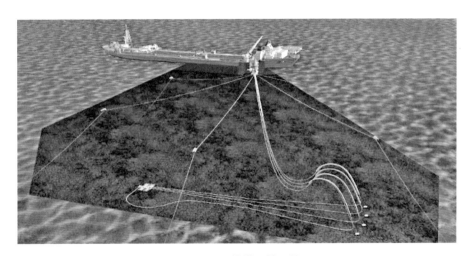

图 4 - 56　转塔立管系统

图 4 - 57　多点系泊立管系统

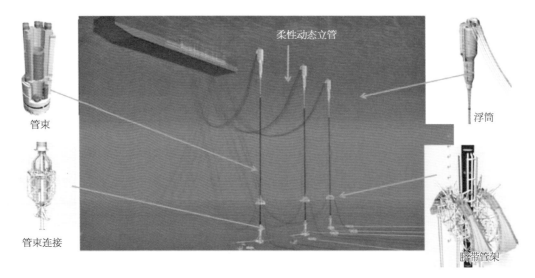

图 4 - 58　混合立管系统

拉紧式钢缆系统(图 4 - 59)：FLNG 与经艉部改造的专用 LNG 穿梭运输船以艏艉方式卸货时,LNG 运输船有辅助拖轮向反方向拖拽,使钢缆张紧,保持 LNG 与 FLNG 的距离,避免相撞,同时用管卸货。

图 4 - 59　拉紧式钢缆系统

Hi‑load DP 系统(图 4 - 60)：该系统与之前所提到的 Hi‑load 锚固系统同属一个家族,Hi‑load DP 系统是动力定位系统,与 Hi‑load 锚固系统相比,DP 系统能够更好地适应复杂海况,更容易操作。

悬链式锚固系泊系统(CALM Buoy,图 4 - 61)：该结构有些类似于转塔,该系统也能有效避免 FLNG 与 LNG 运输船发生碰撞。

图 4-60　Hi-load DP 系统

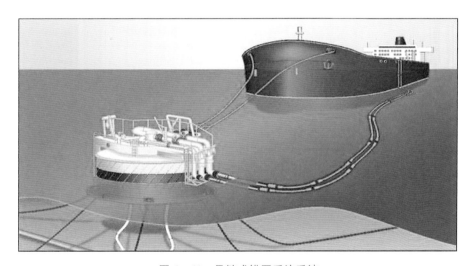

图 4-61　悬链式锚固系泊系统

4.3.5　液货舱的选型设计

4.3.5.1　设计概要

FLNG 液货舱的材料及绝缘性必须满足要求。LNG 液货舱一般可以分为 SPB 型、Moss 球罐型及薄膜型,如图 4-62 所示。

对于 FLNG 装置的 LNG 液货舱系统,除满足常规 LNG 运输船液货舱系统的要求外,还应该满足:

(1) FLNG 装置需要宽阔、平整、大的甲板面积。

布置在货物区上部的甲板上的 FLNG 生产模块,要求甲板平整、宽阔,能提供足够的空间,还要考虑每组模块支撑位置、支墩的数量、船体变形与结构加强等。LNG 液货舱系

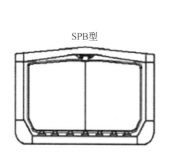
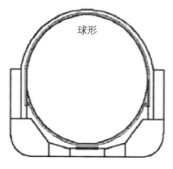
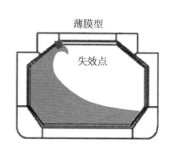

图 4 - 62　FLNG 不同类型液货舱

统要完全布置在主甲板以下。

（2）液货舱装载率不受限制。

由于在作业过程中 LNG 将不断地注入 FLNG 液货舱,并且 LNG 穿梭船每间隔一定的周期会将这些液货舱中的 LNG 驳运走,因此液货舱的液位将一直处于变化中,故要求 FLNG液货舱的装载率不能受限制,并且要求在恶劣海况条件下能抵御液货舱晃荡冲击载荷。

（3）坚实可靠的长寿命。

FLNG 船体的设计寿命通常不小于 20 年,液货舱要持续承受装载与卸载交变载荷的作用,要重点考虑疲劳强度。

（4）易于检查和维护。

FLNG 装置液货舱系统投产后不进坞,一旦发生故障,其检查和维护必须在作业现场进行。

目前能够满足上述条件并且适用于 LNG 产能大于 100 万 t/年 的 FLNG 的液货系统主要有薄膜型系统与 SPB 型系统。为了能降低所受到的晃荡冲击载荷,并使液货舱液位装载高度不受限制,采用双排舱设计薄膜型液货舱,同时设计了 FLNG 的两种液货舱类型——NO. 96 和 SPB 两种方案,如图 4 - 63 所示。

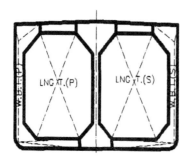
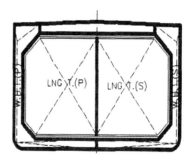

图 4 - 63　NO. 96(左) 与 SPB(右)

为了在低温条件下保证船体结构的安全性,NO. 96 方案需要在纵向隔离舱和横向隔离舱内设有加热系统,并需根据温度场计算分析,而 SPB 方案不需要。在主屏壁破损的极端条件下,根据 IGC 规则,NO.96 方案船体内壳部分区域结构需要采用低温钢。从设计和使用来说,上述两种方案各有优缺点,但都满足 FLNG 的要求。从我国国内自主能力和建造成本等方面考虑,NO.96 具有一定的优势。

4.3.5.2　建造概要

1) 模拟舱

模拟舱(图 4‑64 左)为 MARK Ⅲ 与 MARK Ⅲ Flex 的组合型,其主尺度为 9.9 m×5.3 m×3.5 m,由钢结构和货物围护系统两部分组成,围护系统由绝热板块、次屏壁、主屏壁、固定连接件及玻璃棉类绝热填充材料等组成,建造过程中还需树脂、胶水等辅助材料。模拟舱集中了大部分的液货舱绝热安装技术,绝热材料与实船一致。

2) MARK Ⅲ Flex 模拟舱钢结构的制造

模拟舱钢结构部分即船体内壳部分要根据选定的液货舱尺寸要求进行设计、放样、下料、施工。模拟舱钢结构部分(图 4‑64 右)按模拟舱钢结构图施工,其装焊工艺与船体分段相同,要求尽量减少焊接及吊运变形。

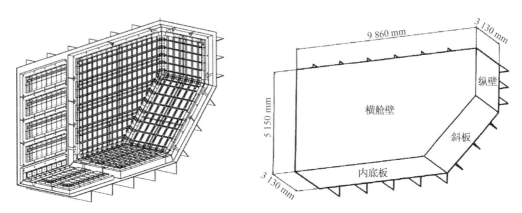

图 4‑64　模拟舱(左)与模拟舱钢结构(右)

3) MARK Ⅲ Flex 模拟舱围护系统的安装

(1) 脚手架搭建。

脚手架由船厂设计搭建,脚手架搭建应适应模拟舱建造工艺要求。

(2) 划线和螺栓碰焊。

根据模拟舱布置图先划出绝热板块间中心线和止动扁钢安装线,再确定碰焊螺栓中心。正式碰焊前的碰焊试验包括拉力试验及弯曲试验。

(3) 绝热板块上树脂的敷设。

MARK Ⅲ 的绝热部分主要由各种预制绝热板块构成,预制绝热板块通过树脂条(块)支撑在船体内壳上。树脂条(块)有 2 个关键功能:

① 围护系统中的结构功能。在树脂固化后把绝热板块固定在船体内壳上。

② 平顺功能。树脂固化前的弹塑性可以补偿修正船体内壳的局部变形。

(4) 三面体安装。

该模拟舱共有 2 个三面体绝热板块,它们是 3 个相邻平面间的连接件,在启动实际安装即敷设树脂块前,有必要采用样板或三面体实物在木垫片上进行试装(图 4-65),试装时木垫片可进行再调整。

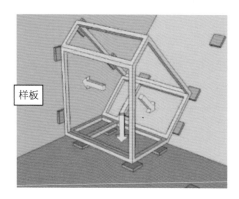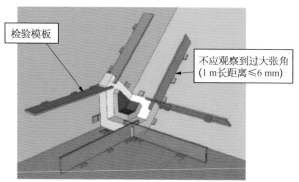

图 4-65　三面体安装图

(5) 90°、135°二面体安装(图 4-66)。

一般情况,90°二面体安装前,应检查前面安装的三面体或 90°二面体与垫片间有没有间隙,如果间隙过大,垫片上应粘贴薄片来调整。90°二面体安装紧固到位后,用模板检查对正。木垫片可局部再调整以确保 90°二面体处于最好的状态。最后根据 90°二面体的几何形状,设置必要的支撑。

135°二面体的安装执行与 90°二面体相同的控制措施,按要求敷设树脂条,135°二面体通过木垫片调整控制,边缘与船体内壳上的参照线对齐,135°二面体的紧固与 90°二面体相同。

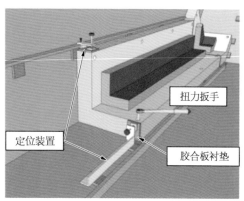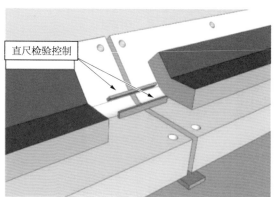

图 4-66　90°二面体(左)与 135°二面体(右)安装图

(6) 二面体与三面体间接头安装。

二面体与三面体间玻璃纤维泡沫接头应根据实测尺寸预先切除余量,采用模板定位使得接头与相邻二面体、三面体平齐,如果有必要,底部可以使用柔性垫片以便于操作。
两接头斜面间间隙可用玻璃棉填充。如图 4 - 67 所示。

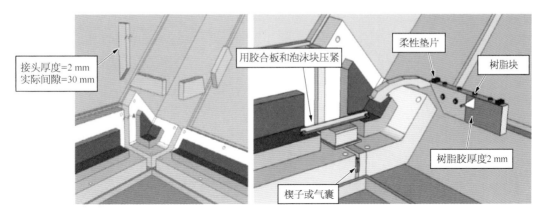

图 4 - 67　二面体与三面体间接头

(7) 二面体与止动扁钢间胶合板条、树脂填充。

二面体下树脂凝固后,安装止动扁钢与二面体间填充物(胶合板＋树脂),如图 4 - 68
所示。

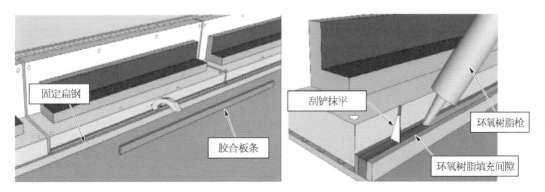

图 4 - 68　二面体与止动扁钢间胶合板条安装与树脂填充

(8) 预制绝热平面板块安装(图 4 - 69 左)。

不锈钢波纹板安装顺序为从顶到底,为避免焊接尘渣,建议绝热板块也按从顶到底的
顺序安装。

(9) 圆柱形泡沫塞安装(图 4 - 69 右)。

绝热平面板块定位检查和螺母拧紧检查完成后,安装圆柱形泡沫塞。圆柱形泡沫塞
在塞进绝热平面板块螺栓孔前,圆柱形泡沫塞底部小圆孔应填充一小块环氧树脂胶用来
锁定碰焊螺栓螺母。

(10) 绝热平面板块与二面体间长条形玻璃纤维泡沫及玻璃棉安装。

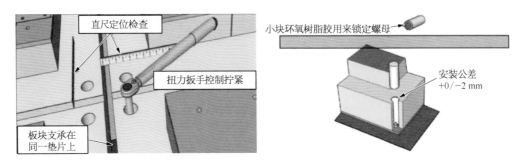

图 4-69 绝热板块(左)与圆柱形泡沫塞(右)

长条形玻璃纤维泡沫用树脂胶水粘在二面体侧面,直到胶水凝固后,再塞入两面贴有 PVC 膜的玻璃棉,如图 4-70 所示。

图 4-70 长条形玻璃纤维泡沫粘贴(左)与玻璃纤维泡沫接头固定(右)

(11) 柔性次屏壁与刚性次屏壁的胶合粘贴次屏壁粘贴清洁要求。

整个施工过程中,操作绝热板块的工人应穿戴合格的干净手套及干净鞋套以防止需粘贴的绝热板块表面受到任何污染。次屏壁主要由刚性次屏壁构成,柔性次屏壁即次屏壁密封带粘贴在刚性次屏壁上,用来确保绝热层完工后次屏壁的连续性,如图 4-71 所示。

图 4-71 次屏壁密封胶带分布图

（12）不锈钢角硬木组合体粘贴。

不锈钢角硬木组合体为预制构件，它们胶合粘贴在相邻二面体或二面体与三面体之间的次屏壁上，完成每个面的角域主屏壁，最后通过搭接焊固定主屏壁薄膜，如图 4 - 72 所示。

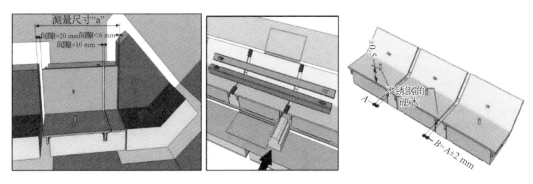

图 4 - 72　不锈钢角硬木组合体

（13）上桥板粘贴。

上桥板也是预制构件，它们胶合粘贴在绝热平面板块之间或绝热平面板块与二面体之间的次屏壁上，平板区上桥板长宽尺寸是精确固定的，如图 4 - 73。

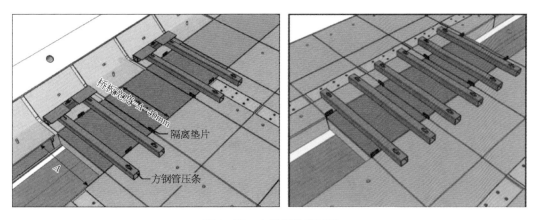

图 4 - 73　上桥板粘贴固定

（14）波纹板装焊。

① 波纹板。MARK Ⅲ围护系统薄膜由 AISI304L 奥氏体不锈钢制造，有相互交叉、两种大小的波纹皱褶，大小正交的波纹约按 340 mm 间距排列着。正交波纹是用来补偿温度变形及船体弯曲变形的，它是冲压成型的，在冲压时其形状要靠弯曲变形来保证，并且不能过薄，否则其机械性能就得不到保证。

② 焊前准备。波纹板装焊前应仔细检查绝热板块、上桥板及不锈钢角之间的平面度。将波纹板在绝热板上定位,在转角绝热板块上划出波纹板限制线。必须准确执行表面配合,尽量使间隙减少。

③ 波纹板焊接。大块的不锈钢薄膜波纹板焊接可分成两部分:边缘波纹板与二面体不锈钢角的焊接;波纹板与波纹板的搭接。

边缘波纹板与二面体不锈钢角的焊接如图 4 - 74 所示。

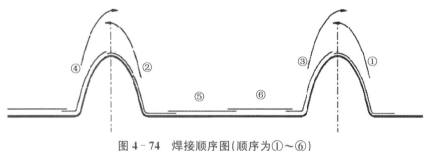

图 4 - 74　焊接顺序图(顺序为①～⑥)

波纹板与波纹板的搭接:不锈钢薄膜波纹板安装主要原则是考虑各平面间波纹槽的连续性;大部分波纹角板和其他密封搭接片都是固定尺寸,正常状态下不需任何调整就能安装。

(15) 完工检验。

焊接区域以外不锈钢薄膜波纹板也应进行检查,特别是在底板及斜底板处材料或工具坠落可能破坏不锈钢波纹板。

4.3.6　货物卸载系统

LNG 卸载系统是 FLNG 的关键系统之一,目前的卸载方式主要分为旁靠与艉输两种方式。

艉输(串联方式):该方式通过系泊缆将 FLNG 的艉部与 LNG 运输船的艏部相连,通过长距离的输送软管将 FLNG 的货物卸载至 LNG 运输船,如图 4 - 75 所示。

旁靠(并排方式):该方式将 FLNG 与 LNG 运输船并排,由防碰垫的尺寸来决定两船之间的距离,如图 4 - 76 所示。

4.3.6.1　卸载转运技术概况

FLNG 的重点和难点技术之一是产品卸货。通常需要从 FLNG 向 LNG 运输船卸载转运的货物有凝析油、LPG、LNG 等多种产品,整个卸货系统均需要满足如保持超低温等严苛要求。如前所述,目前的卸载方式主要分为旁靠(串联)与艉输(并排)两种方式。

图 4 - 75　艉输方式

图 4 - 76　旁靠方式

4.3.6.2　并排卸货

为防止相对运动幅度过大,通过强度很高的装置将 LNG 运输船和 FLNG 两船体并排连接在一起停靠。并排卸货方式由陆上 LNG 码头向 LNG 运输船卸货发展而来,可以提供水幕等防火措施,同时可直接使用陆地的硬管输送臂。

并排卸货不适用于波浪较大的海洋环境,因为 FLNG 和 LNG 运输船的相对运动可能导致硬管输送臂连接处泄漏,造成泄漏介质致使周边环境温度骤降或遇到火源引发爆炸。

采用拖船或艉推进器后,在两船之间采用刚性臂推挡防止碰撞,预计并排卸货作业的极限平均波高为 2.5 m,并排作业最大波高可达到 3.5 m。

并排卸货分为两种：一种是软管直接悬挂连接卸载，其投资低，结构简单，但稳定性和安全性不高；另一种是悬臂加漏斗引导软管连接卸载。如图 4-77 所示。

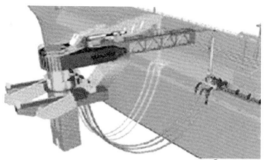

图 4-77　软管直接悬挂连接卸载(左)与悬臂加漏斗引导软管连接卸载(右)

4.3.6.3　串联卸货

串联卸货时两船之间一般在 50～100 m,采用动态定位技术控制两船距离在合理的范围内。由于距离较大,串联卸货能够适于海洋环境较为恶劣的海域,并能适应较大的波浪,但需要较长的 LNG 输送臂,所以在技术上存在一定风险。典型串联卸货如图 4-78 所示。

图 4-78　典型串联卸货

主要的串联卸货装置有：悬臂全支撑引导卸载、悬臂半支撑引导卸载、软管直接卸载等,下面分别说明。

1）悬臂半支撑引导卸载

悬臂半支撑引导卸载方案如图 4－79 所示，FLNG 与 LNG 运输船之间的距离为55～65 m，通过 LNG 运输船保持恒定的后推力来控制距离。LNG 由储罐输送到管道三角支架与柔性接头相连在三脚架顶部，再连接到输送软管。通过连接装置的输送软管头部与一根引入线导入 LNG 运输船连接单元，实现对接。

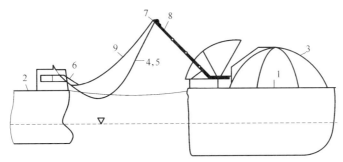

图 4－79　悬臂半支撑引导卸载方案

1—FLNG；2—LNG 运输船；3—液货舱；4,5—输送软管；
6—管道三角支架；7—柔性接头；8—输送软管头部；9—引入线

2）悬臂全支撑引导卸载

FMC 技术公司设计的悬臂全支撑的铰接式输送装置，如图 4－80 左所示。FLNG 通过水平悬臂全支撑 LNG 输送管道输送至 LNG 运输船，并采用铰接的旋转接头和万向接头使得输送端的管道可以绕轴转动，这些结构减小了风浪大引起的受力变化对输送管道平衡的影响，同时设计了带万向接头的连接装置及可伸缩的菱形管网和电动推车。当输送管紧急断开或者完成任务时，电动推车带动平台向前移动到自动缩起的输液联结头。

FMC 公司还提出了一种钢架支撑在水面下的形式，如图 4－80 右所示。

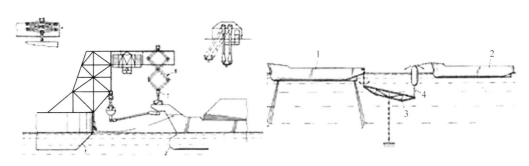

图 4－80　悬臂全支撑的铰接式输送装置(左)与钢架支撑在水面下的形式(右)图

1—FLNG；2—LNG 运输船；3—水平悬臂；4—万向接头连接装置

3）软管直接卸载

当并排或串联方式都受到限制时，可以通过低温软管远距离传输，如图 4－81 所示。

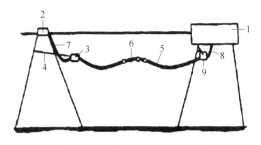

图 4-81 软管直接卸载图

1—FLNG；2—浮筒；3—支持部件；4—连接线；5—柔性输送管；6—浮力装置；7—可弯曲管道；8—可弯曲管道；9—支持部件

LNG 经由浮筒从 FLNG 输送到运输船上，运输船可以固定在卸载浮标上，FLNG 和 LNG 运输船之间的距离在 500 m 以上。在柔性输送管与 FLNG 和浮筒连接之前都具有支持部件，它们可以是具有浮力的浮标或是支撑管道。可弯曲的管道分别直接与 FLNG 和浮筒连接。在支持部件上另配有连接线，其作用是当浮筒晃动时，控制支持部件和柔性输送管保持在一个稳定的位置。除此之外，沿着软管上的部分管道还有一些浮力装置，以减轻长管带来的重量影响。

FLNG 与 LNG 运输船之间的卸货，无论是采用并排卸货、串联卸货，还是远距离低温管输方式，都需要根据具体海域特点和环境参数而定。低温软管、串联卸货方式是发展趋势。

4.3.6.4 串联转移卸载技术的几个重要环节

1）风险

串联转移装卸技术的风险问题是决定 FLNG 项目发展的最关键环节之一，在 FLNG 项目中风险因素主要有以下几个方面。

第一，LNG 转移操作及其系统维护时的操作安全问题，不当作业会造成 FLNG 与 LNG 运输船的损坏，会严重影响到操作人员的生命安全。

第二，LNG 泄漏与爆炸造成的危险，其原因可能是操作不当、设备出现裂纹与烧伤及消防措施的落后。

第三，对项目本身的困难与建设风险认识不足，低估了工程设计与制造中出现的严重问题而造成隐患后果，或为了赶进度、节约成本导致质量与技术得不到保障。

2）串联装卸指南

编制指南的目的是为了串联装卸时，确保降低装卸操作、维修、生产及项目执行时的风险。编制指南的原则是：

① 包含一些重要设备的直接、间接的安装操作程序。

② 符合领域中公认的原则、规范及其实施中的规定。

③ 必须考虑串联的刚性连接铰的承受能力、运动能力、稳定性、生命周期、可靠性。

④ 避免集中使用新的、开拓性技术，并逐步改进原则。

LNG 串联装卸技术在 2008 年推出，FMC 的一个项目率先使用了该技术。FMC 的串联转运如图 4-82 所示。

3）串联设计与成果

以下介绍部分运用串联装卸转移的情况。

（1）简单的使用原则实例。

一个悬浮铰接式装置固定安装在桁架顶端，与装载臂紧凑连接。由于固定在桁架顶

图 4‐82　FMC 项目的串联转运

端,所以避免了装置的移动和旋转,并且可以为 LNG 传输管线提供悬挂支承点。这一悬浮铰接式装置可以满足维修性和可靠性的要求。

(2) 领域公认的原则、规范及组合装置应用情况。

串联转移装卸装置经过了在陆地与海上应用的实践,验证了其安全性与可靠性,为 LNG 的转移装卸提供了一个整体的系统技术方案,这一技术完全可以满足领域公认的原则、规范,适用于 LNG 的转移装卸作业实践,可以推广应用。串联及其设备如图 4‐83～图 4‐85 所示。

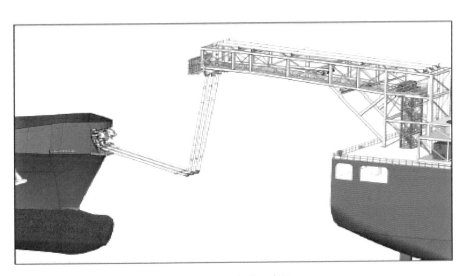

图 4‐83　串联示意图

天然气高速旋转接头直径达 24 in,具有很强的耐磨性,与旋转装载臂紧凑设计在一起,并且可在原地更换而无需起重设备。标准版的高速旋转接头通过了 ISO 10497 所规定的技术特性指标,其采用的材料具有阻燃特性,在经 OCIMF(石油公司国际海事论坛)介绍后,得到了推广应用。

在超过 100 个 LNG 装卸应用中,天然气高速旋转接头的快速连接/断开耦合(QC/直

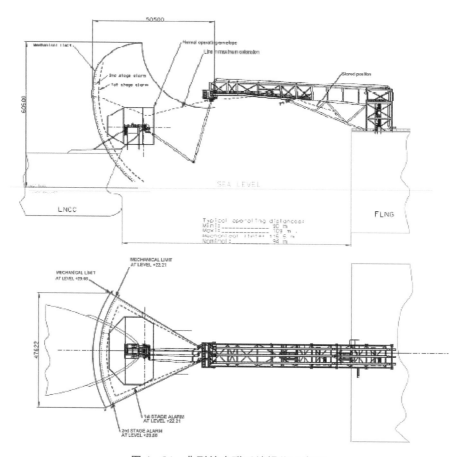

图 4‐84　典型的串联系统操作示意图

图 4‐85　串联装载臂示意图

流)证明了其质量与性能的可靠性。其测试如图 4‐86 和图 4‐87 所示。

　　高速旋转接头在动态环境下的适用性与稳定性使其成为切断装置的首选,其不可逆的液压操作夹具预负荷分布均匀,能够保护密封面的表面并减轻冲击与划伤,用于 LNG 转移装卸结构中也能减轻整个装置的重量。

图 4 - 86　旋转接头负载测试示意图

图 4 - 87　旋转接头安全测试示意图

　　LNG 应急处理系统(ERS)是一个关键的、安全的 LNG 设备,可以连接目前任何现有的 LNG 装载臂,并且可以在紧急情况下迅速断开、连接,如图 4 - 88 所示。

　　FMC 的设计方案是基于液压的机械联锁结构,其性能安全可靠,已经成为业界的唯一标准,其紧急释放系统如图 4 - 89 所示。但是在使用和维护时,也必须满足下列要求:组合件的耐火性能,必须符合消防安全要求的 ISO 10497;阀门的密封性能必须达标;组合件内部阀门的可维护性要达标。

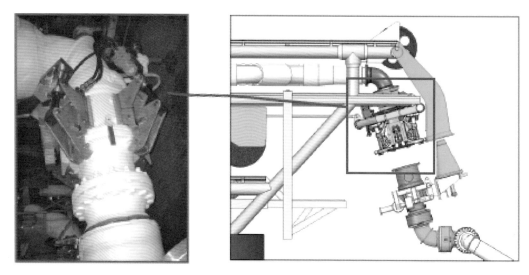

图 4-88   LNG 应急处理系统示意图

图 4-89   LNG 紧急释放系统示意图

① 瞄准系统。一旦连接,并在整个传输阶段,串联传输系统仍然完全可以相对自由运动。

动态条件下的连接和断开能力是一个基本的基础功能,FMC 公司具有这方面的经验,早在概念设计阶段就考虑到需要这一行之有效的系统。

串联传输系统的瞄准系统主要灵感来自 2000 年 FMC 公司开发的应用项目。它主要应用不同的、成熟的 FMC 项目的连接方法,并在原来的设计基础上做了进一步简化。串联传输系统的连接过程和连接体系如图 4-90 和图 4-91 所示。

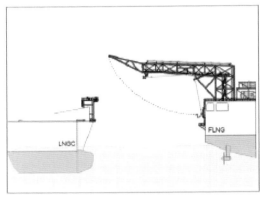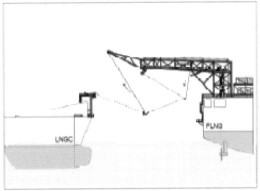
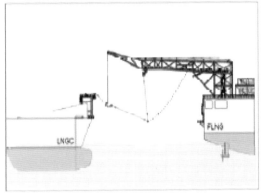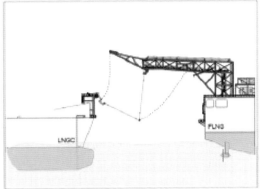

图 4‐90　串联传输系统的连接过程示意图

图 4‐91　各类连接体系

　　当涉及安全问题时,串联传输系统的第一要求是需要自动的连接和断开操作。在 LNG 转移的过程中,其软管要保证运动能力、稳定性、寿命方面的性能要求和刚性铰接系统耐高温。

　　② 运动能力。刚性铰接系统必须有较强的运动能力。当工程师在分析连接系统的运动容量时,需要迅速掌握刚性铰接系统的即时变化范围情况,如激增的位移、摇摆、升沉和旋转、俯仰、偏航时其系统适应运动的情况。在分析运动能力时,需要了解旋转接头有没有像软管扭转那样的限制;在结构设计规则下,确定可以增加长度的范围,以掌握运动

范围;设计中有没有考虑刚性铰接系统的疲劳强度问题;有没有弯曲半径的限制;所有串联装卸解决方案(包括基于软管的)必须确定旋转接头数量。

③ 消防安全。大约 50 年前,LNG 装卸转移的装载器使用的是铝。虽然铝耐低温、重量轻,但其熔点低,使其在正常传输条件下的耐火能力有限,因此现在在 LNG 传输系统中已经不再使用铝。目前 LNG 传输系统使用的不锈钢厚管能从根本上保证 LNG 的流动,同时抑制火灾。

传输系统的消防安全方面,除了要遵循 OCIMF 与 EN1474 - 1 的安全标准,还需要明确传输系统作业时的规定,即当暴露在平均温度高于 750℃(1 380℉)的环境下超过 30 分钟时,具有紧急释放功能的组件要满足等量火灾的安全要求并同时能保持功能。

4.3.6.5 串联系泊 LNG 装卸转运系统设计

串联 LNG 装卸转运系统要保持设计简单,设计者的水平和经验会直接或间接体现在手臂系统装置的设计上,包括:软枷锁/重力系泊、铰接式流体输送装置、低温旋转和串联系泊系统。

LNG 装卸臂设计有效地结合了近海工业运营经验,使 LNG 的海上转移效果安全可靠。

1) LNG 输出臂

LNG 输出臂是专为在恶劣环境(显著波高为 5 m)下进行输出和存储操作作业的装卸臂,其连接悬臂式旋转结构,支持停泊状态下的 LNG 运输船、FSO 或 FLNG。

LNG 输出臂是由传输 LNG 的中央管(直径 32 in,约 0.8 m)和一个 2 m 直径的管道臂组成的结构,输出臂支撑结构和外部结构外壳制造均采用耐低温的不锈钢,内部 LNG 管道也由不锈钢制成,可相对减少输出臂结构和管道之间的热变形。

输出臂有 1 个连接器和 7 个旋转的短臂,臂上的颜色变化可以显示旋转的位置。每个输出臂的关节包含一个大直径滚子轴承与密封系统,并有一个密封的 LNG 低温旋转室和轴承。低温旋转室和中央管道通过绝缘网路支持外部管结构。LNG 通过大直径的外部结构管回流到中央天然气管道。另外为控制外部结构组件空间之间的传热,输出臂需要绝缘。

输出臂还具有在同一平面上旋转的功能,使得 FLNG 能随波相对缓慢漂移,这种旋转设计能减少并消除关节的二次弯曲。

2) LNG 装载臂

LNG 装载臂的主要组件有:装载臂支撑结构;装载臂内、外管;抗衡臂;LNG 旋转轴承和密封系统;大直径 LNG 蒸气回流旋转轴承和密封系统;天然气管道滑关节;装载臂内外支持管;装载臂穿梭载体连接器和调节阀;绝缘。

4.3.6.6 结论

无论是采用并排卸货、串联卸货,还是远距离低温管输方式,在 FLNG 与 LNG 运输船间的卸载 LNG 都需要根据具体海域特点和环境参数(包括平均海平面、最大波高、最大波周期、温度和湿度范围、风速和风向等)而定。海域平静、平均波高不超过 3.5 m 时可考虑并排卸载,海域环境恶劣建议串联卸载或远距离管输。

目前,浮式 LNG 装置的生产、储卸技术亟待研究,这对我国的能源开发和利用具有重大意义。特别是 LNG 的储卸技术,国外已经形成专利设备,我国对此却知之甚少。如果我国能够自行设计、建造海上 LNG 卸载装置,无论是对经济效益还是今后承接 FLNG 项目,都是非常有利的。

我国在 FLNG 领域的研究途径还是应以国内外合作为主,如能引进国外技术,我国的 FLNG 技术发展将会更好。

4.3.7　设计建造 FLNG 的基础共性关键技术

4.3.7.1　基于三维水动力的 FLNG 全船结构分析技术

大型 FLNG 在复杂海况条件下航行时,船体会承受较大的波浪诱导弯矩和剪力、外部砰击压力和湿表面水动压力。同时由于 FLNG 的大型化发展趋势,每一个液货舱尺寸的增加使货物在舱内相对舱体运动而产生的动载荷成倍放大,而由于船体在波浪中运动产生的动载荷将会影响液货晃荡载荷的计算。

准确预报大型 FLNG 所承受的水动力载荷是 FLNG 结构设计的基础,所以对大型 FLNG 的运动和波浪载荷预报必须具有足够的精度,传统的二维切片、三维线性绕射理论来计算船体的波浪载荷已经不能满足工程需要。

因此有必要开展基于三维水动力分析的大型 FLNG 全船三维有限元结构分析技术研究,准确预报船体结构的应力和变形,为大型 FLNG 结构设计提供依据。这部分需要重点研究:大型 FLNG 波浪载荷长期预报;大型 FLNG 全船结构有限元分析技术;大型 FLNG 在动载荷作用下的结构响应分析;强度评估准则。

技术:建立三维水动力模型,要根据船舶营运海域海况资料选择波浪散布图,进行船体运动长期预报,确立等效设计波,求得船体承受的各载荷分量;建立全船三维有限元模型(网格较粗),动载荷通过程序直接施加到结构模型上,得到结构变形值;将变形值作为局部结构细网格模型的边界条件,求得精确结构应力;根据结构失效原则(屈服+屈曲),对强度进行评估。当然,在现在计算机能力足够强的情况下,也可以建立详细的全船结构模型,进行整体分析得到所需的响应。

4.3.7.2　基于液货晃荡的大型 FLNG 液货舱结构局部强度分析技术

与 LNG 运输船类似,大型 FLNG 液货舱结构设计的关键点在于能承受外部波浪载荷与液货晃荡载荷耦合力的液货舱围护系统和相应的船体结构设计,特别是为了保证营运和装卸货物的灵活方便,经常会存在部分装载工况。因此,不同装载率下的液货晃荡载荷分析研究对于大型 FLNG 的设计至关重要。

根据以往对船体冲击载荷的研究,作用在弹性体上的液货晃荡压力无论从冲击载荷的幅值上还是结构的响应上都与作用在刚体上不同,这种差异主要是由流体在拍击周期内交互作用的不同而引起的。FLNG 的液货维护系统由合金薄膜和聚酯泡沫组成的绝缘层及支撑它们的船体结构构成,除了船体结构外,其余都是弹性体。因此,对于大型 FLNG 的液货晃荡载荷的研究,必须综合考虑刚性体拍击载荷的数值计算结果和基于实尺模型的弹性体拍击强度试验结果。

同时,由于船舶在波浪上航行,船体六自由度方向上的运动对货舱内液货的晃荡压力值也会产生明显的影响。因此,研究液货舱结构(包括绝缘层和支撑船体结构)的拍击强度问题时,还必须研究其在外部波浪载荷与货舱内的液货晃荡载荷耦合作用下的结构响应。

综上,需要重点分析研究:

① 大型 FLNG 波浪载荷预报方法研究。

② 大型 FLNG 液货舱结构晃荡载荷分析。

③ 大型 FLNG 液货舱结构在外部波浪载荷与货舱内液货晃荡载荷耦合作用下的结构响应。

④ 强度评估准则。

技术:目前,以美国船级社为代表的国外研究机构已经开发出针对 FLNG 的液货晃荡载荷计算程序,其核心技术基于船舶运动的长期预报与晃荡历程时域仿真的三维水弹性理论。在 FLNG 研制设计中,可以对这一计算方法进行研究,从而掌握大 FLNG 晃荡载荷直接计算的方法,并通过对 LNG 液货舱主尺度对晃荡载荷影响因素的分析研究,确定大型 FLNG 液货舱形状与尺寸的规律方法。

分析步序是:建立大型 FLNG 液货舱舱段结构分析有限元模型,将外部波浪载荷与液货晃荡载荷加到结构模型上,先对大型 FLNG 液货舱结构响应分析,然后再进行局部强度评估。

1) 大型 FLNG 波浪载荷预报方法研究

对耐波性与波浪载荷的合理确定,是开发 FLNG 结构安全性评估的关键,装载液货的 FLNG 必须考虑晃荡和疲劳影响,波浪载荷分析是基础。20 世纪 90 年代以来,国外船级社陆续推出了基于三维势流理论的船体波浪载荷预报程序,有的还考虑非线性影响,形成了各自的船舶设计衡准软件系统。浮体运动和波浪载荷的三维势流理论比二维势流切片理论的基础更为完善、可计算参数更多、应用范围更广,不但可以获得更为精确的船舶波浪载荷和运动预报值以满足结构直接计算法的外载荷精度要求,而且在脉动压力的预报上明显优于传统的切片理论。

应用三维势流理论面元方法进行波浪载荷预报的技术难点是基于三维时域非线性船舶运动和波浪载荷的计算方法、运动阻尼等水动力参数的确定、时频域之间的关系与转换、建立正确可控的三维质量模型和湿表面模型、非线性收敛准则的研究、分析 LNG 运输船船体运动特点的响应、外载荷和船体水动压力值的预报。

需要重点研究的内容:

① 三维势流理论的计算方法——三维源汇分布法。

② 非线性波浪理论及应用,主要考虑入射波非线性(高阶项)、非直壁型(形状影响)和速度影响。

③ 阻尼、非线性求解的控制参数确定。

④ 正确可控三维质量模型、湿表面模型和自由水表面模型的建立。

⑤ LNG 运输船的运动响应、船体水动压力值和外载荷的预报。

技术：在线性三维势流理论面元方法程序应用的基础上，进一步应用非线性三维势流理论的方法，针对 FLNG 的特点研究基于三维时域非线性船舶运动和波浪载荷的计算方法，进行船舶运动响应、船体水动压力值和外载荷预报。

2）水弹性问题研究

通常 FLNG 的水平尺度都比较大，其结构相对弯曲刚度就会下降，因此对于 FLNG 应考虑其在海洋环境中的水弹性响应。

当船体运动频率与液货舱内液体的固有振动周期接近时，由于载液货船有不完全装载的工况，便会产生舱内液体剧烈运动并产生晃荡。此时液货舱内的液体会对结构产生严重的冲击，很可能造成液货舱的结构失效破坏。因此，晃荡载荷预报及结构强度评估是非常重要的。

液货舱晃荡研究方法可分为数值方法、试验方法及数值与试验相结合的分析研究方法。数值方法即为有限元法等各类计算方法；试验方法一般是通过冲击试验和多自由度晃荡装置模拟进行压力数据采集和处理；理论分析与试验两者相结合的方法更能够克服两者的局限，从而得到较为可靠的结论。

各国船级社以大量的试验和数值计算为基础，开发了相应的液货舱晃荡载荷的分析方法和计算软件。其中 LR 采用二维有限差分法，分三个水平预报晃荡载荷及强度校核；DNV 及 ABS 各自开发的晃荡分析软件都是以压力为基础的两步分析方法，即首先在 LNG 运输船工作海域内经过三维长短期分析搜索出最大晃荡压力发生的工况及晃荡压力发生的位置及幅值，然后进行结构强度分析，这种方法以结构为刚性体预报晃荡压力，没有考虑流固耦合效应，计算结果可能较为保守。

目前国际上尤其是日、韩船厂都采用三维流固耦合分析方法进行液货舱的压力计算及强度评估，而我国在此领域的研究工作还比较少，在 LNG 运输船设计领域的实用性分析应用并不多见。

LNG 运输船与其他载液货船的特别之处在于液货舱围护系统有变形，在一定程度上可释放应力，此时必须考虑流体与结构的相互作用来准确地预报压力。另外由于 LNG 运输船的围护系统材料的工作环境温度是−163℃左右的，其材料特性相比常温状态下会发生改变，因此围护系统复合材料特性参数也需要研究确定。

对 LNG 运输船晃荡载荷分析及结构强度的评估需要采用流固耦合分析与试验研究相结合的方法来开展。

通常可以以大型通用瞬态分析软件作为平台，开发与分析方法相对应的处理晃荡压力及强度评估的接口程序，形成一套解决 LNG 液货舱晃荡问题的行之有效的方法流程，为 LNG 运输船设计提供技术保障。这是在研发设计 LNG 运输船时的关键技术之一。

另外还可以建立四自由度晃荡实验装置，验证理论分析结果，分析晃荡载荷及船舶运动、液货舱形状、载液深度对晃荡的影响，分析晃荡形成机理及运动特性，用于指导设计，同时应用试验结果验证和发展理论计算方法。

LNG 运输船的液货舱晃荡的数值分析方法还在不断发展，通过分析能够给出舱壁结构上的压力和应力等响应及舱内液体在晃荡过程中的各种液面运动现象,得到可参考的定性或定量参数,用于指导模型试验方案设计和提高模型试验技术。

3)甲板上浪

FLNG 时常受到波浪作用,当波浪作用在干舷以上时就会导致甲板上浪。严重的甲板上浪会导致船舶上层建筑和沿船长方向甲板上部结构被破坏,因此在进行结构设计时,要尽量降低甲板上浪的可能性,并确定甲板设备所受到的上浪冲击载荷。

防止甲板上浪,需要对以下内容进行研究:

① 舷外倾角、干舷高和主船体形状的艏部周围非线性相对波浪运动的新预报方法。

② 相对运动所产生的最大干舷量与某些方面之间的联系,包括甲板水头、甲板压力及作用在甲板上的冲击载荷。

③ 甲板上结构的形状及其对于艏垂线的位置对冲击载荷所产生的影响。

④ 甲板防浪的有效性。

⑤ 其他问题如球艏和流速对甲板上浪的影响等。

⑥ 舷侧和艉部的甲板上浪。

技术:应用数值分析方法分析在非同向的风、浪、流环境中,风标式 FLNG 甲板上浪导致的舷侧破损,在船体设计中应考虑舷侧的强烈非线性相对波浪运动,以及 FLNG 的艏部可能产生很大的压力和合成作用力。

4.3.7.3 FLNG 液货舱结构的温度场应力响应与低温钢应用

FLNG 液货的运输温度最低为 $-163℃$。在正常营运过程中,由于存在主屏壁和次屏壁双层绝缘保护,船体结构不会受到低温的影响,但当主屏壁已经发生渗漏而次屏壁依然完好时,必须考虑低温对船体结构的影响。

基于热传导分析的结果及不同的运输要求(按 IGC 规定,计算状态通常取空气温度为 $5℃$,海水温度为 $0℃$;按 USCG 规定,除阿拉斯加海域外,空气温度为 $-18℃$,海水温度为 $0℃$,阿拉斯加海域的空气温度为 $-29℃$,海水温度为 $-2℃$的),对船体结构低温钢的应用范围和钢级选择进行研究。

由温度变化引起的结构收缩与拉伸应力主要取决于构件内部温差的梯度变化及外部环境温度,不同构件的导热率也是热应力分析的约束条件之一。因此,还需要对如下内容进行分析研究:

① 船体结构低温钢的应用范围和钢级。

② 大型 FLNG 液货舱结构温度场分布。

③ 大型 FLNG 船体液货舱结构的温度场应力响应。

④ 强度评估准则。

技术:采用瞬态和稳态热传导三维有限元法对 FLNG 液货舱结构的温度分布进行分析,并采用三维有限元法在温度场分布分析的基础上,进行对 FLNG 液货舱结构的热应力计算,从而保证大型 FLNG 在装卸货和运输时的安全性。

4.3.7.4 大型 FLNG 疲劳强度评估与节点优化设计

大型 FLNG 在极其恶劣的海况下长期作业,又处于交变载荷长期作用中,不能定期进坞维修,自然会出现疲劳损坏,因此需要重点考虑疲劳评估的问题。

　　FLNG 除了遭受交变的波浪载荷作用外,其液货舱系统还受到液体晃荡冲击载荷作用。同时,由于 FLNG 的液货舱是在超低温条件下运输的,所以还应考虑由于温度急剧变化而引起的热疲劳强度,需要进行节点应力分析,如图 4 - 92 所示。

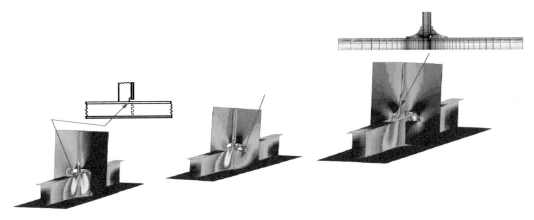

图 4 - 92　节点应力分析示意图

　　疲劳强度计算通常运用线性累积损伤理论结合 S - N 曲线,运用热点应力法计算结构的疲劳累积损伤和对疲劳寿命进行估算,评估热点结构处的构件及节点连接方式的疲劳寿命及应力集中水平。根据相应的各种波浪谱或海况参数选用适当的波谱,由 Morison 公式计算波浪载荷谱,通过结构动力响应分析得到应力传递函数,得到构件的长期应力范围分布。由于在这种方法中,决定构件疲劳寿命的载荷工况是根据波浪的概率分布情况搜索得到的,因此可以称之为疲劳分析的全概率分析方法。在 LNG 运输船的设计研究中可以采用这一方法进行疲劳强度研究。

　　大型 FLNG 的疲劳强度研究的技术难点在于疲劳热点区域部位众多、受载复杂、极易产生疲劳裂缝。一般来说疲劳热点区域主要有:内底板和纵桁与横舱壁的连接处、舷侧纵骨与横舱壁或强框架的典型连接节点、底边舱折角处、箱形甲板的角隅,以及液货围护系统、泵塔与船体的连接处及船体相应的加强结构。

　　因此,对这些结构节点进行优化设计,以及对耐低温材料的各种典型的、重要的节点形式在各种温度条件下进行的疲劳分析和相关试验研究,对提高大型 FLNG 的结构疲劳寿命具有十分重要的意义。

　　这部分需要重点研究:

　　① 波浪载荷、晃荡冲击载荷的预报,特别是计算模型的正确性。

　　② 船体液货舱结构的疲劳热点区域。

　　③ 疲劳评估焊接结构的热点应力设计曲线。

　　④ 大型 FLNG 的全概率方法疲劳强度。

　　⑤ 合理的船体检查和基于可靠性方法的疲劳评估。

⑥ 分析疲劳的流体动力载荷,将实测结果与分析结果作比较。

⑦ 疲劳寿命评估。

⑧ 典型节点优化设计。

⑨ 典型(标准)节点。

技术:选定典型的热点结构→根据波浪的概率分布情况搜索载荷工况→确定构件疲劳寿命的载荷工况→进行基于精细有限元模型的详细应力分析→运用线性累积损伤理论和实验的 S-N 曲线,由热点应力的幅值分布和次数计算结构的疲劳损伤和寿命。

通过对大型 FLNG 典型节点连接方式的研究,可以建立符合国内主要骨干造船企业建造工艺要求的大型 LNG 运输船节点设计标准。

4.3.7.5 泵塔结构的强度评估及设计技术

泵塔在工作过程中会遭受到低温 LNG 货品引起的附加温度应力、由于船体运动产生的惯性力及货舱内液货的晃荡冲击载荷。其中,液货的晃荡冲击载荷可以使用与液货围护系统同样的计算软件加以分析,其表现为由流体加速度引起的流体内部压力及由流速引起的黏滞应力。

在传统的 LNG 运输船结构设计中并未考虑更为恶劣的晃荡载荷和附加温度应力情况,没有真实反映常见的泵塔结构强度。

这部分需要重点研究:

① 泵塔结构温度场分布、晃荡冲击载荷。

② 泵塔结构强度评估。

③ 泵塔结构设计。

技术:通常对这类分析研究可以采用三维有限元方法对泵塔的大型管状结构及其连接结构进行屈服、屈曲和剪切强度校核。

通过对于大型 FLNG 泵塔的研究发现,应相应增加其管径与壁厚,以及加强其与船体结构的连接,由此设计出更为合理和安全的新型泵塔结构。

4.3.7.6 大型 FLNG 全船振动分析和噪声预报技术

目前,造船界对民船振动和噪声控制水平的要求越来越高,船舶有害振动和噪声不仅会影响船上工作人员居住的舒适度,还会对船体结构和机器的正常工作带来不利的影响。

大型 FLNG 除了常规的由螺旋桨激振力和波动压力产生的艉部及上层建筑局部振动外,未装满的 LNG 在液货舱中产生的晃荡载荷对液货舱围护系统和泵塔结构也会产生低频激振,当其与液货舱围护系统和泵塔结构自身频率相近时,会产生共振。一方面共振会使振动加剧,另一方面也会放大晃荡载荷,对船舶稳性有不利的影响。因此,对于大型FLNG 必须建立全船计算模型进行整船振动模态和响应分析。

根据大型 FLNG 机电设备所产生的振动噪声激励源和舱室选用的隔声降噪材料,建立主要舱室的振动噪声结构模型和声学模型,采用专业声学软件进行振动噪声预报分析。

这部分需要重点研究:

① 全船结构总振动预报分析。

② 艉部及上层建筑局部振动。

③ 泵塔结振动分析。

④ 主要舱室的噪声预报分析。

技术:研究主要分析确定影响船舶整体和局部振动响应的各种因素、收集船舶设备激励源参数、建立船舶整体和局部的有限元模型、对不同设计方案使用有限元法进行船舶振动的响应预报和分析比较、研究机电设备选取和船体结构及设备基础设施的加强、减振材料和装置的应用等,从而对避免有害振动和减低振动响应提出合理措施,实现船舶振动特性优化设计,保证船舶振动响应满足相应规范要求。

分析收集船舶振动噪声源、材料声阻抗、吸声降噪材料参数,建立船舶典型舱室的结构振动和声学模型,进行中低频激励下复杂结构振动与声的有限元法和边界元法计算,比较计算结果与试验值或经验值并分析其合理性和正确性,从而确定船舶振动噪声预报实用的工程化方法。

4.3.7.7　FLNG 货物围护系统应用

由于 LNG 低温、易燃和易爆的特性使得其运输具有很大的危险性。在运输过程中一旦液货舱发生事故或受到破坏,造成液体外泄,特别是当其与周围海水相遇所产生的激烈的物理反应加上遇到明火后燃烧和爆炸所产生的灾难性后果是难以想象的。所以,安全可靠的围护系统应用是 FLNG 的设计关键。

目前,法国 GTT 公司开发的液货舱系统已经得到广泛的应用并形成了专利,占据了绝大多数的 LNG 运输船市场份额。这些系统技术先进,施工工艺、质量控制严格,同时价格也相当昂贵。鉴于这类系统的采用和制造过程工艺要求特殊而且复杂,应对其涉及的各个方面进行详尽的研究。

4.3.7.8　FLNG 超低温液货系统设计技术

1)超低温材料的应用研究

主要涉及与泵塔、低温泵、超低温管路、超低温阀件制造相关的各种材料的应用研究,以及对超低温绝缘材料如膨胀珍珠岩、聚氨酯材料等的应用研究。

2)艉输卸载的软管技术

艉输卸载作业时,FLNG 与穿梭运输船通过一根系泊缆连接,使用输送 LNG 的软管进行卸载。由于须保持−163℃的超低温,因此不仅要求软管本身不受海水温度的影响而保持恒超低温,而且输送软管的材料要能承受超低温。

由真空绝热环控系统及耐−163℃超低温材料的输送软管组成此种冷冻软管系,其具体构成为:保护壳、柔性不锈钢外管、最佳防漏性能及保持恒低温的真空绝热环空系统、不锈钢铠甲、柔性不锈钢内管。

4.3.7.9　动力装置方案分析和相关系统设计技术

目前有两类主要的动力系统方案:

一是用蒸汽透平作为主机,这是目前 FLNG 最为传统的动力装置。其优点是使用广泛,技术相对成熟。但其燃料消耗大,其耗油率为 210 g/HP.h,而柴油机推进装置其耗油率为 125 g/HP.h,后者节省燃料 40%,这对降低营运成本有很大帮助,而且柴油机动力装置的初投资也比蒸汽透平动力装置低。

二是选用柴油机作为推进装置。柴油机推进方案有下列几种选择：

① 1 台低速柴油机主机,仅燃用重油,船上配置 2 台 100％容量的再液化装置。这一方案需要比较大的再液化装置,再液化装置的费用不低,但安全性高。

② 双燃料低速柴油机主机带大功率轴带发电机,一般用天然气作燃料,既满足推进所需的功率,又可供给全船所需的电力,仅需配置辅助的发电机组。

③ 用 2 台双燃料中速柴油机主机,带 2 台轴带发电机,这一方案的初期投资比方案②略少一些。

对 FLNG 而言,动力装置既要安全可靠,也必须考虑其营运的经济性。动力装置的选型对营运成本起到至关重要的影响。

这部分需要重点研究：

① 动力装置选用方案的分析。

② 动力系统设计技术。

4.3.7.10 FLNG 大容量电站系统设计技术

FLNG 在海上长时期的作业,必须要大容量的电站对其支持,对此要进行如下研究：

① 电站负荷的研究及电站的优化配置研究。

② 可控硅整流供电系统的研究。

③ 交流变频驱动供电系统的研究。

④ 双燃料动力设备及电力系统配置的研究。

⑤ 重大系统对平台电网品质的影响及电网品质净化研究。

4.3.7.11 CFD 技术在 FLNG 上的应用研究和试验验证

1) CFD 性能分析

先进的造船国家如荷兰、瑞典、德国、日本、韩国等已经在新船型开发、船型优化和性能预报方面普遍应用 CFD 技术,大大增强了其研发能力和对外竞争力。我国经过多年的努力,在面向应用方面的 CFD 技术上已经积累了一定的经验,具备了一定的应用基础,但在 FLNG 应用研究方面的 CFD 技术上还是一片空白,定量预报更是无从谈起。为了争取更大的 FLNG 市场份额,必须提高快速响应能力,准确预报 FLNG 的相关水动力性能,开展针对 FLNG 的 CFD 相关技术研究。

在 FLNG 上,拖航性能分析是 CFD 技术的综合运用,也是 CFD 技术实用化的重要环节,它综合了船舶的航行性能、敞水和阻力,其难点是网格生成的难度较大,对计算的硬件资源要求较高。

这部分需要重点研究：

① 利用 CFD 技术进行 FLNG 型线优化。

② 运动性能。

③ 拖航性能分析方法。

技术：对于艏部优化,对影响运动性能的艏部主要参数(如伸出长度比、高度比、横剖面积比)进行优化组合,分别进行 CFD 分析计算,通过计算比较和试验验证来确定艏部主要参数的最佳组合；艉部优化在艏部优化的基础上进行,同样对影响性能的艉部有关参数进行优化组合,通过计算和试验验证来确定性能优良的参数组合。对于确定的压载状态,利用 CFD 技术,计算不同初始纵倾角下船舶的阻力性能,通过计算得到每一个压载状态下的最佳初始纵倾角,以及阻力性能随初始纵倾角变化的规律,为 FLNG 制定合适的拖航策略提供依据。对于拖航性能分析,拟分两步实施。第一步,考虑黏性和自由面,不考虑螺旋桨;第二步,固化自由面,考虑黏性和螺旋桨。通过这些基础性研究,为 FLNG 性能的定量分析提供坚实基础,提高核心竞争力和快速响应能力。

2) 考虑晃荡影响的船舶运动数字预报技术与试验研究

液货晃荡对船舶在波浪中的运动有重要影响,船舶运动峰值和频率都有很大改变。其数值研究难度很大,目前主要依赖于模型试验。有关研究液货舱晃荡与船舶运动相互影响的模型试验很少,主要原因是液货舱流体运动模拟的相似性实现难度较大。

这部分需要重点研究:

① FLNG 在波浪中的运动预报技术。

② 三维运动计算方法、模型试验验证。

③ 考虑晃荡影响的 FLNG 运动预报技术。

④ 模型试验方法与数值方法。

⑤ 进行并排装卸时 FLNG 与 LNG 运输船之间的互相影响。

⑥ 并排时的系泊试验。

技术:通过引进软件和二次开发,建立三维运动计算方法和液货舱流体晃荡分析数值方法,通过模型试验对计算方法进行验证和改进。

在上述数值研究基础上,通过运动与晃荡的迭代计算,分析晃荡与船舶运动的相互影响,确定液货舱的模拟方案,据此制作 FLNG 船模,开展晃荡与船舶运动的相互影响模型试验研究。

3) 推进相关水动力性能研究

FLNG 在浅水中入射波的变形会使问题变得非线性。考虑波浪载荷及水深影响的计算结果表明:水深明显影响对波浪载荷的运动响应,水深变浅,纵荡和垂荡响应峰值变小,剪力和弯矩变大,水深影响随航速越大越显著。

我国在渤海湾重现期 100 年的海况下,对一艘 32 万 t 油船和钢臂系泊系统进行了模型试验,水深选选择 21～26 m。试验结果表明,随着水深的减小,纵摇、横摇和垂荡波频运动减少,水平面内的系泊系统受力及低频运动加剧。正是由于波频运动的减少,当该船吃水深度为 19.5 m 而水深降至 22 m 时并未发生碰底。甚至当水深降至 21 m 时也只有轻微碰底。这一研究结果对浅水大型 FLNG 的设计和作业安全具有重要意义。

这部分需要重点研究:

① 考虑水深及波浪载荷的影响下支撑设计参数的选择原则。

② 浅水大型 FLNG 的设计和作业安全。

技术:上述研究内容将采用理论与模型试验相结合的方法,其中 CFD 将是必不可少的,同时还必须开发相应的模型试验研究手段。模型试验研究是对 CFD 计算结果的验证,有些特别的现象也往往在模型试验阶段首先被观察到。

对于国内,目前由于大型 FLNG 还未引进国外的技术与图纸,所以为加快国产研制进程,应该遵循"消化吸收→局部改进提高创新→原始创新"的开发途径。当下市场上对 FLNG 的需求十分客观,所以开发与吸收必须同时展开,结合引进大型 FLNG 的建造与实船试验对开发中的方法、结果等开展验证。

4) 液体晃荡载荷试验技术研究

该研究的主要目的是验证理论分析的结果。通过测试最大晃荡冲击载荷、晃荡载荷统计特性,分析液货舱形状、载液深度和船体运动对晃荡的影响,分析晃荡形成机理及运动特性,用于指导设计、应用试验结果验证和发展理论计算方法。

对易遭遇较大晃荡冲击的液货舱顶部等典型结构节点,在通过试验研究得到最大晃荡冲击载荷后,进行节点冲击载荷试验,以验证设计节点的抗冲击和疲劳性能,随后优化节点设计,并为进一步采用数值计算提供验证手段。

这部分需要重点研究:

① 建立几何缩尺比为 30～50,可模拟船体纵摇、横摇、升沉和横荡运动的四自由度液货舱模型晃荡实验装置。测量液货舱承载的总力和总弯矩、舱壁及其内部结构的晃荡冲击压力,采用压力传感器测量冲击速度,采用浪高仪和摄像分析晃荡波形。

② 分析液货舱各向运动及其耦合运动对晃荡的影响、载液深度对晃荡的影响,以及液货舱形状对晃荡的影响。通过对实验数据的回归分析,提出可供设计参考的经验公式。

③ 考虑流固耦合的水弹性晃荡试验,采用模拟液货舱结构和围护结构的比例模型进行典型节点冲击试验,确定整体结构抗晃荡冲击性能。

④ 典型节点冲击试验。

4.3.7.12 系泊特性

FLNG 与商用船的环境载荷特征和运动特征是不同的。一艘转塔式 FLNG 的动力载荷不仅来自海域环境,还来自系泊系统和立管系统。因此,预测动力载荷的综合方法是很有必要的。

1) 研究转塔系泊位置对一艘 FLNG 的垂向运动和加速度的影响

当转塔设在艉部时,会产生最大的纵摇和艏部垂荡;当转塔设在靠近重心的纵向位置时,所产生的整体运动幅度最小。最为可取是转塔位于艏部之前,这可以降低垂向运动幅度并且改善回转性能,在两者之间取得了平衡。

2) 研究转塔位置对艏摇运动的影响结论:

通常艏摇运动会随波浪夹角和风的增大而增大。当艉部的横向运动加剧时转塔位置向艏部方向移动,风和浪向转塔位置靠近艏部时,船会产生最大的艏摇运动。当风和浪夹角为 35°和 60°时,随着转塔位置向艏部靠近,波频艏摇随之加剧。低幅艏摆的减小将有助于减少油耗和推力器的轴承磨损。

3) 系泊系统的位置对各点的影响

转塔周围需要进行结构加强,与靠近艉部的位置相比,由于艏部承受的弯矩最大,因此转塔靠近艏部时需要更多的结构加强。由于系泊系统和转塔十分沉重,会影响重力的分布和浮力,转塔所在位置会有一些浮力损失。当转塔位置靠近艏部时比较容易调整纵倾。若转塔置于艏部,则可以采用肥大型艏部以补偿浮力损失,但这可能会增加冲击载荷。

技术:用 DINASIM 程序对系泊的 FLNG 进行比较分析,以估算系泊系统的性能,分析在阻尼效应中系泊线占阻尼的主要成分;另外,分析船体很大而水很浅时的情况,并进行试验验证。

4) 旁靠卸载的防碰技术

近靠的两船体之间旁靠卸载作业时,会产生强烈的非线性水动力影响,两浮体之间有时会发生碰撞。因此需要对两浮体之间的相对运动响应做出准确的预报,对两浮体之间的相互水动力影响进行研究,尤其是 FLNG 的运动响应要准确预报。为此,不仅要开展非线性水动力学研究,而且还要通过实验水池试验研究抗撞措施。

5) 与 LNG 穿梭运输船的多单元耦合作用

FLNG 的油气是通过 LNG 穿梭运输船来转运的,而 FLNG 与旁靠 LNG 运输船和串靠 LNG 运输船是通过柔性输油系统来连接的。FLNG 与旁靠 LNG 运输船和串靠 LNG 运输船这 3 个系泊单元组成了柔性连接多单元系统。系统各个单元之间存在相互影响与耦合运动;同时船与船之间也存在有关风、浪、流的屏蔽效应。另外对于多浮体系统运动,每一浮体的摇荡辐射波对其他浮体构成的入射波会产生流体动压力。因此,多单元系统之间的耦合效应相对比较复杂,值得探索研究。

这部分需要重点研究:

① 海流速度对系统稳定性的影响。

② 两船之间的系缆的张力情况和船体运动振幅随着海流速度变化的情况。

③ 船体运动振幅和系缆张力随着风速变化的情况。

④ 所有风速和流速的组合下系缆长度变短对系缆张力影响。

技术:用数值计算方法对 FLNG 多单元系统之间的耦合效应进行比较分析;分析风速效应;分析系缆长度的影响情况;试验验证。

6) FLNG 的动力定位技术

FLNG 的动力定位技术是通过声波测量系统动力定位系统(DPS)测出船体位移,再运用计算机计算海洋环境载荷下的位移,然后,由可变矩螺旋桨给出相反的抵抗力及力矩指令,从而保持船体实时定位的技术。设计出适应的 FLNG 的动力定位系统,就需要从 FLNG 的服役的海域海况及船型特点实际出发。

4.3.7.13　FLNG 船体温度场分布

由于 FLNG 装载的货物温度极低,必须针对船体结构进行温度场和热应力分析。另外,低温钢的应用范围及钢级选择,需根据不同运输要求下各个船体构件的温度分布来具体确定。

FLNG 的储罐必须长期处于 −163℃ 以下的极低温度环境下,远远超出一般船用钢材的低温极限。储罐内的低温液体、主屏壁、次屏壁、绝缘箱、船体内外壳之间的空气、海水以及船体结构等构成一个温度传递系统,涉及传导、对流、辐射三种热传递方式。液化气在运输过程中,船体构件温度波动较小,需要维持一定的温度,上述温度传递系统可以看作是一个稳态分布场。

在将 LNG 输送到船上的装货作业过程中,罐内会连续不断地产生 LNG 蒸气,此时必须将这些蒸气引回处理;而进行卸货作业时,为了填补 LNG 被抽走留下的真空,必须不断地向储罐内补充 LNG 蒸气。因此 FLNG 的装卸过程中储罐内存在液态、气态天然气的非定常多相混合流,上述温度传递系统是一个复杂的瞬态温度场。

薄膜型液货舱储罐的主次屏壁均为密闭结构,次屏壁的重要功能之一是为了防止主屏壁发生渗漏后 LNG 的低温直接影响船体构件。尽管主屏壁发生渗漏的概率极小,但为了确保安全,必须遵循"泄漏不可导致破坏"的设计概念,保证主屏壁渗漏后船体结构仍能承受随之而来的低温影响。因此必须进行主屏壁渗漏后船体结构的温度场分析。

作为 LNG 和天然气蒸气的传输通道,FLNG 的泵塔、超低温管路等都处于极低的温度环境中,因此必须进行 FLNG 特殊管系的温度分布分析,确保管系具有足够的结构强度和刚度。

FLNG 的温度场属于三维温度场,温度传递在纵向、横向、垂向三个方向上同时进行,并且涉及海水的流场问题,在对温度场进行分析时,需要考虑液态/气态天然气、空气、绝缘材料、结构等复杂物质和材料的热传导问题;对材料参数的选择和超低温特性进行研究,确定热传导边界条件,并对不同状态热传导机理进行分析。

FLNG 的温度场研究主要包括:

① 航行状态,以及装卸作业时船体的稳态和瞬态温度场。

② 主屏壁渗漏时,船体的瞬态温度场。

③ LNG 蒸发、气体回收、液化和再充液过程在液货舱和管系内的瞬态温度场。

④ 船体结构材料达到极限温度时的加热过程热传导分析。

技术:我国通过分析研究 FLNG 在运行、装卸、液化气蒸发回收再液化等过程的热传导机理,研究非线性热传导理论和方法,针对 FLNG 的特点,采用合适的瞬态和稳态方法进行分析,并与国外现有设计对材料吸取进行比较,确定针对 FLNG 不同状态的温度场预报方法。

4.3.7.14 FLNG 特殊管系的温度应力分析

作为 LNG 和天然气蒸气的传输通道,FLNG 的泵塔、超低温管路等处于极低的温度环境中,需要进行管路应力的计算分析,通过计算来校验管路的强度,根据计算结果来设置管路上的弯头或膨胀节,并根据计算来设计和布置管路上的支架,确保管系具有足够的结构强度和刚度。其关键技术难点在于输送和回收状态热传导机理分析、分析模型简化和建立(管材、接头、阀门、绝缘层)热边界条件确定、瞬态温度场载荷传递、应力强度分析计算。

这部分需要重点研究:

① 装卸作业时液化气输送管系温度场及应力分析。

② 液化气蒸发、气体液化回收、再充液过程在管系内的瞬态温度场和应力分析。

技术:通过有限元方法分析温度场分布,决定船体结构钢材等级选择,并利用现有有限元软件温度场接口作为外载荷传递到结构模型,综合考虑其他载荷作用进行结构强度分析,实现比较完整的温度和应力场分析。

4.3.7.15　其他需要关注的问题

1) 液化工艺的改进技术

(1) 液化流程的紧凑化。

要求天然气液化的工艺流程设计得十分紧凑,因为甲板面积仅为岸上天然气液化工厂面积的 1/4。

(2) 制冷剂的高性能。

船上制备的制冷剂要具有高热效率,还要对不同产地的天然气具有高适应性;在面临恶劣天气时,在快速停机而移动至另一生产位置后能迅速开机使用。

(3) 循环模式的优选。

液化流程的循环模式要依据优化设计理论优选,即按照结构紧凑、冷箱小、安全性好、对船体运动的敏感性低、制冷剂始终保持气相、无需分馏塔等要求进行优选。

2) 腐蚀问题研究

FLNG 的建造与维护是重点,而 FLNG 的阴极保护设计一直是防腐工程中的技术难点。为了考察和验证 FLNG 的防腐设计方案,需要对其阴极保护系统实施计算机仿真计算——使用数值分析方法,应用 BEASY 软件的 ICCP 系统优化功能,在固定辅助阳极位置的条件下,优化船体 ICCP 系统阴极保护电流参数,就能获得最优阴极保护状况下的最小电流。

3) 风险评估方法在 FLNG 设计中应用

由于 LNG 具有易燃、易爆的特点,对人员的安全和健康及海洋环境等构成威胁,故安全性是 FLNG 设计中最重要的部分,增加风险评估可以有效帮助提高整体的安全性。风险评估及应急预案分析在海洋工程领域中已有应用,世界上少数国家已将基于风险评估方法的指导性文件应用于某些船舶设计领域。该理论在工程中的实际应用正逐步引起人们的重视并加以推广。

4.4　总　　结

回顾我国海工装备制造的历史和现状,不得不承认我国与欧美之间存在的差距。没有技术能力就意味着被动,掌握不了项目设计、产品建造、设备选型等关键环节的主动权,也难以在国际海工装备市场获得话语权,导致始终处于海工装备产业链的底端。

FLNG 是一类高技术、高附加值的海洋工程装备,目前世界上能够进行设计建造的国家数量极少,因此对这一海工高新技术,国外必然会对我国进行技术封锁。可行的方法是,我国将该技术的整体拆分为许多部分,从各个部分出发去寻求国际合作,然后进行创新集成,内化为具有部分自主知识产权的产品,最后再逐步进行国产化,转变为具有绝大部分自主知识产权的高新技术产品。

我国已经具有制造 LNG 装备、LPG 装备和伴生气存储及回收装置开发的能力和实践经验,具有设计和建造 FPSO 和自升式、半潜式钻井平台的能力,再联合国内的院校及相关的重点设备厂商,集众家之长,一定能够在 FLNG 这一领域取得突破,提升我国海上浮式装备系统技术在世界上的地位。

参 考 文 献

[1] 信德海事.我国 LNG 运输船发展现状[G].信德海事,2018.

[2] 信德海事.LNG 运输船货舱型式及货舱围护系统简介[G].信德海事,2018.

[3] 韩国称雄 LNG 运输船市场[N].深圳商报,2006.

[4] 燕伟平.小型 LNG 船舶运输[R].厦门:中国液化天然气运输(控股)有限公司,
2011.

[5] 李振福.世界 LNG 格局之变[J].中国船检,2018,9.

[6] 华润大东总经办.LNG 船基本介绍[G].华润大东船务有限公司,2018.

[7] LNG 运输船的关键技术[G].三菱重工公司,2004.

[8] 时光志,盛苏建.中小型 LNG 运输船设计关键技术[J].中国造船,2011,52(S2).

[9] 丁玲,马坤.中小型 LNG 运输船液货罐设计技术[J].船舶,2010(1).

[10] 任程.薄膜式 LNG 运输船液货舱热应力分析及其对结构强度的影响[D].哈尔滨:
哈尔滨工程大学,2011.

[11] 王嫣然,刘俊,唐建鹏.薄膜型 LNG 船交变温度载荷下疲劳分析[J].船舶工程,
2012(3).

[12] 马飞翔.基于晃荡动载荷的薄膜型 LNG 运输船泵塔结构分析[D].大连:大连理工
大学,2008.

[13] 徐金博.LNG 运输船结构特性与疲劳分析[D].大连:大连理工大学,2007.

[14] 陈乐昆.大型 LNG 运输船振动特性分析[D].武汉:华中科技大学,2013.

[15] 王辉辉,王秀兰,江克进.大型液化气船振动计算分析[J].船舶与海洋工程,
2014(4).

[16] 郭宇.LNG 船运动与载荷计算方法研究[D].哈尔滨:哈尔滨工程大学,2010.

[17] 汪雪良,顾学康,胡嘉骏,等.大型 LNG 船波浪载荷直接和简化计算的比较分析研
究[R].无锡:中国船舶科学研究中心,2015.

[18] 徐国徽,徐春,顾学康,等.大型 LNG 运输船液货舱晃荡载荷数值预报和模型试验
比较[J].中国造船,2012.

[19] 周上然.薄膜型 LNG 运输船液货舱晃荡载荷与结构响应研究[D].镇江:江苏科技
大学,2014.

[20] 徐春生.LNG 运输船动力装置总体设计[D].上海:上海交通大学,2004.

[21] 傅晓红,陆伟.LNG 船电力推进船型的方案决策[J].船舶,2011(4).

[22] 王传荣.电力推进 LNG 船的发展前景分析[J].船舶与设备,2012.

[23] 黄一民,王硕丰,王良秀.不同推进方式下 LNG 运输船电力系统的比较与发展趋势[J].船舶工程,2010(3).

[24] 王丹丹. 27500 m³ LNG 电站管理系统[J].造船技术,2017(4).

[25] 叶冬青,谷林春,吴军.LNG 船舶的再液化装置应用[J].中国科技纵横,2013(18).

[26] 张骁驰.LNG 船中压船舶电站的虚拟现实研究[D].大连:大连海事大学,2013.

[27] 包艳,周徐萍,朱辰,等.电力推进 LNG 船电力系统的建模与仿真[G].中国科技论文在线,2015.

[28] 王庆丰,焦经纬,徐刚,等.FSRU 船舶运动与液舱晃荡的耦合分析[J].江苏科技大学学报(自然科学版),2017(5).

[29] 陈后宝.270000 方 LNG－FSRU 水动力性能研究[D].上海:上海交通大学硕士论文,2017.

[30] 陈后宝,李欣,杨建民,等.双排舱型 LNG－FSRU 频域内液舱晃荡研究[J].海洋工程装备与技术,2015(4).

[31] 郑坤,杨波,白鑫,等.10000 m³ LNG－FSRU 系泊分析[J].船海工程,2017,46(5).

[32] 吴思莹.LNG－FSRU 船舶在波浪中的运动与液舱内流体晃荡耦合数值分析[D].镇江:江苏科技大学,2015.

[33] 王翀.LNG－FSRU 液舱晃荡与超低温度场分析方法及其局部结构优化研究[D].哈尔滨:哈尔滨工程大学,2017.

[34] 梅荣兵.No96 薄膜式 LNG－FSRU 总体方案论证[D].大连:大连理工大学,2017.

[35] 张甫杰,董国祥,高家铺.LNG 并靠外输作业时水动力性能数值研究[J].上海船舶运输科学研究所学报,2015(1).

[36] 谷家杨,章培,彭贵胜,等.不同系泊模式 LNG 傍靠超大型 FSRU 系泊系统设计及水动力性能分析[J].船舶力学,2017(21).

[37] 王辉辉,姚雯,江克进.基于 HydroSTAR 的 LNG－FSRU 水动力计算分析[C].中国造船工程学会船舶力学学术委员会第 8 次全体会议文集,2014.

[38] 张风伟,匡晓峰,齐向阳.LNG－FSRU 在软刚臂系泊下水动力特性研究[J].海洋工程,2018(6).

[39] 张风伟,匡晓峰,齐向阳.软刚臂系泊 LNG－FSRU 水动力模型试验研究[J].船舶力学,2017(21).

[40] 夏华波,韦晓强,童波,等.南海中等水深边际油田浮式生产储油装置设计方案[J].船舶工程,2018(3).

[41] 陈杰.浮式液化天然气储存再气化装置(LNG－FSRU)总体方案设计研究[D].哈尔滨:哈尔滨工程大学,2015.

[42] 张少增.浮式 LNG 储存及再气化装置应用展望[G].能源情报,2019.

[43] 侯建国,黄群,诸良.浮式 LNG 接收终端技术与应用[J].中山大学学报,2007,2(2):47－54.

[44] 黄群.浮式海上接收终端方案研究[J].海洋技术,2010,29(1).

[45] 王传荣.海上 LNG 装置新概念[J].船舶物资与市场,2005(1):21-23.

[46] 钱成文.国外 LNG 接收站终端简介及发展趋势[J].石油工业技术监督,2005,21(5):65-70.

[47] 崔益嵩.LNG-FSRU——一种新型天然气运输和储存装置[J].航海技术,2007(6).

[48] 朱锋.LNG-FSRU 再气化模块设计优化研究[D].镇江:江苏科技大学,2016.

[49] 王贵林.LNG-FSRU 再气化模块主结构直接计算分析及优化研究[D].大连:大连理工大学,2012.

[50] 杨志国.LNG 储运过程中 BOG 再冷凝工艺的优化[D].广州:华南理工大学,2010.

[51] 王立国.LNG 接收站工艺技术研究[D].大庆:东北石油大学,2013.

[52] 艾绍平,张奕.浮式 LNG 接收终端技术及发展[J].世界海运,2012(9):32-34.

[53] 冯庆斌,刘纯青.天津浮式 LNG 项目特点及发展规划[J].石油和化工设备,2013(12):35-36.

[54] 都大永,王蒙.浮式 LNG 接收站与陆上 LNG 接收站的技术经济分析[J].天然气工业,2013(10):122-124.

[55] 吴宛青,郑庆功.谈浮式储存气化船舶的安全管理[J].中国海事,2013(8):12-15.

[56] 庄志鹏,刘俊,唐文勇.薄膜型 LNG 船晃荡冲击局部强度分析建模方法研究[J].船舶工程,2011.

[57] 顾安忠.浮式液化天然气生产储卸平台(FLNG)综述[G].上海交通大学制冷与低温工程研究所,2005.

[58] 秦琦.FLNG 主要技术发展[J].中国船检,2014(3).

[59] 程兵,喻西崇,谢彬,等.FLNG 上部模块总体布置设计流程及案例分析[J].石油矿场机械,2016(9).

[60] 马华伟,刘春杨,徐志诚.液化天然气浮式生产储卸装置研究进展[J].油气储运,2012,31(10).

[61] 宋吉卫.FLNG 总体关键技术研究[J].中国造船,2015(2).

[62] 李玉龙,程喜庆,宋少光,等.浮式液化天然气液化技术选择及国产化面临的问题[J].现代化工,2016(9).

[63] 陈海洋,李玉星,孙法峰,等.LNG FPSO 液舱内储液晃动特性的数值模拟[J].中国石油大学学报,2011(3).

[64] 赵文华,胡志强,杨建民,等.频域范围内液舱晃荡对 FLNG 运动影响的研究[J].船舶力学,2011(3).

[65] 杜庆贵,谢彬,谢文会,等.FLNG 发展及应用初探[J].石油矿场机械,2016,45(8).

[66] 薄玉宝.浮式液化天然气(FLNG)技术在中国海上开发应用探讨[J].中国海洋平台,2013,28(3).

[67] 陈杰.国外 FLNG 设计与建造技术介绍[G].华润大东船务公司资料,2014.